Duden Ratgeber

Professionelles Bewerben

Alle Musterdokumente und Vorlagen aus diesem Buch können Sie ohne weitere Berechnung herunterladen und ganz einfach selbst bearbeiten.

So gehts:

- Besuchen Sie http://s.duden.de/download-prof
- Registrieren Sie sich bei uns einmalig als Kunde.
- Laden Sie die Dateien einfach auf Ihren Computer.

Fertig!

Klingt ganz einfach, ist es auch.

Duden Ratgeber

Professionelles Bewerben

Von der Stellensuche zum erfolgreichen Vorstellungsgespräch

Von Judith Engst
in Zusammenarbeit
mit der Dudenredaktion

3., aktualisierte und überarbeitete Auflage

Dudenverlag
Berlin

Die **Duden-Sprachberatung** beantwortet Ihre Fragen
zu Rechtschreibung, Zeichensetzung, Grammatik u. Ä.
montags bis freitags zwischen 09:00 und 17:00 Uhr.
Aus Deutschland: **09001 870098** (1,99 € pro Minute aus dem Festnetz)
Aus Österreich: **0900 844144** (1,80 € pro Minute aus dem Festnetz)
Aus der Schweiz: **0900 383360** (3,13 CHF pro Minute aus dem Festnetz)
Die Tarife für Anrufe aus den Mobilfunknetzen können davon abweichen.
Den kostenlosen Newsletter der Duden-Sprachberatung können Sie
unter www.duden.de/newsletter abonnieren.

Bibliografische Information der Deutschen Nationalbibliothek
Die Deutsche Nationalbibliothek verzeichnet diese Publikation in der Deutschen Nationalbibliografie; detaillierte bibliografische Daten sind im Internet über http://dnb.d-nb.de abrufbar.

D C B A
Bibliographisches Institut GmbH, Mecklenburgische Str. 53, 14197 Berlin

Redaktionelle Leitung Sophie Schwaiger
Redaktion Dr. Hildegard Hogen
Autoren Judith Engst
Herstellung Maike Häßler

Typografie init · Büro für Gestaltung
Umschlaggestaltung Büroecco, Augsburg
Satz fotosatz griesheim GmbH
Druck und Bindung Heenemann GmbH & Co. KG, Bessemerstraße 83–91, 12103 Berlin
Printed in Germany

ISBN 978-3-411-74313-1
www.duden.de

Inhalt

Stellensuche und Bewerbung

Planvolles Vorgehen erleichtert die Bewerbung.

Wer eine neue Stelle sucht, hat es nicht immer leicht. Denn es ist gar nicht so einfach, geeignete Angebote zu finden. Oft scheitert die Suche auch einfach daran, dass ein Bewerber noch nicht genau weiß, was er eigentlich kann und was er will.

Ihre Fähigkeiten und Ziele

Welcher Beruf passt zu Ihren Interessen und Fähigkeiten?

Eine Bewerbung bringt nur dann den gewünschten Erfolg, wenn sie zielgerichtet ist. Eine willkürliche Streuung von Bewerbungen an viele potenzielle Arbeitgeber und auf alle möglichen Stellen ist nicht die Methode, die letztlich zu einer guten Stelle führt. Bevor Sie nicht wissen,

- was Sie können und welche Erfahrungen Sie mitbringen,
- welche vorrangigen Interessen Sie haben,
- auf welche Ziele Sie hinarbeiten,

brauchen Sie gar keine Bewerbung loszuschicken.

»Harte« Qualifikationen ...

Vorüberlegungen zum eigenen Können

Überlegen Sie genau: Welche »harten« Qualifikationen haben Sie zu bieten? Welche Ausbildung haben Sie? Welche Erfahrung bringen Sie mit? Welcher Teil Ihrer Ausbildung, Ihres Studiums oder Ihres Werdegangs hat Ihnen besonders großen Spaß gemacht? Und welche Qualifikationen sind darüber hinaus entwicklungsfähig? Falls Sie keine abgeschlossene Ausbildung haben: Welche Kenntnisse und Fähigkeiten haben Sie? Zwei Beispiele für die Entwicklungsfähigkeit bestimmter Kenntnisse:

Beispiel 1
Martin Langer ist gelernter Mediengestalter. Nach seiner Ausbildung in einer Werbeagentur hat ihn eine Direktbank übernommen, wo er zunächst in der Marketingabteilung auch tatsächlich als Mediengestalter arbeitete. Dort hat er die nötigen Kenntnisse über verschiedene Finanzprodukte und Dienstleistungen seiner Bank erworben. Zudem war er fürs Direktmarketing zuständig, eine Werbeform, bei der es

um den direkten Kundenkontakt geht. Als er nun bei einer anderen Bank eine offene Stelle im Beschwerdemanagement findet, bewirbt er sich. Seine Chancen stehen recht gut, denn seine langjährige Erfahrung im Finanzwesen und in der Kommunikation belegt seine Qualifikation.

Beispiel 2
Laura Bader hat ihr Studium der Volkswirtschaftslehre im vierten Semester abgebrochen. Nun steht sie vor der Frage, in welchem Beruf sie arbeiten kann und will. Während ihrer Studienzeit hat Laura Bader neben den wirtschaftswissenschaftlichen Grundlagen auch Kenntnisse in kaufmännischer Buchführung und Statistik sowie Fähigkeiten im Umgang mit Tabellenkalkulationssoftware aufgebaut. Daran kann sie bei der Stellensuche anknüpfen.

... und »weiche« Fähigkeiten

Hobbys geben Aufschluss über Charaktereigenschaften.

Durchleuchten Sie Ihre Hobbys und Vorlieben einmal ganz genau: Welchen Neigungen gehen Sie nach und was offenbaren diese über Ihre Qualifikationen? Einige Beispiele:

Hobbys als Hinweis auf Qualifikationen

Hobby, Freizeitbeschäftigung	Hinweis auf ...
Sammeln	Gründlichkeit, Genauigkeit
Gemeinschaftssportart (z. B. Fußball)	Teamfähigkeit, Kampfgeist
Einzelsportart (z. B. Marathonlauf)	Disziplin, Kampfgeist
Leitung einer Jugendgruppe, Trainieren einer Nachwuchsmannschaft	Führungsqualitäten
Amt als Vereinsvorstand	Organisationstalent
Ehrenamt	soziale Fähigkeiten, Teamfähigkeit
Mode	Stilsicherheit

Das Fremdbild ergänzt und korrigiert die eigene Einschätzung.

Verlassen Sie sich nicht nur auf Ihr eigenes Urteil – fragen Sie auch andere!
Machen Sie sich nicht allein darüber Gedanken, welche berufsbezogenen Fähigkeiten Sie haben. Sie können gar nicht alles herausfinden, was Sie kennzeichnet. Besonders in Zeiten von Arbeitslosigkeit neigen Stellensuchende dazu, die eigenen Stärken gar nicht wahrzunehmen, sondern nur die Schwächen zu sehen.

Andere sehen Stärken, die man selbst nicht an sich wahrnimmt.

Fragen Sie Menschen, zu denen Sie Vertrauen haben und deren Urteil Sie schätzen. Lassen Sie sich offen deren Meinung sagen: Welche

- Anlagen,
- Begabungen,
- Kenntnisse,
- Fähigkeiten

sind Ihren Bekannten an Ihnen aufgefallen? Dabei kommt oft Überraschendes heraus, denn fast jeder hält seine Stärken für normal. Die eigenen Schwächen dagegen sind den meisten Menschen nur allzu deutlich bewusst.

Beispiel
Friedrich A. fragt seinen besten Freund Julian nach einer ehrlichen Einschätzung seiner Fähigkeiten. Eine der Antworten überrascht ihn wirklich: »Du kannst prima organisieren und behältst auch noch im größten Chaos den Überblick.« Stimmt – Friedrich A. hat Jahr für Jahr das Laienschauspiel in seinem Dorf organisiert (vom Auswählen des Stücks über das Ausleihen von Kostümen bis hin zur Buchung der Aufführungsräume). Aber er hat Organisationstalent immer für etwas Selbstverständliches gehalten, weil er dachte: »Das kann doch jeder.« Erst sein Freund hat ihn darauf aufmerksam gemacht, dass Organisationsfähigkeit eine wünschenswerte Fähigkeit ist, über die längst nicht jeder verfügt.

Werden Sie sich über Ihre Ziele klar – und über potenzielle Arbeitgeber!

Berufsziel festlegen und passende Arbeitgeber suchen

Die Suche nach den eigenen Talenten und Vorlieben mündet schließlich in das Formulieren von beruflichen Zielen. Nur auf Berufe, die Ihren Neigungen und Fähigkeiten zum großen Teil entsprechen, sollten Sie sich bewerben. Suchen Sie auch nach möglichen Arbeitgebern: Bei

- welchem Unternehmen,
- welcher Organisation,
- welchem Verband,
- welcher öffentlichen Einrichtung,
- welchem öffentlichen Träger

möchten Sie denn gern arbeiten? Falls Sie keine geeigneten Stellenanzeigen finden, lohnt sich dort vielleicht eine Initiativbewerbung.

Stellenanzeigen lesen: Welche Tätigkeiten interessieren Sie prinzipiell?

Tipp: Halten Sie Ihre Ziele in Stichworten fest!

Wenn Sie unschlüssig sind, bieten Stellenanzeigen in Zeitungen bereits eine erste Orientierung. Überlegen Sie sich, welche Stellenbeschreibungen Ihnen zusagen. Wenn Sie es schaffen, Ihre bevorzugten Berufsfelder oder Tätigkeiten mit Schlagwörtern zu beschreiben, dann erleichtert das auch die Onlinesuche nach Stellen.

Stellen suchen – aber richtig!

Die passende Stellenanzeige zu finden gelingt nicht immer.

»Was tun, wenn ich arbeitslos bin und keine Stellenanzeigen finde, die zu mir passen?« Diese Frage stellt sich Bewerbern häufig. Wer richtig sucht, der findet Stellen – wenn auch nicht immer gleich beim ersten Versuch. Sie haben mehrere Möglichkeiten, von offenen Stellen zu erfahren. Am wichtigsten sind

- Onlinestellenbörsen,
- Stellenmarkt diverser Zeitungen (online und gedruckt),
- Karriere- oder Jobseiten auf den Websites diverser Arbeitgeber,
- Stellenausschreibungen in Fachzeitschriften,
- Hinweise von Bekannten.

Im Internet gibt es mehrere Wege, eine Stelle zu suchen.

Stellensuche im Internet

Es gibt kein einheitliches Vorgehen für die Stellensuche im Internet. Vielmehr haben Sie mehrere Möglichkeiten, von offenen Stellen zu erfahren. Besuchen Sie speziell:

- Onlinestellenbörsen
- Onlinezeitungen
- (Firmen-)Websites von Arbeitgebern, für die Sie sich interessieren

Stellenangebote auf Onlinejobbörsen sind manchmal veraltet.

Für Stellenangebote die passenden Filter auswählen

Onlinestellenbörsen

Onlinestellenbörsen locken mit Tausenden von Stellenangeboten. Sie versprechen dem Bewerber beste Chancen, schnell eine neue Arbeitsstelle zu finden. Ein gewisses Problem ist allerdings die Handhabung der Suchfunktion: Anders als bei Zeitungen bekommen Sie nicht einfach alle Stellenangebote zu sehen, sondern Sie müssen vorher die gewünschten Branchen und Berufsfelder auswählen. Kostenlos ist bei Onlinestellenportalen der Einblick in die vorhandenen Stellenangebote. Auch ein eigenes Stellengesuch aufzugeben kostet bei den meisten Anbietern nichts. Ihr Geld verdienen die Onlineportale dadurch, dass Arbeitgeber für den Zugriff auf Bewerberdaten oder die Vermittlung geeigneter Bewerber Geld bezahlen.

Auf branchenspezifischen Stellenbörsen werden Sie meist schneller fündig.

Vergessen Sie nicht: Es gibt neben regionalen und allgemeinen Stellenportalen im Internet auch spezialisierte Stellenbörsen für einzelne Branchen oder Berufszweige. Wie bei Zeitungen ist es auch bei den Onlinestellenbörsen sinnvoll, sich genau zu überlegen, welche voraussichtlich die richtigen Stellen bietet. Es gibt drei verschiedene Typen von Onlinestellenbörsen:

- branchenübergreifende überregionale Stellenportale
- branchenübergreifende regionale Stellenportale
- Stellenbörsen für einzelne Branchen oder Berufssparten

Branchenübergreifende Stellenportale: viele Angebote, genaue Suche nötig

Viele Stellenangebote, aber oft wenig Passendes

Einen ersten groben Eindruck über Angebote und Nachfrage bekommen Sie auf den allgemeinen Stellenportalen im Internet. So beispielsweise bei den beiden Marktführern Stepstone (www.stepstone.de) und Monster (www.monster.de) sowie der Jobbörse der Bundesarbeitsagentur (http://jobboerse.arbeitsagentur.de). Auch in sozialen Netzwerken wie Xing (www.xing.com) und LinkedIn (www.linkedin.com) werden mitunter Stellenanzeigen geschaltet. Da das für Arbeitgeber aber vergleichsweise teuer ist, finden Sie dort meist nur eine kleine Auswahl von Angeboten. Angeboten werden Stellen aus allen erdenklichen Branchen und Berufsfeldern.

Stellenangebote sind manchmal auch in sozialen Netzwerken zu finden.

Doch auch wenn die Zahl angeblich freier Stellen meist mit mehreren Tausend beziffert wird – viele bleiben nachher nicht unbedingt übrig, wenn Sie Ihre Suchauswahl getroffen haben. Bei der Suche müssen Sie sich in der Regel auf eine Branche oder ein Berufsfeld festlegen, manchmal auch auf eine Region.

Spezialisierte Metasuchmaschinen

Überaus hilfreich sind auch spezialisierte Metasuchmaschinen, die zwar keine eigenen Onlinestellenbörsen betreiben, Ihnen aber dennoch eine Vielzahl von Stellenangeboten anzeigen. Sie durchsuchen die verschiedensten Stellenbörsen und auch Unternehmenswebsites nach geeigneten Inseraten; manche erlauben eine sehr komfortable Suche. Die bekanntesten Metasuchmaschinen sind:

- www.jobturbo.de
- www.jobworld.de
- www.jobkralle.de

Nutzen Sie auch diese Anbieter für Ihre Stellensuche.

Regionale Suche: So finden Sie Stellen in Ihrer Wunschregion

Regionale Stellenbörsen z. B. auf www.meinestadt.de

Sie können Ihr Glück auch bei einer regionalen Stellenbörse versuchen. Eine regionale Eingrenzung bieten auch manche der oben genannten Portale an. Bei der regionalen Suche nach einer Stelle hilft beispielsweise das Internetportal http://www.meinestadt.de. Dort geben Sie eine Stadt ein, in der Sie gern arbeiten möchten. Der Klick auf den Schaltknopf »Stellen« liefert dann Stellenangebote der Stadt und Umgebung.

Durchforsten Sie die Onlineangebote der Regionalzeitungen.

Häufig lohnt sich auch der Blick auf die Website Ihrer Regionalzeitung. Viele bieten die Stellenanzeigen der gedruckten Ausgabe zusätzlich im Internet an, manche ermöglichen auch eine Schaltung ausschließlich online. Allerdings müssen Sie auch hier Ihre Suche oft vorher nach Berufsfeldern und Branchen eingrenzen. Die Ergebnisse können – je nach Stellenwunsch – recht dürftig ausfallen. Welche Tageszeitung in Ihrer Region verbreitet ist, erfahren Sie, indem Sie die Begriffe »Regionalzeitung [Stadt]« in eine Suchmaschine eingeben.

Stellenbörsen für einzelne Branchen: Hier sind die Chancen größer

Spezialisierte Stellenbörsen online bei der Arbeitsagentur suchen

Wer zu bestimmten Branchen oder Berufsfeldern tendiert, hat unter Umständen bei spezialisierten Stellenbörsen bessere Chancen. Wie finden Sie diese Stellenbörsen? Beispielsweise indem Sie auf die Website www.berufenet.arbeitsagentur.de gehen. Geben Sie Ihren Wunschberuf in das Suchfeld ein und klicken Sie das passende Suchergebnis an. In der Navigationsleiste links finden Sie im Kasten »Zusätzliche Informationen« den Eintrag »Stellen- und Bewerberbörsen«. Ein Klick darauf liefert Ihnen häufig eine ganze Liste möglicher Stellenbörsen. Alternativ können Sie auch einfach Ihre Branche oder Ihre Berufsbezeichnung zusammen mit den Suchwörtern »Jobbörse« oder »Stellenbörse« in eine Suchmaschine eingeben.

Eine gezielte Filterung bringt wenige, aber passende Treffer.

Eine Empfehlung, die ohnehin für alle Bewerber gilt, gehört bei der Internetstellensuche zum unerlässlichen Rüstzeug: Bevor Sie auch nur eine einzige Stellenanzeige zu Gesicht bekommen, müssen Sie wissen, wonach Sie suchen und für welche Tätigkeiten Sie sich interessieren. Denn in kaum einem Stellenportal finden Sie einfach alle Angebote hintereinander aufgelistet. Bei den gängigen

Onlinejobbörsen und auch bei den Onlinestellenmärkten der Zeitungen wird vorher eine Entscheidung für einzelne Branchen und Berufsfelder verlangt. Das ist nicht ganz leicht, wenn Sie sich nicht eindeutig zuordnen können. Bei der Auswahl von Kategorien, Branchen und Berufsfeldern sollten Sie sich daher nicht nur auf eine(s) beschränken, sondern alles anklicken, was Ihnen passend erscheint. Einige Beispiele für solche Kategorien:

Suchen Sie nur in Kategorien, die für Sie infrage kommen.

- Handwerk
- Finanzen
- Erziehung, Ausbildung
- Ingenieure und technische Berufe
- Groß- und Außenhandel
- öffentlicher Dienst
- Personal
- IT (Informationstechnologie)
- Tourismus, Hotellerie und Gaststätten

Nicht immer rechtfertigt der Erfolg die große Mühe der Vorauswahl: Häufig passen die gezeigten Angebote zwar zu den ausgewählten Kriterien, nicht aber zu dem, was Sie als Bewerber sich wirklich wünschen.

Nach Schlagwörtern suchen und auch Synonyme eingeben

Eine hilfreiche Möglichkeit bei der Suche ist die Eingabe von Schlagwörtern in das dafür vorgesehene Suchfeld. Hier tragen Sie die gewünschte Berufsbezeichnung, Qualifikation oder Tätigkeit ein. Vergessen Sie nicht, Synonyme zu finden und Wörter aus dem gesamten Bedeutungsumfeld in Ihre Suche einzubeziehen. Auch wenn Sie genau wissen, wonach Sie suchen: Für viele Tätigkeiten gibt es mehrere (auch englische) Bezeichnungen.

Beispiel

Sie wollen als Verkäuferin im Einzelhandel arbeiten. Suchen Sie nicht nur nach »Verkäuferin«, sondern geben Sie auch folgende Schlagwörter ein:

- Kaufmann/Kauffrau Einzelhandel
- Fachberater/-in
- Shop-Mitarbeiter/-in
- Shop Assistant
- Verkaufsberater/-in
- Kundenberater/-in

Stellenangebote per E-Mail senden lassen

Die Stellensuche im Internet ist ein mühseliges Geschäft. Denn anders als in Zeitungen können Sie sich nicht alle Angebote auf einmal ansehen, sondern Sie müssen nach Schlagwörtern und Kategorien suchen. Wenn Ihnen das zu mühsam ist, dann gibt es für Sie eine andere Möglichkeit: Die meisten Anbieter schicken Ihnen auf Wunsch die Stellenanzeigen per E-Mail zu. Sie brauchen nur ein einziges Mal Ihre Schlagwörter und Kategorien einzugeben und Ihre E-Mail-Adresse zu hinterlassen. Dann bekommen Sie in regelmäßigen Abständen die Anzeigen zugeschickt, die zu Ihrer Eingabe passen. Wichtig: Erhalten Sie nur sehr wenige Stellenangebote oder passen diese nicht zu dem, was Sie wirklich suchen, dann sollten Sie Ihre Suche modifizieren und andere Schlagwörter eingeben!

Stellenmärkte der Onlinezeitungen

Internetstellenmarkt von Onlinezeitungen

Viele überregionale und manche regionale Zeitungen veröffentlichen ihren Stellenmarkt auch im Internet. Nicht immer finden Sie die Stellenangebote auf Anhieb. Manchmal verbergen sie sich hinter Wörtern wie

- Service,
- Anzeigen,
- Marktplatz,
- Jobs.

Auch hier ist es die Regel, dass Sie anhand von Kategorien eine Vorauswahl treffen müssen. Eventuell lohnt sich auch der Blick auf die Websites regionaler Zeitungen. Manche bieten die Stellenanzeigen der gedruckten Ausgabe auch im Internet an. Allerdings müssen Sie auch hier Ihre Suche meist vorher nach Berufsfeldern und Branchen eingrenzen. Die Ergebnisse fallen dann meist entsprechend dürftig aus. Welche Tageszeitung genau in welcher Region verbreitet ist, erfahren Sie zum Beispiel ebenfalls auf www.meinestadt.de.

Stellenanzeigen auf der Website von Arbeitgebern, die für Sie interessant sind

Stellenangebote direkt auf der Firmenwebsite

Sie haben einen speziellen Arbeitgeber im Auge, bei dem Sie gern arbeiten würden? Dann besuchen Sie dessen

Website häufiger. Denn nicht selten schreiben Firmen, Verbände oder öffentlich-rechtliche Arbeitgeber ihre Stellen zunächst auf der eigenen Website aus. Solche Stellenanzeigen finden Sie meist unter den Stichwörtern »Karriere«, »Jobs« oder »Personal«, mitunter aber auch hinter den wenig aussagekräftigen Rubriken »Über uns« oder »Unternehmen«.

Onlinestellenangebote unbedingt auf Aktualität prüfen!

Onlineangebote stets auf Aktualität prüfen!

Sie haben eine passende Stellenanzeige im Internet gefunden? Dann prüfen Sie, ob sie noch aktuell ist. Das ist nämlich nicht selbstverständlich.

Seien Sie bei Onlineanzeigen vorsichtig, was deren Aktualität angeht. Das gilt selbst bei Stellenportalen, die damit werben, stets aktuell zu sein. Denn nicht alle Anzeigen werden gelöscht, wenn sie veraltet sind. Oft liegt das an der Firma, die eine Stelle ausschreibt und die Information einfach nicht weitergibt, dass sie einen geeigneten Bewerber dafür schon gefunden hat. Selbst bei Stellenanzeigen auf der Website eines potenziellen Arbeitgebers ist Vorsicht geboten. Erfahrungsgemäß sind auch diese nicht immer auf dem neuesten Stand. Nicht alle Firmen aktualisieren ihre Firmenwebsite im Wochenrhythmus.

Auf das Datum der Onlineanzeige ist nicht unbedingt Verlass.

Verlassen Sie sich auch nicht auf das Datum einer Stellenanzeige im Internet. Denn oft bezeichnet es nicht den Tag der Erstveröffentlichung (z. B. in gedruckter Form in einer Zeitung), sondern den Tag der Erfassung in der Onlinestellenbörse. Von der Erstveröffentlichung bis zur Erfassung können einige Tage ins Land gehen – entscheidende Tage, wenn es darum geht, ob Ihre Bewerbung noch rechtzeitig beim Personalverantwortlichen eintrifft.

Mit einem Anruf lässt sich klären, ob die Stellenanzeige noch aktuell ist.

Bei Stellenanzeigen im Internet gilt daher die dringende Empfehlung: Klären Sie telefonisch, ob diese noch gültig sind. Rufen Sie beim Arbeitgeber an und fragen Sie, ob sich eine Bewerbung noch lohnt. Sollte dies nicht der Fall sein, dann sparen Sie wenigstens das Geld für Bewerbungsmappe, Papier, Porto – und den Zeitaufwand, den eine gute Bewerbung erfordert.

Lesen Sie den Stellenmarkt mehrerer Zeitungen.

Stellensuche in Zeitungen

Samstag für Samstag die Zeitung durchzublättern und nach passenden Stellenangeboten zu suchen, das sorgt oft für Frust. Denn bei den meisten Berufswünschen findet sich nur selten eine passende Stellenanzeige. Allerdings beschränken sich auch viele Bewerber auf eine einzige Zeitung, nämlich die Lokalzeitung ihrer Stadt oder Gemeinde. Selbst Hochschulabsolventen sind bei der Stellensuche in Zeitungen nicht unbedingt erfindungsreicher. Sie tun oft nicht mehr, als einmal wöchentlich den Stellenmarkt der Frankfurter Allgemeinen Zeitung, der ZEIT und der Süddeutschen Zeitung zu durchstöbern, und hoffen, dass darin die meisten offenen Stellen ausgeschrieben sind. Das ist jedoch nicht der Fall.

Der Stellenmarkt in Zeitungen ist nach wie vor eine wichtige Quelle.

Unterschätzen Sie dennoch den Stellenmarkt in den Zeitungen nicht! Wenn Sie sich nicht online auf die Suche machen wollen, sorgen Sie dafür, dass Ihnen genügend Zeitungen zur Verfügung stehen. Es gibt eine ganze Reihe von Möglichkeiten, wie Sie den Zeitungsstellenmarkt optimal für sich nutzen können. Besonders lohnt sich der Blick auf größere Regionalzeitungen und kleinere überregionale Zeitungen.

Wenn Sie nicht alle gewünschten Zeitungen am Kiosk bekommen

Sie suchen nicht allein in der Umgebung Ihres Wohnorts eine Stelle? Dann haben Sie sicher die Schwierigkeit, dass nicht jede für Sie interessante Lokal- und Regionalzeitung am Kiosk zu haben ist. Das ist aber noch lange kein Grund, sich bei der Stellensuche nur auf die wesentlichen Zeitungen zu beschränken, die am Kiosk verkauft werden. Abonnieren Sie einfach noch andere Lokal- bzw. Regionalzeitungen dazu. Sie meinen, das ist zu teuer? Irrtum! Kaum jemand weiß, dass die meisten Zeitungen auch im Samstags- bzw. Wochenendabonnement zu haben sind. Die wenigsten Zeitungen machen offen dafür Werbung, und oft sucht man im Internet vergeblich nach einem entsprechenden Hinweis. Dennoch ist es bei den meisten

Schließen Sie ein Samstagsabonnement ab.

Zeitungen ohne Weiteres möglich, nur die Samstagsausgaben im Abonnement zu beziehen. Das heißt: Sie bekommen und bezahlen jeweils nur die Samstagsausgabe, die in der Regel den größten Stellenmarkt enthält. Das Samstagsabonnement zu kündigen, sobald Sie es nicht mehr brauchen, ist ebenfalls kein Problem. Das geht meist monatlich, manchmal auch vierteljährlich.

Zeitungen selbst abonnieren, statt sie bei anderen abzuholen

Anmerkung
Die Erfahrung zeigt, dass es nichts bringt, sich Zeitungen von Bekannten aufbewahren und mitbringen zu lassen. Durch die Zeitverzögerung sind viele Stellen schon wieder passé, wenn der Bewerber davon erfährt. Mit einem Samstagsabonnement haben Sie dagegen gleich zwei Vorteile:

1. Sie bekommen Stellenanzeigen aus den Regionen, die Sie wirklich interessieren.
2. Wenn Sie eine Stelle finden, auf die Sie sich bewerben wollen, dann haben Sie längst nicht so viel Konkurrenz wie bei einer überregionalen Zeitung.

Auch Zeitungen benachbarter Regionen abonnieren

Prüfen Sie, welche Regionen für Sie infrage kommen, und bestellen Sie mehrere Samstagszeitungen. Das kostet nicht viel. Wenn Sie außerhalb des regulären Zustellgebiets wohnen, kommt die Zeitung nicht per Zusteller, sondern mit der Post – dann eventuell gegen einen geringen Aufpreis und mit Verzögerung.

Stellensuche in Fachzeitschriften

Fachzeitschriften drucken wenige, aber sehr spezifische Stellenangebote.

Manche Stellen sind so speziell, dass sie nicht in der normalen Presse ausgeschrieben werden. Das gilt beispielsweise für viele Ingenieurberufe. Hier lohnt sich in jedem Fall ein Blick in einschlägige Fachzeitschriften, im Fall der Ingenieure also in die VDI-Nachrichten (Fachzeitschrift des Vereins Deutscher Ingenieure) oder für Zahnärzte und zahnmedizinische Fachangestellte (früher: Zahnarzthelfer/-innen) in den Zahnmedizinischen Mitteilungen (ZM).

Stellensuche durch Hinweise von Bekannten

Es geht nicht allein um gute Beziehungen

Beziehungen nutzen, Kontakte pflegen

Experten schätzen, dass etwa zwei Drittel aller Stellen unter der Hand vergeben werden. Diese Stellen werden gar nicht ausgeschrieben und nicht per Zeitungsinserat bekannt gemacht, sondern firmenintern oder mit Personen aus dem näheren Umfeld des Unternehmens besetzt. Das ist eine Chance für Sie, an die gewünschte Stelle heranzukommen. Aber auch, wenn Sie nicht über »Vitamin B« verfügen, ist es nützlich, auf Hinweise von Bekannten zu achten. Das gilt auch, wenn Sie arbeitslos sind und weit davon entfernt, ein gut funktionierendes Beziehungsnetzwerk zu haben. Sobald Sie von einer offenen Stelle erfahren, die Sie interessiert, sollten Sie aktiv werden. Versuchen Sie, so viele Informationen wie möglich darüber zu bekommen, und schreiben Sie schnell eine Initiativbewerbung an den betreffenden Arbeitgeber. Bitten Sie gegebenenfalls den Bekannten, der Ihnen von der freien Stelle erzählt hat, um Vermittlung.

Auf Hinweise mit einer Bewerbung reagieren

Wenn Sie keine passende Stelle finden: Suchen Sie nach Unternehmen

Suchen Sie gezielt Unternehmen, in denen Sie gern arbeiten würden.

Auch wenn die Stellenmärkte in den Zeitungen wenige für Sie interessante Angebote hergeben – lassen Sie sich nicht entmutigen! Halten Sie Ausschau nach Unternehmen, die Sie für interessant halten. Versuchen Sie herauszufinden, ob diese vielleicht auch Stellen – oder Unternehmensbereiche – haben, wo Sie gern arbeiten würden. Das tun Sie,

- indem Sie auf die Firmenwebsite schauen,
- indem Sie Leute ansprechen, die dort tätig sind,
- indem Sie in der Personalabteilung anrufen und fragen.

Schicken Sie eine Initiativbewerbung oder eine Bewerbung in Anlehnung an eine ausgeschriebene Stelle, bei der vielleicht nicht genau die Qualifikationen und Erfahrungen gesucht sind, die Sie bieten, aber ähnliche.

Auf welche Stellenanzeige lohnt sich eine Bewerbung?

Unspezifische Bewerbungen bringen gar nichts.

Viele Bewerber machen Samstag für Samstag die gleiche Erfahrung: Sie blättern die Stellenangebote in den Zeitungen durch und finden kaum etwas, was zu ihnen passt. Dann schneiden sie lustlos einige unspezifische Anzeigen aus und verschicken daraufhin Standardbewerbungen mit immer gleichen Formulierungen. Zwei oder drei Wochen später kommt garantiert eine Absage. Warum?

- Weil sie nicht zum gewünschten Anforderungsprofil passen.
- Weil sie in ihrer Bewerbung keinerlei Aussage dazu gemacht haben, warum sie die Stelle gern hätten.
- Weil sie nichts dazu geäußert haben, warum sie der betreffende Arbeitgeber interessiert.

Nur auf Stellen bewerben, die Sie interessieren

Bewerben Sie sich nur, wenn Ihre Qualifikationen zur angebotenen Stelle passen.

Vermeiden Sie es, Ihre Bewerbungen einheitlich zu gestalten und beliebig auf alle möglichen Stellenangebote hin zu verschicken. In der Regel haben Sie damit keinen Erfolg. Außerdem sinkt mit jeder Absage das Selbstvertrauen. Stattdessen sollten Sie gezielt diejenigen Stellenangebote heraussuchen, die Sie wirklich interessant finden und für die Sie Ihrer Ansicht nach qualifiziert sind. Wohlgemerkt Ihrer Ansicht nach, denn mit den Anforderungen der potenziellen Arbeitgeber ist das so eine Sache (siehe auch Kapitel »Abweichungen vom Anforderungsprofil«).

Sie erfüllen fast alle Anforderungen? – Bewerben Sie sich!

Die wichtigsten Qualifikationen sollten stimmen, dann ist eine Bewerbung ratsam.

Oft taucht in der Stellenanzeige neben wirklich nötigen Kenntnissen und Fähigkeiten (z. B. Sprachkenntnissen bei einer Fremdsprachensekretärin, speziellen Computerkenntnissen bei einem IT-Fachmann) noch eine ganze Liste von Wunscheigenschaften auf, die ein Bewerber unmöglich alle erfüllen kann. Wenn die Stellenanzeige keine

Priorität vorgibt, wie wichtig die einzelnen Anforderungen sind, dann überlegen Sie selbst:

- Trauen Sie sich die ausgeschriebene Stelle zu?
- Fehlen Ihnen (fast) nur Eigenschaften oder Kenntnisse, die dafür nebensächlich sind?
- Haben Sie Qualifikationen, die Sie stattdessen zu Ihren Gunsten in die Waagschale werfen können?

Wenn diese Kriterien erfüllt sind, dann probieren Sie es mit einer Bewerbung.

Ihnen fehlen einige Qualifikationen? Wann Sie sich trotzdem bewerben sollten

Wer nicht alle Qualifikationen mitbringt, muss in der Bewerbung gut argumentieren.

Sie finden eine Stelle interessant, erfüllen aber das Anforderungsprofil nicht. In diesem Fall wägen Sie ab: Wie viele Anforderungen können Sie nicht erfüllen? Sind es entscheidende Qualifikationen, die Ihnen fehlen? Oder geht es lediglich um Erfahrung oder um ein Gebiet, in das Sie sich leicht einarbeiten können? Schaffen Sie es, für Ihre Bewerbung Argumente zu finden, zum Beispiel warum

- Sie gerade diese Stelle gern hätten,
- Sie sich trotz vermeintlicher oder tatsächlicher Defizite für den geeigneten Kandidaten halten,
- das Unternehmen Sie interessiert und Sie gern dort arbeiten möchten?

Wenn ja, dann versuchen Sie es ruhig mit einer Bewerbung. Natürlich hängen Ihre Chancen dann von der Konkurrenz ab. Aber darüber, was Ihre Mitbewerber eventuell zu bieten haben, sollten Sie sich nicht den Kopf zerbrechen – das können Sie weder abschätzen noch beeinflussen. Einzelheiten dazu, wie Sie mit vermeintlichen Schwächen und mit fehlenden Anforderungen umgehen, finden Sie im Kapitel »Abweichungen vom Anforderungsprofil«.

Es gibt auch eine zweite Möglichkeit, die sich Ihnen zumindest bei größeren Firmen bietet: Angenommen, die Stelle erscheint Ihnen interessant, Ihnen fehlt aber noch die nötige Erfahrung. Dann versuchen Sie es mit einer Initiativbewerbung in Anlehnung an die ausgeschriebene

Position. Signalisieren Sie darin Ihre Bereitschaft, eine Ausbildung oder ein entsprechendes Training zu durchlaufen. Mehr dazu finden Sie im Kapitel »Initiativbewerbung«.

Im Zweifel: Versuchen Sie es mit einer (Initiativ-)Bewerbung!

Fehlende Qualifikationen lassen sich manchmal ausgleichen.

Wenn Sie – trotz fehlender Qualifikationen – Argumente finden, die für Ihre Eignung sprechen, dann sollten Sie auf jeden Fall eine Bewerbung losschicken. Aber aufgepasst: Eine Bewerbung mit dem üblichen Standardtext bringt keinen Erfolg. Schneiden Sie Ihre Bewerbung sorgfältig auf die angebotene Stelle zu. Formulieren Sie ein Anschreiben, in dem Sie individuell auf die Stelle und das Unternehmen eingehen. Verhehlen Sie nicht, dass Ihnen womöglich eine der gewünschten Qualifikationen fehlt. Aber kompensieren Sie das nach Möglichkeit. Ändern Sie beispielsweise Ihren Lebenslauf. Das bedeutet nicht, dass Sie schummeln sollten. Aber setzen Sie die Schwerpunkte so, dass

- die eine oder andere Station in Ihrem Leben zumindest einen Anknüpfpunkt zur gebotenen Stelle bildet,
- dem Empfänger deutlich wird, warum Sie sich ausgerechnet auf diese Stelle bewerben.

Beispiel

Katja Müller hat keine Erfahrung als Führungskraft, möchte sich aber gern auf eine Führungsposition bewerben. Sie weiß, dass sie durchsetzungsstark ist, dass sie gut mit Menschen umgehen kann und dass ihr das auch Spaß macht. In der Zeitung findet sie eine passende Anzeige, die sich zu ihrem Leidwesen nur an erfahrene Führungskräfte richtet. Dennoch kann sich hier eine Bewerbung lohnen. Katja Müller muss eben ihr Manko – die fehlende Erfahrung – ansprechen und gut begründen, warum sie sich trotzdem für geeignet hält. »Berufliche Erfahrungen als Führungskraft habe ich leider nicht, aber ich trainiere eine Handballmannschaft und weiß daher, dass ich über Führungsqualitäten verfüge.« Wenn die Konkurrenz nicht allzu groß ist, hat sie mit diesem Satz im Anschreiben durchaus Chancen, zum Vorstellungsgespräch eingeladen zu werden. Dort kann sie den potenziellen Arbeitgeber von ihren Fähigkeiten überzeugen.

Halten Sie sich an die üblichen Fristen

Wer sich mit Verspätung bewirbt, hat meist keine Chance mehr.

Zeitraum: spätestens nach zwei Wochen bewerben
Ist eine Stellenanzeige erst veröffentlicht, dann sollten Sie die Bewerbungsunterlagen schnellstens zusammenstellen, ein individuelles Anschreiben verfassen und bei Bedarf den Lebenslauf modifizieren, sodass daraus ersichtlich wird, warum Sie für die Stelle geeignet sind. Spätestens zwei Wochen nachdem das Stellenangebot in der Zeitung oder im Internet veröffentlicht worden ist, sollten Sie Ihre Bewerbung losschicken.
Zwei Wochen – so lange lassen sich die meisten Personalverantwortlichen Zeit. Während des Wartens fällen sie noch keine endgültige Entscheidung. Sie sichten allenfalls die eingehenden Bewerbungen und treffen eine Vorauswahl. Manchmal steht aber auch ein Datum in der Stellenanzeige, bis zu dem Ihre Bewerbung spätestens beim potenziellen Arbeitgeber eingegangen sein muss. Das sollten Sie unbedingt ernst nehmen.

Nachfragen, ob ein Onlinestellenangebot noch aktuell ist!

Stelle noch gültig? Im Zweifel nachfragen!
Sie sind später dran? Oder Sie haben eine Stellenanzeige im Internet gefunden und sind nicht sicher, ob sie noch gültig ist? Hier lohnt sich ein Anruf bei der Personalabteilung oder dem in der Anzeige genannten Ansprechpartner. Fragen Sie nach, ob die Anzeige aktuell ist und ob sich eine Bewerbung überhaupt noch lohnt.

Bei Internetstellenangeboten lohnt es sich, nachzuhaken
Mit der Aktualität von Internetstellenbörsen macht man manchmal schlechte Erfahrungen. Denn viele Portale nennen nicht das Datum der Erstveröffentlichung einer Anzeige, sondern das Erfassungsdatum. Das heißt: Die Anzeige mag schon vor ein oder zwei Wochen auf einer Firmen- oder Zeitungswebsite veröffentlicht worden sein und wird erst später im betreffenden Portal erfasst. Oft genug wird ihr dann das spätere Datum zugeordnet.

Tipp: Recherchieren und nachhaken

Aktualität prüfen: Oft hilft ein Blick auf die Firmenwebsite.

Misstrauen Sie bei Stellenangeboten im Internet dem Datum. Abhilfe schafft eventuell ein Blick auf die Firmenwebsite: Wenn eine Stelle dort nicht mehr ausgeschrieben ist, dann ist sie höchstwahrscheinlich schon besetzt. Leider ist aber der Umkehrschluss, nämlich dass Stellenangebote auf Firmenwebsites auf jeden Fall aktuell sind, nicht immer richtig. Längst nicht alle Firmen aktualisieren ihre Seiten im Abstand von ein bis zwei Wochen. Deshalb empfiehlt es sich auch hier, zum Telefonhörer zu greifen und in der Personalabteilung nachzufragen.

Vorheriger Anruf nötig?

Ein telefonischer Erstkontakt ist oft, aber nicht immer ratsam.

Viele Bewerber meinen, sie könnten durch einen vorherigen Anruf die Aufmerksamkeit des Personalentscheiders im positiven Sinne auf sich lenken. Im Zeitalter der Massenbewerbungen ist diese Überlegung sicherlich angebracht. Trotzdem ist bei einer derart pauschalen Annahme Vorsicht angebracht: Durch einen vorherigen Anruf fallen Sie auf – das stimmt, aber nicht unbedingt positiv. Manchen Personalverantwortlichen – und auch Headhuntern! – gehen die ständigen Anrufe von Bewerbern auf die Nerven. Andere sehen darin ein Zeichen von besonderem Interesse.
Das folgende Prüfschema hilft Ihnen bei der Entscheidung, ob ein vorheriger Anruf sinnvoll ist oder nicht:

Prüfschema: Ist ein vorheriger Anruf empfehlenswert?

Frage 1:
Ist ein Anruf nötig, um die Aktualität der Stellenanzeige zu prüfen?

Ja? – Anrufen	Nein? – Weiter mit Frage 2

Frage 2:
Brauchen Sie noch Informationen, um abzuschätzen, ob sich eine Initiativbewerbung lohnt?

Ja? – Weiter mit Frage 6	Nein? – Weiter mit Frage 3

Frage 3: **Haben Sie eine wichtige Frage, die wirklich unbedingt geklärt werden muss?**	
Ja? – Anrufen	Nein? – Weiter mit Frage 4
Frage 4: **Halten Sie einen Anruf für sinnvoll, um die Aufmerksamkeit auf sich zu lenken?**	
Ja? – Weiter mit Frage 5	Nein? – Nicht anrufen
Frage 5: **Ist in der Stellenanzeige ein Ansprechpartner mit Telefonnummer genannt?**	
Ja? – Weiter mit Frage 6	Nein? – Nicht anrufen
Frage 6: **Trauen Sie sich zu, am Telefon einen kompetenten, souveränen Eindruck zu hinterlassen?**	
Ja? – Anrufen	Nein? – Nicht anrufen (Initiativbewerber: Bewerbung auf gut Glück losschicken!)

Ein Anruf unter einem Vorwand kommt nicht gut an.

Wenn keine Telefonnummer genannt ist, sollten Sie den Personalverantwortlichen oder den zuständigen Headhunter wirklich nur anrufen, wenn Sie wichtige Fragen zu klären haben.

Übersicht: in zehn Schritten zur guten Bewerbung

Regionale Eingrenzung

1. Schritt: Region(en) festlegen
Legen Sie die Region(en) fest, in der (oder in denen) Sie arbeiten möchten oder in die Sie wegen einer Stelle ziehen würden.

2. Schritt: geeignete Zeitungen suchen und bestellen
Finden Sie heraus, welche Lokal- und Regionalzeitungen in diesen Regionen am wichtigsten sind (keine Boulevardzeitungen). Bestellen Sie sie im Samstagsabonnement. Falls Sie nicht bereit sind, aufgrund einer Stelle umzuziehen, dann abonnieren oder kaufen Sie zusätzlich zu Ihrer Lokalzeitung auch noch die Samstagsaus-

gaben der Zeitungen, deren Verbreitungsgebiet in unmittelbarer Nachbarschaft zu Ihrem Wohnort liegt.

Ohne klares Berufsziel ist keine erfolgreiche Bewerbung möglich.

3. Schritt: Berufsziel und Qualifikationen benennen
Überlegen Sie sich – eventuell anhand von Stellenanzeigen –, welches Berufsziel Sie verfolgen und welche (harten und weichen) Qualifikationen Sie mitbringen.

4. Schritt: Zeitungen und Onlineportale durchforsten
Gehen Sie den Stellenmarkt geeigneter Onlineportale, Zeitungen und Fachzeitschriften gewissenhaft durch. Suchen Sie nach Stellen, die zu Ihren Zielen und Qualifikationen passen. Drucken oder schneiden Sie geeignete Stellenanzeigen aus, und speichern bzw. legen Sie sie mit Datum und Quellenangabe ab. Lassen Sie sich aber nicht entmutigen, wenn Sie kein passendes Angebot finden. Halten Sie dann Ausschau nach interessanten Firmen oder anderen Arbeitgebern, bei denen Sie gern arbeiten würden (vielleicht lohnt sich hier eine Initiativbewerbung).

Sie sollten jederzeit gerüstet sein, um eine Bewerbung zu versenden.

5. Schritt: Bewerbungsunterlagen vorbereiten
Für eine – heute meist übliche – E-Mail- oder Onlinebewerbung brauchen Sie Ihre Schul- und Arbeitszeugnisse als gut lesbare Scans sowie ein gutes Digitalfoto von sich, das Sie am besten bei einem professionellen Fotografen machen lassen. Erstellen Sie außerdem Vorlagen für Anschreiben und Lebenslauf in einem Textverarbeitungsprogramm. Um später alles ins empfohlene PDF-Format bringen zu können, sollten Sie sich um entsprechende Software kümmern. Die gibt es auch kostenlos zum Herunterladen im Internet.
Falls Sie sich postalisch bewerben: Kaufen Sie Bewerbungsmappen, die gut aussehen und einfach zu handhaben sind. Lassen Sie genügend und gute Abzüge Ihrer Bewerbungsfotos machen sowie einwandfreie Kopien aller Ihrer Zeugnisse und Nachweise; heften Sie sie gleich in die Mappen. Bewahren Sie all diese Unterlagen

unbedingt in einem rauchfreien Raum auf – es macht beim Empfänger keinen guten Eindruck, wenn eine Bewerbung nach Rauch stinkt.

6. Schritt: Fakten zum potenziellen Arbeitgeber recherchieren

Eine Unternehmensrecherche erhöht Ihre Chancen.

Nehmen Sie die Stellenanzeigen zur Hand, die Sie gespeichert oder abgelegt haben. Versuchen Sie nun, mehr über die potenziellen Arbeitgeber herauszufinden, zum Beispiel indem Sie die Firmenwebsites besuchen. Schreiben Sie sich gleich den Namen und gegebenenfalls die E-Mail-Adresse des Ansprechpartners auf, zu dessen Händen Sie später Ihre Bewerbung schicken. Um sich zu vergewissern, können Sie vorher anrufen.

7. Schritt: Lebenslauf schreiben

Setzen Sie im Lebenslauf Schwerpunkte passend zum gewünschten Beruf.

Schreiben Sie Ihren Lebenslauf. Natürlich muss er der Wahrheit entsprechen. Dennoch können Sie ihn an den potenziellen Arbeitgeber anpassen, indem Sie Kenntnisse über die Firma einfließen lassen. Betonen Sie zudem diejenigen Stationen in Ihrem Leben, die besonders gut zur ausgeschriebenen Stelle passen.

8. Schritt: Anschreiben verfassen

Nicht das gleiche Anschreiben dutzendfach versenden!

Verfassen Sie erst dann das Anschreiben. Nennen Sie in der Anrede den Ansprechpartner mit Namen und schreiben Sie nicht »Sehr geehrte Damen und Herren«. Das Anschreiben sollte – mehr noch als der Lebenslauf – genau zur gewünschten Stelle und zum Arbeitgeber passen, bei dem Sie sich bewerben.

9. Schritt (nicht obligatorisch): Deckblatt gestalten

Besonders ansprechend: das Deckblatt

Sie können ein ansprechendes Deckblatt gestalten, müssen das aber nicht tun. Darauf nennen Sie den Empfänger der Unterlagen und Ihren Namen, Ihre Berufsbezeichnung und/oder Ihren akademischen Grad sowie Ihre Kontaktdaten. Ihr Bewerbungsfoto platzieren Sie auf dem Deckblatt oder – falls Sie darauf verzichten – auf dem Lebenslauf.

10. Schritt: zusammenstellen und abschicken

Für eine E-Mail-Bewerbung: Stellen Sie nun Ihr Bewerbungsdokument zusammen, indem Sie alle Einzeldokumente zusammen als PDF-Datei speichern (Reihenfolge: gegebenenfalls Deckblatt, Anschreiben, Lebenslauf, Schul- und Arbeitszeugnisse, sonstige Nachweise).

Für die Bewerbung per Onlineformular, wie sie einige Firmen verlangen, brauchen Sie die Dokumente auch einzeln – idealerweise ebenfalls im PDF-Format –, um sie hochladen zu können.

Bewerbungsmappe zusammenstellen und abschicken

Für die postalische Bewerbung: Nehmen Sie eine vorbereitete Mappe mit allen Zeugnissen und Nachweisen zur Hand. Heften Sie Lebenslauf und gegebenenfalls Deckblatt ein und legen Sie das Anschreiben lose auf die Mappe. Beschriften und frankieren Sie den Umschlag, und schicken Sie Ihre Bewerbung ab.

Anforderungsprofile: die Wunschzettel der Arbeitgeber

Das ideale Profil bringt kaum ein Bewerber mit.

Höchstens 35 Jahre alt, Doktorgrad und jahrelange Berufserfahrung – wer kennt sie nicht, die Anforderungen vieler Arbeitgeber? Stellensuchende sind oft verunsichert, weil sie als Bewerber in keiner Weise dem Ideal entsprechen. Nicht nur, dass sie die genannten Anforderungen zum Teil nicht mitbringen – sie haben oft auch einen Lebenslauf, der nicht zwangsläufig in die gewünschte Stelle mündet. Dazu finden sie vieles in ihrem bisherigen Leben mangelhaft und für eine Bewerbung ungeeignet.
Was die wenigsten wissen: Selten erfüllt ein Bewerber das, was als Anforderungsprofil in der Stellenanzeige gefragt ist. Denn Stellenprofile haben viel mit Wunschzetteln gemeinsam: Nicht immer ist das, was auf der Liste steht, realistisch und erfüllbar. Viele Firmenchefs und Personalverantwortliche listen zunächst einmal ganz unbefangen alles auf, was sie sich von einem idealen Mitarbeiter wünschen – ohne Bezug zur realen Person eines Bewerbers. Die Erfüllbarkeit solcher Wünsche oder Anforderungen steht auf einem anderen Blatt: in Ihrem Fall in Ihrer Bewerbung.

Unterscheiden Sie zwischen Muss- und Kann-Anforderungen

Fehlt eine Muss-Anforderung, ist eine Bewerbung sinnlos.

Sie haben eine Stellenanzeige gefunden, die Ihnen zusagt? Dann überlegen Sie bei jeder Anforderung, die Sie nicht oder nur unzureichend erfüllen, einzeln: Ist dieser Wunsch des Arbeitgebers tatsächlich für die Stelle unerlässlich? Wenn ja, handelt es sich um eine Muss-Anforderung. Fehlt Ihnen diese unabdingbare Qualifikation oder Fähigkeit, dann hat es keinen Sinn, sich auf die betreffende Stelle zu bewerben. Konzentrieren Sie sich lieber auf die Stellen, die besser zu Ihnen passen. Sie sparen Zeit, Mühe und womöglich auch Material und Porto.
Fehlt Ihnen dagegen eine Eigenschaft oder Kenntnis, die für die Stelle nicht unbedingt notwendig scheint, dann

lohnt sich eine Bewerbung eventuell doch. Das gilt besonders, wenn Sie etwas zur Kompensation anbieten können.

Stärken Sie Ihr Selbstbewusstsein

Den perfekten Bewerber gibt es schlichtweg nicht. Seien Sie daher selbstbewusst im Umgang mit dem, was Sie als Bewerber angeblich nicht vorweisen sollten:

- schlechte Schulnoten
- schlechte Arbeitszeugnisse
- Lücken im Lebenslauf
- mangelnde Erfahrung
- nicht ganz genau passende Qualifikationen
- abgebrochene Ausbildung(en), abgebrochenes Studium, häufiger Stellenwechsel
- lange Zeiten der Arbeitslosigkeit
- eigene Kündigung einer Stelle
- Kündigung durch den früheren Arbeitgeber
- Beschäftigung in minderqualifizierter Stellung
- komplett falsche Ausbildung
- zu hohes Alter
- Behinderungen

Die Erfahrung lehrt: Meist haben Bewerber selbst mehr Probleme mit ihren – vermeintlichen oder tatsächlichen – Defiziten als Personalverantwortliche. Lernen Sie deshalb, persönliche Schwächen, Brüche, Lücken und Unstimmigkeiten in Ihrem Leben als etwas ganz Normales zu betrachten: Sie haben keinen Grund, sie zu verstecken, sollten sie aber auch auf keinen Fall betonen!

Wie Sie mit vermeintlichen und tatsächlichen Mängeln umgehen

Mängel nicht verstecken …

Fehler nicht verstecken, aber auch nicht überbetonen

Um es gleich vorweg zu sagen: Es hat keinen Sinn, Offensichtliches zu verstecken. Die meisten Personalentscheider reagieren ungehalten, wenn sie entdecken, dass sie getäuscht werden. Das gilt besonders beim Lebenslauf, wenn er nicht chronologisch, sondern thematisch geordnet wird, um Lücken zu verbergen oder Brüche und Unstimmigkeiten zu kaschieren. Ein Bewerber hat selten eine Chance, damit durchzukommen. Es ist besser, Sie gehen selbstbewusst mit Ihren Defiziten um und stehen dazu.

... aber auch nicht betonen!
Mängel nicht zu verstecken heißt aber noch lange nicht, dass Sie sie betonen sollten. Den Personalentscheider interessieren Ihre Defizite wesentlich weniger als das, was Sie für die gewünschte Stellung qualifiziert. Das müssen Sie immer im Hinterkopf haben, auch wenn Sie – was manchmal durchaus sinnvoll sein kann – schon in der schriftlichen Bewerbung erklären, warum Sie in dem einen oder anderen Punkt dem Anforderungsprofil nicht entsprechen.

Konzentrieren Sie sich auf Ihre Stärken.

Ihre Schwächen sind nicht so wichtig wie Ihre Stärken
Stellen Sie Ihr vermeintliches Defizit nicht in den Mittelpunkt Ihrer Bewerbung. In der Regel reicht eine kurze Anmerkung im Lebenslauf als Erklärung. Im Anschreiben sollten Sie vor allem dann darauf eingehen, wenn Sie eine Stärke entgegensetzen können, die den Mangel wettmacht! Im Vorstellungsgespräch werden Sie wahrscheinlich nach Ihren Schwächen gefragt. Antworten Sie ehrlich, aber nicht zu ausführlich. Stellen Sie eine Schwäche als etwas Selbstverständliches (und nicht so Schlimmes) dar. Konzentrieren Sie sich auf Ihre Stärken. Auf die Frage nach Ihren Vorzügen sollten Sie wesentlich mehr zu bieten haben. Bleiben Sie dabei aber ehrlich und authentisch.

Kleine Mängel kommentarlos stehen lassen

Kleine Mängel ohne Scheu im Lebenslauf aufführen
Nicht alle Mängel sind gravierend. Einen Wechsel des Studienfachs oder ein halbes Jahr Arbeitslosigkeit können Sie in Ihrem Lebenslauf aufführen, ohne Nachteile erwarten zu müssen. Meist brauchen Sie noch nicht einmal eine Begründung. Brüche und Lücken im Lebenslauf gibt es häufig, das wissen auch Personalverantwortliche. Machen Sie

sich darauf gefasst, dass im Vorstellungsgespräch die eine oder andere Frage dazu kommt. Halten Sie dafür eine plausible Begründung bereit, aber antworten Sie kurz. Dann ist klar: Sie betrachten den »Mangel« selbst als nebensächlich und setzen Ihre Prioritäten bei Ihren Kenntnissen und Fähigkeiten.

Große Mängel: Vorbehalte durch Erklärung von vornherein entkräften

Große Defizite plausibel erklären

Bei offenkundigen Schwächen ist es besser, mögliche Vorbehalte von vornherein zu entkräften. Wenn Sie es schaffen, selbstbewusst mit Ihren Fehlern, Defiziten und mit Abweichungen vom Anforderungsprofil umzugehen, dann haben Sie viel gewonnen. Es gibt mehrere Positionen in der Bewerbung, an denen Sie darauf eingehen können:

- im Anschreiben, wenn Sie dem Mangel eine Stärke entgegensetzen können
- im Lebenslauf, wenn eine kurze Erklärung reicht (das ist die Regel)
- auf einer gesonderten Seite, wenn Sie eine ausführliche Erklärung für nötig halten (z. B. bei Behinderungen, die eine besondere Arbeitsumgebung erfordern)

Schein oder Sein? – Wie viel Wahrheit verträgt eine Bewerbung?

Beachten Sie: Bereiten Sie sich bei Schwächen, Lücken und Abweichungen vom gewünschten Bewerberprofil unbedingt auf Fragen im Vorstellungsgespräch vor. Legen Sie sich vorher zurecht, welche Argumente Sie anführen und wie Sie sie formulieren.
Aber auch hier gilt: Sie brauchen sich nicht zu verteidigen! Es ist Ihr gutes Recht, für Ihr Leben eigene Entscheidungen zu fällen – auch wenn diese sich im Nachhinein vielleicht nicht so gut verkaufen lassen. Behandeln Sie alle Abweichungen vom vermeintlich perfekten Lebenslauf oder Anforderungsprofil als normale Sache. Konzentrieren Sie sich auf Ihre Stärken.

Mit diesen Argumenten entkräften Sie mögliche Einwände

Vorbehalte der Personalverantwortlichen gezielt entkräften

Werfen Sie einen kritischen Blick auf Ihr bisheriges Leben und versuchen Sie dabei die Sicht eines Personalentscheiders einzunehmen: Gibt es wirklich Defizite? Oder sind es nur kleinere Mängel, die nicht weiter erklärt werden müssen? Nur wenn Sie wirklich meinen, eine Schwäche sei gravierend, sollten Sie sie schon in der schriftlichen Bewerbung erklären. Im Vorstellungsgespräch sollten Sie nur darauf eingehen, wenn Sie danach gefragt werden. Argumentationshilfen für die schriftliche Bewerbung, vor allem aber für entsprechende Fragen im Vorstellungsgespräch finden Sie in den Übersichtskästen zu den einzelnen (vermeintlichen oder tatsächlichen) Defiziten.

Schlechte Schulnoten

Nur Berufsanfänger sollten zu schlechten Zeugnisnoten Stellung nehmen.

Schlechte Schulnoten spielen vor allem dann eine entscheidende Rolle, wenn Sie sich auf den ersten Arbeits- oder Ausbildungsplatz bewerben. Dann können Sie schon in der schriftlichen Bewerbung darauf eingehen. Das sollten Sie aber nur dann tun, wenn das Zeugnis durchweg schlecht ist.

Haben Sie dagegen nur in einigen Fächern schlechte Noten, brauchen Sie in der schriftlichen Bewerbung nichts zu erklären – zumindest dann nicht, wenn es bei der betreffenden Stelle nicht auf diese Fächer ankommt.

Gelassenheit zählt.

Im Vorstellungsgespräch kann es Ihnen allerdings passieren, dass Sie auf Ihre Schulnoten angesprochen werden. Hier zählt der gelassene Umgang mit diesem vermeintlichen Angriff. Lassen Sie sich bloß nicht ins Bockshorn jagen! Eine kurze Erklärung genügt, je selbstsicherer, desto besser – aber ohne jede Überheblichkeit. Die folgende Tabelle zeigt Ihnen, mit welchen Argumenten Sie schlechte Noten erklären und in welche Formulierungen Sie die Erklärung verpacken können:

Argumente, Beispiele und Musterformulierungen bei schlechten Schulnoten

Ihre Argumente	Beispiele, Musterformulierungen
mehr Interesse an praktischem Tun als an der Büffelei für die Schule	Lassen Sie sich nicht von meinen Schulzeugnissen abschrecken. In der Praxis bin ich wesentlich besser als in der Theorie. Ich bin ein Praktiker. Dinge praktisch umzusetzen fällt mir leicht und macht mir Spaß.
andere Interessen	Ich bin von meinen Interessen und Fähigkeiten her eindeutig besser in Sprachen als in Mathematik und Naturwissenschaften. *(oder umgekehrt)*
Sie sind eigentlich gut im betreffenden Fach. Sie haben aber zu wenig gelernt oder sich zu wenig mündlich am Unterricht beteiligt.	Meine schlechte Physiknote im Abiturzeugnis? Darüber habe ich mich selbst geärgert. Ich habe einfach zu wenig gelernt. Meine Klassenarbeiten im Fach Englisch waren gut. Meine mündliche Beteiligung war allerdings zu gering. Ich bin ein eher zurückhaltender Mensch. Deshalb habe ich mich im Sprachunterricht mündlich eher still verhalten.
Spätzünder (als Argument vor allem bei reiferen Bewerbern möglich)	Als Schüler war ich – das gebe ich zu – nicht gerade der Fleißigste. Das entscheidende Interesse für ... kam erst nach der Schule / während der Ausbildung / im Studium / während meiner praktischen Tätigkeit im Beruf. Ich habe erst später, nach der Schule, Interesse für ... entwickelt.

Schlechte Arbeitszeugnisse

Besser ein schlechtes Arbeitszeugnis als gar keines!

Schlechte Arbeitszeugnisse dürfen Sie auf keinen Fall einfach unterschlagen. Sie gehören – als Beleg für die Richtigkeit Ihrer Angaben im Lebenslauf – ebenso in eine Bewerbung wie gute. Ein schlechtes Arbeitszeugnis sollten Sie in der schriftlichen Bewerbung lieber nicht kommentieren. Warten Sie das Vorstellungsgespräch ab. Rechnen Sie damit, dass Sie danach gefragt werden.

Wer Negatives über den früheren Arbeitgeber sagt, hat keine Chance.

Achtung: Nichts Schlechtes über frühere Arbeitgeber sagen!

Auf keinen Fall sollten Sie sich dazu hinreißen lassen, sich schlecht oder abfällig über Ihren früheren Arbeitgeber zu äußern. Das wäre der sichere Weg zu einer Absage. Bleiben Sie sachlich. Suchen Sie die wahren Gründe sowohl bei Ihrem früheren Arbeitgeber als auch bei sich selbst. Selbst wenn sich Ihr früherer Arbeitgeber absolut unerträglich benommen hat – sagen Sie nichts darüber. Es würde ein schlechtes Licht auf Sie werfen. Der potenzielle neue Arbeitgeber müsste sich Sorgen machen, dass Sie später womöglich auch Nachteiliges über ihn sagen.

Argumente und Musterformulierungen bei schlechten Arbeitszeugnissen

Ihre Argumente	Musterformulierungen
Sie sind einfach nicht mit dem oder der Vorgesetzten zurechtgekommen.	Die Chemie hat nicht gestimmt. Das hat sicherlich an beiden Seiten gelegen. Da war es besser, einen Schlussstrich zu ziehen.
Der Einsatzbereich entsprach nicht Ihren Neigungen.	Mehr und mehr bin ich in einem Bereich eingesetzt worden, der meinen Neigungen nicht entspricht. Zwar habe ich das Gespräch mit meinem Vorgesetzten gesucht, aber es änderte sich nichts daran. Deshalb fällt auch die Leistungsbeurteilung nicht zu meinem Vorteil aus.
Arbeit ohne Rückmeldung	Ich kann nicht gut ohne Feedback arbeiten. Mit offener, konstruktiver Kritik kann ich umgehen. Von der Unzufriedenheit meines Vorgesetzten habe ich zu spät erfahren, als dass ich hätte gegensteuern können.

Mangelnde Erfahrung lässt sich oft kompensieren.

Mangelnde Erfahrung

Mangelnde Erfahrung kann ein Grund sein, auf eine Bewerbung zu verzichten. Denn in den meisten Fällen ist Erfahrung eine absolute Mussanforderung. Versetzen Sie sich in den Personalverantwortlichen und versuchen Sie ehrlich zu antworten, ob Sie sich die ausgeschriebene Stelle zutrauen. Nur wenn Sie das bejahen können, lohnt sich eine Bewerbung. Taktisch klug ist es, ohne Umschweife zuzugeben, dass Sie nicht über die geforderte Berufserfahrung verfügen. Betonen Sie aber nicht Ihren Mangel an Erfahrung, sondern Ihren Willen, ihn wettzumachen. Alternativ dazu bietet sich eine Initiativbewerbung in Anlehnung an die ausgeschriebene Stelle an. Sie können sich beispielsweise als Trainee bewerben, wenn eigentlich ein ausgebildeter Mitarbeiter gesucht wird. Oder als Junior-Produktmanager, wenn laut Stellenangebot ein Senior eingestellt werden soll. Ihre Argumente:

Argumente und Musterformulierungen für einen Mangel an Erfahrung

Ihre Argumente	Musterformulierungen
Sie können sich leicht einarbeiten, da Sie lernfähig sind oder schon Grundkenntnisse besitzen.	Über die geforderte Erfahrung von ein bis zwei Jahren verfüge ich nicht. Ich traue mir aber durchaus zu, mich in diesen Bereich sehr schnell einzuarbeiten. Mit der XYZ-Software habe ich nicht viel praktische Erfahrung. Aber ich habe an mehreren Schulungen teilgenommen und denke, dass die Routine im täglichen Umgang mit diesem Programm sehr schnell einkehrt.
Angebot, an einer betriebsinternen Ausbildung teilzunehmen	Wenngleich ich noch keine Berufserfahrung habe, bewerbe ich mich in Anlehnung an Ihre Stellenanzeige. Gern eigne ich mir als Trainee (Alternative: als Auszubildender) in Ihrem Unternehmen das nötige Know-how an, um später in diesem Bereich Verantwortung zu übernehmen.
andere Kenntnisse, die die mangelnde Erfahrung wettmachen	Zwar fehlt mir die Erfahrung im Bereich Werbung, dafür habe ich umso mehr Kenntnisse in allem, was mit Marketing und Product-Placement zu tun hat.
Anknüpfungspunkte	Auch wenn ich noch nie beruflich als Grafikerin gearbeitet habe: Zeichnungen und Piktogramme zu entwerfen, hat mir privat immer viel Spaß gemacht. Das traue ich mir ohne Weiteres auch im Beruf zu.

Unzureichende Qualifikationen

Gehen Sie offensiv mit fehlenden Qualifikationen um.

Wer kennt das nicht? – Gefragt sind verhandlungssicheres Englisch (und nicht nur Schulkenntnisse), perfekter Umgang mit einer bestimmten Software (und nicht nur Anfängerkenntnisse), ein Studium der Betriebswirtschaft (und kein geisteswissenschaftlicher Abschluss) usw. Sind solche Anforderungen für eine Stelle ein unbedingtes Muss, dann brauchen Sie viel Glück, um eine Chance zu haben. Es hängt eben davon ab, was andere Bewerber bieten. Auf jeden Fall sollten Sie schon in der schriftlichen Bewerbung begründen, warum Sie sich für den geeigneten Kandidaten halten. Damit zeigen Sie, dass Sie sich sehr wohl mit dem Anforderungsprofil in der Stellenanzeige auseinandergesetzt haben und es nicht einfach ignorieren. Die Argumente für Ihre Abweichung vom geforderten Profil sind ähnlich wie bei mangelnder Berufserfahrung:

Argumente und Musterformulierungen bei unzureichenden Qualifikationen

Ihre Argumente	Musterformulierungen
schnelle Einarbeitung möglich	Das XY-Programm kenne ich bisher noch nicht. Da ich aber in Sachen Software sehr gut bin und über eine rasche Auffassungsgabe verfüge, sehe ich kein Problem darin, mich schnellstens einzuarbeiten.
Angebot, an einer betriebsinternen Ausbildung teilzunehmen	Als Bilanzbuchhalter habe ich bisher die Jahresabschlüsse mit der ABC-Software erstellt. Ich bin aber gern bereit, mir in einem Kurs oder einer betriebsinternen Weiterbildung die geforderten Kenntnisse in XYZ anzueignen.
andere Kenntnisse, die die fehlende Qualifikation (wenigstens teilweise) kompensieren	Zugegeben – ich habe nicht BWL studiert, sondern Kunstgeschichte. Aber ich beobachte den Kunst- und Antiquitätenmarkt schon seit dem Beginn meines Studiums und bin über die aktuellen Preistrends stets informiert. Mein Englisch ist nicht verhandlungssicher; ich habe nur gute Grundkenntnisse. Dafür aber kann ich Finnisch, womit ich Ihnen auf dem skandinavischen Markt, den Ihr Unternehmen ja ebenfalls beliefert, sicher weiterhelfen kann.

Abgebrochene Ausbildung, abgebrochenes Studium

Sie haben Ihre Ausbildung, Ihr Studium abgebrochen oder die letzte Trainee-, Referendariats- oder Volontariatsstelle ohne die erhoffte Qualifikation frühzeitig aufgekündigt?

Wenn Sie einen Ausbildungsabbruch erklären, dreht Ihnen niemand einen Strick daraus.

In der Regel stellen Sie das unkommentiert in den Lebenslauf. Dass man Entscheidungen nachträglich bereut und dann einen anderen Weg einschlägt, kommt schließlich vor. Schwierig wird es erst, wenn dem Ausbildungs- oder Studienabbruch keine neue Ausbildung gefolgt ist, auf die man sich berufen kann.

Mit einer Erklärung haben Sie größere Chancen

Generell gilt: Nutzen Sie die Möglichkeit, Ihre Entscheidungen zu erklären. Wenn Sie das nicht tun, müssen Sie damit rechnen, dass Ihnen mangelndes Durchhaltevermögen oder gar Faulheit unterstellt wird. Am besten, Sie sagen die Wahrheit – wenn auch nicht die ungeschminkte. Tun Sie dies in aller Kürze.

Auf eine Erklärung können Sie dann verzichten, wenn die Abbrüche oder häufigen Wechsel schon länger zurückliegen. Jeder hat ein Recht auf Jugendsünden. Bei Ihrer Bewerbung zählt vor allem die aktuelle Lage.

Bewerten Sie selbst Ihre damalige Entscheidung.

Übrigens: Bei vielen Personalentscheidern kommt es gut an, wenn Sie einen Schritt zurücktreten und Ihr bisheriges Leben mit etwas Abstand betrachten. Wenn Sie zum Beispiel drei Ausbildungen abgebrochen haben, bevor Sie eine dauerhafte Tätigkeit gefunden haben, dann können Sie durchaus sagen: »Ich brauchte mehrere Anläufe ...«

Hier weitere Beispiele:

Argumente und Musterformulierungen bei Ausbildungs- oder Studienabbruch

Ihre Argumente	Musterformulierungen
falsche berufliche Orientierung	Erst während meines Referendariats fiel mir auf, dass es mir nicht liegt, Schüler in Mathe zu unterrichten. Ich wollte mehr Rückzug und Eigenverantwortung und habe mich daher dem Thema Controlling zugewandt.
unerwartete Auswirkungen auf den Lebensstil	Dass die Arbeitszeiten eines Bäckers so große Auswirkungen auf das Privatleben haben, merkte ich erst, als ich schon mit der Ausbildung angefangen hatte. Das war für mich der Grund, meine Lehre abzubrechen.

Argumente und Musterformulierungen bei Ausbildungs- oder Studienabbruch (Fortsetzung)

Ihre Argumente	Musterformulierungen
Sie wollten einen Ortswechsel	Aus privaten Gründen zog es mich nach Zürich. Allerdings wurden dort meine bisher absolvierten drei Semester nicht anerkannt. Ich beschloss, das Studium nicht weiterzuführen und stattdessen bei einem Reiseanbieter zu jobben. Dennoch habe ich mich weiterhin mit Sportpädagogik beschäftigt und bin – trotz Studienabbruchs – gut informiert.
persönliche Gründe, die nicht an der Tätigkeit liegen	Der Abbruch geschah aus rein persönlichen Gründen und hatte nichts mit den Ausbildungsinhalten zu tun. Gern möchte ich meine Ausbildung wieder aufgreifen und zu Ende führen.

Kündigung auf eigene Faust, häufiger Arbeitgeberwechsel, kurze Verweildauer auf einer Arbeitsstelle

Entkräften Sie den Verdacht, ein unbeständiger Mensch zu sein.

Haben Sie als Bewerber Ihre letzte Arbeitsstelle oder gar mehrere Arbeitsstellen selbst gekündigt, sollten Sie Ihre Entscheidung erklären. Häufige Stellenwechsel sind bei Bewerbungen ein Problem. Das betrifft vor allem junge Leute, aus deren Lebenslauf deutlich wird, dass sie es bei keinem Arbeitgeber länger als ein bis anderthalb Jahre ausgehalten haben. Die meisten Personalentscheider suchen Mitarbeiter, die bereit sind, länger bei ihnen zu bleiben. Denn die ständige Personalsuche und die Einarbeitung neuer Mitarbeiter bedeuten zusätzliche Kosten. Wichtig: Machen Sie in der Bewerbung deutlich, dass Ihr Interesse an der Stelle ernst ist und dass Sie an einer dauerhaften Tätigkeit interessiert sind.

Kündigung auf eigene Faust

Eine Eigenkündigung nur kommentieren, wenn Sie gefragt werden.

Eigene Kündigungen können Sie nicht verbergen. Denn im Arbeitszeugnis steht es schwarz auf weiß, wie ein Arbeitsverhältnis beendet wurde (wohlgemerkt ist nur das »Wie«, aber keinesfalls das »Warum« eine Pflichtangabe im Zeugnis!). Erfahrene Personalverantwortliche finden also auf jeden Fall heraus, dass Sie selbst gekündigt haben, indem

sie ganz einfach ins Zeugnis schauen. Im Vorstellungsgespräch sollten Sie die Gründe erklären.
Achtung: Verlieren Sie kein böses Wort über Ihren früheren Arbeitgeber! Versuchen Sie, objektiv zu bleiben und die Verantwortung für die Kündigung auf beiden Seiten zu suchen.

Offensiv statt defensiv

Machen Sie klar, dass ein Schlussstrich dringend nötig war.

Bei der Darstellung der eigenen Kündigung brauchen Sie sich nicht zu verteidigen. Machen Sie klar, dass Sie einen Schlussstrich unter eine unerträgliche Situation gezogen haben bzw. gekündigt haben, um sich beruflich weiterzuentwickeln. Dem Willen, Dinge zu verändern, und der Konsequenz, die nötigen Schritte auch zu gehen, kann ein potenzieller neuer Arbeitgeber durchaus Positives abgewinnen.

Lust auf häufigeren Wechsel? Dann suchen Sie sich ein passendes Betätigungsfeld!

Wer den Wechsel liebt, sollte nach passenden Berufen suchen.

Wenn Sie tatsächlich keine große Lust auf eine dauerhafte Beschäftigung haben, dann überlegen Sie, welche Form der Arbeit Ihrem Wesen entgegenkommt. Vielleicht liegt Ihre Chance ja im Projektmanagement, wo Sie immer wieder neue, zeitlich begrenzte Aufgaben bekommen. Oder Sie wagen den Sprung in die Selbstständigkeit. Vielleicht möchten Sie ja auch eine Stelle, die mit vielen Reisen verbunden ist? Oder Sie finden die gewünschte Abwechslung, indem Sie für eine Zeitarbeitsfirma tätig werden. Dort haben Sie außerdem die Chance, auszuprobieren, welcher Arbeitgeber, welche Sparte und welche Tätigkeiten Ihnen liegen.

Was tun bei Pech in Serie?

Bei häufigem Wechsel: Fragen Sie sich, ob Ihre berufliche Orientierung stimmt.

Eines ist klar: Man kann auch Pech in Serie haben und mehrfach hintereinander an Stellen geraten, die einfach nicht zu den eigenen Stärken und Vorlieben passen. Suchen Sie – zunächst für sich selbst – nach den wahren Gründen für jeden einzelnen Wechsel. Vielleicht liegt es daran, dass Sie nicht in der richtigen Sparte gelandet sind? Oder Sie waren dauerhaft über- oder unterfordert? Stimmt vielleicht die eingeschlagene Richtung nicht? Ist ein Berufswechsel oder eine Neuorientierung angesagt? Machen Sie sich unbedingt Gedanken über das, was Sie gut können und was Sie gern tun.

Zeigen Sie, dass Sie beständig sind und nicht gleich aufgeben.

Einwände vorwegnehmen: Hier liegt Ihre Chance

Wankelmut und mangelndes Durchhaltevermögen sind bei den meisten Arbeitgebern K.-o.-Kriterien. Machen Sie daher in Ihrer Bewerbung glaubhaft, dass

- Sie nicht sprunghaft sind,
- Sie nicht gleich aufgeben, wenn Sie Gegenwind haben,
- Ihnen an einer dauerhaften Stelle gelegen ist.

Damit nehmen Sie mögliche Einwände vorweg. Hierauf sollte auch der Schwerpunkt liegen. Erst in einem zweiten Schritt überlegen Sie, mit welchen Argumenten und Formulierungen Sie Ihre Entscheidung(en), den Arbeitgeber zu wechseln, erklären. Zum Beispiel:

Argumente und Musterformulierungen bei eigener Kündigung und/oder häufigem Arbeitgeberwechsel

Ihre Argumente	Musterformulierungen
nicht die richtige Tätigkeit	Als Diplom-Biologe war ich schnell in die Vertriebsschiene geraten. Als ich auch mit meiner vierten Stelle als Pharmavertreter nicht zufrieden war, merkte ich, dass mir die Arbeit im Labor mehr Spaß machen würde als der Verkauf. Ich denke, meine gute Kenntnis der Abnehmer kommt mir auch bei der Pharmafoschung zugute.
falsches Arbeitsumfeld	Gründlichkeit und Sorgfalt zeichnen meine Arbeitsweise aus. Deshalb fühle ich mich unwohl, wenn ich zu Eile und Oberflächlichkeit gedrängt werde. Das geht auf Kosten der Qualität und entspricht – gerade in der Buchhaltung – nicht meinen Vorstellungen. Deshalb bin ich bei einer Tätigkeit, bei der es auf Genauigkeit und Sorgfalt ankommt, für Sie der richtige Bewerber.

Argumente und Musterformulierungen bei eigener Kündigung und/oder häufigem Arbeitgeberwechsel (Fortsetzung)

Ihre Argumente	Musterformulierungen
Sie wollten sich weiterbilden.	Nach mehrjähriger beruflicher Tätigkeit als ... habe ich mich dafür entschieden, eine Weiterbildung im Bereich ... zu absolvieren. Diese Weiterbildung werde ich im Dezember ... erfolgreich abschließen. Ab Januar ... kann ich Ihnen zur Verfügung stehen. Um beruflich den nächsten Karriereschritt zu gehen, habe ich mich dafür entschieden, ein Aufbaustudium zum ... zu absolvieren. Dieses habe ich jetzt erfolgreich abgeschlossen.
Sie suchen eine neue berufliche Herausforderung.	Nach meinem Abschluss als ... habe ich fünf Jahre im Bereich ... gearbeitet. Jetzt suche ich eine neue berufliche Herausforderung im Bereich ... Ich suche eine neue berufliche Herausforderung im Bereich ...
Sie wollten vielfältige Erfahrungen sammeln.	Nach meiner Ausbildung zur ... konnte ich bei verschiedenen Arbeitgebern unterschiedliche praktische Erfahrungen sammeln. Jetzt sind meine »Wanderjahre« vorbei, und ich suche eine längerfristige Anstellung im Bereich ... Als Handwerker wollte ich in verschiedenen Regionen Deutschlands und bei unterschiedlichen Arbeitgebern Erfahrungen sammeln. Jetzt suche ich eine längerfristige Anstellung.
Sie hatten mehrere Anstellungen über Zeitarbeitsvermittler.	Als ... war ich in den vergangenen acht Jahren über verschiedene Zeitarbeitsfirmen für unterschiedliche Arbeitgeber tätig. An einer längerfristigen Anstellung in Ihrem Unternehmen bin ich deshalb sehr interessiert.
Pech in Serie	In mehreren kurzfristigen Anstellungen bei verschiedenen Arbeitgebern habe ich gute Einblicke in unterschiedliche Branchen erhalten. Diese Erfahrung möchte ich gern bei Ihnen einsetzen. Nach einer beruflichen Orientierungsphase habe ich mich dazu entschlossen, meine Erfahrungen und Fähigkeiten im Bereich ... einzusetzen. Deshalb bewerbe ich mich bei Ihnen.

Tipp: Keine Offenbarungen!

Hat eine unerträgliche Situation am Arbeitsplatz Sie zur Kündigung veranlasst? Wenn Sie in der Wahl Ihrer bisherigen Arbeitgeber Pech hatten, Mobbing ausgesetzt waren oder aus privaten Gründen häufiger den Wohnort und damit auch den Arbeitgeber wechselten, dann nennen Sie diese Gründe auf keinen Fall in Ihrer Bewerbung oder im Vorstellungsgespräch. Seelenstriptease führt direkt zur Absage.

Lange Zeiten der Arbeitslosigkeit

Arbeitslosigkeit ist keine Schande.

Lange Zeiten der Arbeitslosigkeit sind nichts, wofür Sie sich zu schämen bräuchten. Hüten Sie sich davor, die Arbeitslosigkeit im Lebenslauf zu verbergen (z. B. durch Anordnung nach Themen statt nach Chronologie). Sie dürfen auch keine unerklärte Lücke im Lebenslauf stehen lassen. Stattdessen sollten Sie beschäftigungslose Zeiten ohne weiteren Kommentar als solche im Lebenslauf aufführen. Falls Ihnen das Wort »arbeitslos« zu hart erscheint, bieten sich folgende Ausdrücke an:

Besser als das Wort »arbeitslos« klingt »arbeitssuchend«.

- arbeitssuchend
- auf der Suche nach einer geeigneten Stelle
- Bewerbungsphase
- Bewerbungs- und Orientierungsphase

Haben Sie auch keine Scheu, eine aktuelle, zurzeit noch anhaltende Arbeitslosigkeit im Lebenslauf zu erwähnen. Kaum ein Personalverantwortlicher wird Ihnen diesen Status ankreiden. Schließlich zeigen Sie mit Ihrer gut gestalteten Bewerbung, dass Sie nicht bereit sind, sich damit abzufinden.

Seien Sie selbstbewusst – trotz Kündigung.

Kündigung durch den früheren Arbeitgeber

Wenn Ihnen die Stelle durch Ihren früheren Arbeitgeber gekündigt wurde, ist das kein Grund, sich zu verstecken. Längst nicht alle Personalverantwortlichen machen einen Unterschied zwischen gekündigten und ungekündigten Bewerbern. Also Kopf hoch! Gerade in dieser misslichen Situation ist Selbstbewusstsein gefragt – und die Konzentration auf die eigenen Stärken. Im Lebenslauf erwähnen Sie eine solche Kündigung allenfalls, wenn sie betriebsbedingt war, also zum Beispiel wenn Ihre frühere Firma aus Kostengründen – oder zur Vermeidung einer Insolvenz – Arbeitsplätze wegrationalisiert hat. Eine verhaltens- oder personenbedingte Kündigung – also eine Kündigung, die Sie selbst durch Ihr Verhalten oder Ihre mangelnde Eignung für die Stelle verursacht haben – kommentieren Sie in der schriftlichen Bewerbung am besten gar nicht.

Das Arbeitszeugnis verrät, dass Ihnen gekündigt wurde.

Vorsicht: Verschweigen können Sie eine Kündigung durch den Arbeitgeber nicht

Auch wenn Sie nicht ausdrücklich darauf hinweisen, dass Ihnen gekündigt wurde: Sie können diese Tatsache in der Bewerbung nicht verbergen. Denn ein Blick auf die Schlussformel in Ihrem Arbeitszeugnis genügt, und der Empfänger Ihrer Bewerbung weiß, dass Sie nicht freiwillig gegangen sind. Allerdings darf Ihr früherer Arbeitgeber im Zeugnis nicht aufführen, warum er Ihnen gekündigt hat.

Schreiben Sie in die Bewerbung nichts, was im Widerspruch zum Arbeitszeugnis steht.

Aufgepasst: Prüfen Sie vorher, was im Arbeitszeugnis steht

Bleibt also nur der Sprung nach vorn. Machen Sie sich darauf gefasst, dass Sie im Vorstellungsgespräch um Erklärung gebeten werden. Aus Arbeitgebersicht haben Sie einen Vorteil: Sie sind sofort verfügbar, da Sie nicht an Kündigungsfristen gebunden sind. Das ist ein Argument, das Sie selbst in die Waagschale werfen sollten. Ihr Hauptargument sind Ihre Stärken und Fähigkeiten. Wichtig ist, dass Sie Ihre Argumente mit dem abstimmen, was Ihr früherer Vorgesetzter im Arbeitszeugnis geschrieben hat. Folgende Argumente bieten sich an:

Argumente und Musterformulierungen bei einer Kündigung durch den Arbeitgeber

Ihre Argumente	Musterformulierungen
Die Chemie stimmte nicht.	Wir sind nicht gut miteinander zurechtgekommen. Wahrscheinlich sind wir zu verschieden. Im Nachhinein war ich froh, als der Schlussstrich gezogen war.
fehlende Eignung für die letzte Stelle *(wenn Sie sich anders orientieren)*	Schon bald, nachdem ich die Stelle angetreten hatte, stellte sich heraus, dass die körperliche Belastung größer war als erwartet. Für meinen Arbeitgeber war das ebenso überraschend wie für mich, dass die Stelle das ständige Heben von Lasten erforderte. Daher wurde ich personenbedingt gekündigt.
unterschiedliche Arbeits- und Führungsweise	Unsere Arbeitsweise war zu unterschiedlich: Mein Vorgesetzter erwartete, dass ich ihm über jeden meiner Schritte Bericht erstatte; für ihn war Kontrolle eine Selbstverständlichkeit, um den Arbeitsfortschritt zu gewährleisten. Ich dagegen bin selbstständige Arbeit gewöhnt. Für mich zählen die Ergebnisse und allein daran will ich gemessen werden. Das konnte nicht gut gehen.

Beschäftigung in minderqualifizierter Stellung

Kernaussage: Die Aushilfstätigkeit war eine Übergangslösung.

Sie haben über längere Zeit eine Stelle gehabt, die deutlich unter dem Niveau liegt, auf dem Sie ausgebildet wurden oder studiert haben? Jetzt wollen Sie wieder eine Stelle haben, die Ihrer Ausbildung und Ihren Fähigkeiten angemessen ist? Dann ist es unbedingt zu empfehlen, dass Sie eine Erklärung dazu abgeben. Dafür sollten Sie nicht das Vorstellungsgespräch abwarten. Hier ist es eindeutig günstiger, Sie klären die Hintergründe schon in Ihrer schriftlichen Bewerbung.

Machen Sie klar, dass Sie mehr können.

Legen Sie den Schwerpunkt auf Ihre Qualifikationen
Wichtig: Betonen Sie nicht die Berufsphasen, in denen Sie unter Ihrer Qualifikation beschäftigt waren. Legen Sie den Schwerpunkt vielmehr ausdrücklich darauf, dass Sie über die geforderten Erfahrungen und Kenntnisse verfügen. Vergessen Sie nicht zu betonen, dass

- Ihre Kenntnisse trotz langer Pause noch nicht veraltet sind,
- Sie sich auf dem Laufenden gehalten haben,
- Sie keine Schwierigkeiten darin sehen, Ihr Wissen auf den neuesten Stand zu bringen.

Ihre Zielstrebigkeit und Ihr Durchhaltevermögen sprechen für Sie.

»Ich will eine Veränderung zum Besseren« – ein Argument, das für Sie spricht!
Erst wenn Sie das Augenmerk auf Ihre Fähigkeiten richten, haben Sie erreicht, was Sie wollen: Ihr potenzieller Arbeitgeber sieht, was Sie zu bieten haben. Weitere Pluspunkte können Sie damit bei Personalentscheidern durchaus verbuchen, nämlich dass Sie

- sich nicht zu schade sind, notfalls eine minderqualifizierte Stellung anzunehmen,
- nicht bereit sind, (drohende) Arbeitslosigkeit schicksalsergeben hinzunehmen,
- sich auch unter widrigen Umständen über Wasser halten können,
- aber auch Mut haben, eine Veränderung zum Besseren anzustreben.

Beispiele, wie Sie Ihre Arbeit in minderqualifizierter Stellung begründen können, finden Sie in der folgenden Tabelle:

Argumente und Musterformulierungen bei längerer Arbeit in unterqualifizierter Stellung

Ihre Argumente	Musterformulierungen
familiäre Gründe	Als alleinerziehende Mutter konnte ich mit dem Geldverdienen nicht warten, bis ich eine angemessene Stelle gefunden hätte. Also nahm ich vor fünf Jahren einen Teilzeitjob als Bürokraft an. Jetzt, da meine Tochter zur Schule geht, sehe ich die Chance, endlich wieder in den Bereich »Messeorganisation« zu wechseln.
Sie wollten einen Ortswechsel.	Aus privaten Gründen zog es mich nach Stralsund. Dort fand ich aber – anders als erwartet – keine Stellung im gleichen Bereich. Also schlug ich mich als Aushilfe durch.
Provisorium wurde zur Dauerlösung.	Als es mit den Forschungsgeldern für meine Postdocstelle nichts wurde, suchte ich eine Stelle. Für einen promovierten Biologen war weit und breit nichts in Sicht. Also jobbte ich in der Gartenabteilung eines Baumarkts.
Auf keinen Fall arbeitslos!	Lieber mit als ohne Job. Und da Aushilfskräfte am Bau damals gesucht waren, verdiente ich mir dort mein Geld. Ich hatte sogar Spaß daran – aber auf Dauer ist es natürlich keine große Herausforderung. Das Letzte, was ich wollte, war, nach Studium und Referendariat dem Sozialamt auf der Tasche zu liegen. Als die Arbeitsagentur mir einen Fabrikjob in der Fertigung anbot, stimmte ich zu.

Wichtig: Sie müssen klarmachen, dass Sie sich in Ihrer früheren und jetzt wieder angestrebten Tätigkeit auf dem Laufenden gehalten haben oder zumindest willig sind, sich wieder einzuarbeiten. Das gilt beispielsweise für neue Fertigungsmethoden, für aktuelle Software oder Technik, die die frühere ersetzt hat.

Komplett falsche Ausbildung

Als Quereinsteiger brauchen Sie gute Argumente.

Als Quereinsteiger haben Sie eine Chance, wenn die Nachfrage nach qualifizierten Bewerbern größer ist als das Angebot – also in der Regel in Zeiten eines wirtschaftlichen Aufschwungs. Aber auch in Krisenzeiten, in denen die Unternehmen vorsichtig mit Neueinstellungen sind, ist es nicht ausgeschlossen, dass Sie einen Arbeitgeber von Ihrem Interesse an einer bestimmten Tätigkeit überzeugen.

Wenn Sie sicher sind, in welche Richtung Sie gern gehen möchten, versuchen Sie, ein Unternehmen – oder einen anderen potenziellen Arbeitgeber – dafür zu gewinnen, Sie für seine Zwecke auszubilden oder Ihnen die nötigen Weiterbildungen anzubieten. Eines spricht auf jeden Fall für Sie: Ihre Begeisterung und Motivation. Bekunden Sie Ihre Lernbereitschaft und argumentieren Sie zum Beispiel so:

Argumente und Musterformulierungen bei falscher Ausbildung

Ihre Argumente	Musterformulierungen
großes Interesse	Schon seit meiner Jugend begleitet mich der XY-Verlag mit seinen Sachbüchern durch mein Leben. Er publiziert genau in dem Bereich, der mich – nach wie vor – interessiert. Deshalb würde ich gern ein Volontariat in Ihrem Hause absolvieren.
Anknüpfungspunkte	Während der Schulzeit habe ich von Zeit zu Zeit als Aushilfssekretärin in einer Steuerkanzlei gejobbt. Die Arbeit war interessant und abwechslungsreich, und die komplizierten Formulare und Zahlenkolonnen haben mir nie Angst eingejagt.
Vorwissen, Vorbildung im entsprechenden Bereich	Auch wenn ich von der Ausbildung her Arzthelferin bin – als Handwerkerfrau erledigte ich für den Betrieb meines Mannes die komplette Buchführung. Daher traue ich mir die Organisation im Geschäftsführersekretariat einer mittelständischen Firma ohne Weiteres zu.
früher absolvierte Praktika	Im Bereich Zahntechnik habe ich während der Realschulzeit ein Praktikum absolviert. Meine Praktikumschefin hat mir großes Geschick im Umgang mit den verschiedensten Werkstoffen bescheinigt.

Zu hohes Alter

Dass Sie wegen Ihres Alters nicht eingestellt werden, wird Ihnen niemand offen sagen.

Die Nachfrage nach jugendlichen Mitarbeitern ist ungebrochen, auch wenn das Allgemeine Gleichstellungsgesetz (AGG) eine Diskriminierung nach Alter verbietet. Warum werden junge Leute oft bevorzugt? Sie sind häufiger bereit, sich ohne Beschränkungen für echte Stressjobs einspannen zu lassen. Junge Leute arbeiten zudem häufig billiger.

Und: Sie zeigen oft mehr Flexibilität – sowohl, was Arbeitszeiten und besonders die Bereitschaft zu (unbezahlten) Überstunden angeht, als auch, was den Einsatzort betrifft. Zum Glück spricht ein Argument dafür, auch Ältere einzustellen: der immer größer werdende Fachkräftemangel in Mitteleuropa.

Der zunehmende Fachkräftemangel kommt erfahrenen Arbeitskräften entgegen.

Fachkräftemangel kontra Jugendwahn

Ganz ungebrochen ist der Jugendwahn inzwischen nicht mehr. Das hat mehrere Gründe: Erstens machen der Mangel an qualifizierten Bewerbern und die Abwanderung von Fachkräften den Unternehmen schon jetzt zu schaffen. Zweitens ist eine gefragte Eigenschaft bei ganz jungen Mitarbeitern nicht vorhanden – nämlich Erfahrung. Drittens ist uneingeschränkte Flexibilität, wie sie jüngeren Arbeitskräften unterstellt wird, nicht nur ein Vorteil für ein Unternehmen: Denn junge Mitarbeiter bleiben oft nicht lange in einem Unternehmen, sondern kündigen auch schnell wieder. Das Unternehmen muss dann neue Mitarbeiter finden und teuer einarbeiten.
So gibt es schon jetzt Unternehmen, die gezielt Bewerber ansprechen, die älter sind und das nötige Know-how mitbringen. Also: Haben Sie keine Angst, dass Sie sich als älterer Bewerber nur Absagen einhandeln!

Eventuell müssen Sie Abstriche beim Gehalt in Kauf nehmen.

Wenn es am Geld liegt

Einen wichtigen Vorteil haben junge Leute – im Gegensatz zu erfahrenen – aus der Sicht von Arbeitgebern tatsächlich: Sie sind in der Regel billiger. Einstiegsgehälter liegen eben tatsächlich unter dem, was eine erfahrene Fachkraft kostet. Wenn Sie nicht mehr zu den jungen Leuten zählen, wägen Sie ab, ob Sie in Bezug auf das Gehalt Entgegenkommen signalisieren wollen. Das kann Ihre Chance sein, an die begehrte Stelle zu kommen.

Verkaufen Sie sich aber nicht deutlich unter Wert – sonst zweifelt derjenige, der die Bewerber auswählt, womöglich noch an Ihren Qualifikationen. Außerdem wissen Arbeitgeber, dass ein Arbeitnehmer mit zu niedrigem Gehalt schnell unzufrieden ist und den Arbeitsplatz wechselt, sobald sich eine höher bezahlte Stellung anbietet. Am besten, Sie machen deutlich, dass Sie

- das niedrigere Gehalt als vorläufige Lösung ansehen,
- es gern in Kauf nehmen, weil Ihnen wirklich an der Stelle liegt.

Erfahrung zählt: Bewerben Sie sich, auch wenn Sie älter sind!

Ihr entscheidendes Argument sind Ihre Qualifikationen.

In erster Linie kommt es auf Ihre Qualifikation an. Bewerben Sie sich daher ruhig auch auf Stellen, die offensichtlich für jüngere Mitarbeiter gedacht sind. Sie wissen ja: Anforderungsprofile sind regelrechte Wunschzettel der Arbeitgeber. Wie realistisch die Erfüllung der Wünsche ist, ist eine andere Sache. Aber Vorsicht: In manchen Fällen, zum Beispiel bei Ausbildungen (Traineeprogrammen, Volontariaten etc.) haben Sie in höherem Alter tatsächlich schlechtere Karten.

Rücken Sie Ihr Alter nicht ins Zentrum der Bewerbung. Aber bringen Sie ruhig Argumente an, warum Sie als älterer Arbeitnehmer eine Chance verdient haben. Hier einige Vorschläge, die Sie sich zunutze machen können:

Argumente und Musterformulierungen, wenn Sie über dem genannten Höchstalter liegen

Ihre Argumente	Musterformulierungen
Beständigkeit	Sie suchen einen Mitarbeiter, auf den Sie dauerhaft zählen können? Auf mich können Sie sich verlassen.
Erfahrung, Routine	Genau in diesem Bereich habe ich eine Menge Erfahrung: Ich habe zehn Jahre Berufserfahrung in der Produktionsleitung.

Argumente und Musterformulierungen, wenn Sie über dem genannten Höchstalter liegen (Fortsetzung)	
Ihre Argumente	**Musterformulierungen**
Qualifikation	Ich bin ausgebildeter Controller mit 20 Jahren Berufserfahrung. Mir macht so schnell keiner ein X für ein U vor.
Vermittlung von Fachwissen an Jüngere	Im Laufe meines Berufslebens habe ich einige Lehrlinge ausgebildet. Das hat sowohl mir als auch den Azubis Freude gemacht. Gern gebe ich auch in Ihrem Unternehmen mein Fachwissen an Jüngere weiter.
Menschenkenntnis, Führungsqualität	Die berufliche Praxis brachte es mit sich, dass ich im Laufe meines Berufslebens viel mit Menschen zu tun hatte. Ich bin daher nicht nur teamfähig, sondern auch in der Lage, ein Team zu führen.
Bereitschaft, beim Gehalt Abstriche zu machen	Ich bin bereit, trotz meiner Berufserfahrung zunächst für ein Einstiegsgehalt zu arbeiten, bis Sie von meiner Eignung überzeugt sind.

Behinderungen

»Behindert ist man nicht, behindert wird man.« An diesem Spruch einer Behindertenorganisation ist viel Wahres. Behinderte haben es in der Gesellschaft – und auf dem Arbeitsmarkt – nicht leicht. Bei der Bewerbung steht für viele Behinderte die Frage im Vordergrund: »Soll ich gleich in der schriftlichen Bewerbung mit meiner Behinderung herausrücken?«

Zu Recht befürchten sie, dann gar nicht erst zum Vorstellungsgespräch eingeladen zu werden. Andererseits ist die Angst durchaus begründet, dass eine Bewerbung abgelehnt wird, wenn sich erst im Vorstellungsgespräch herausstellt, dass ein Bewerber behindert ist. Wer die Personalauswahl trifft, könnte einem behinderten Bewerber dieses Vorgehen übel nehmen.

Beispiel
Elisabeth Gruner ist schwer hörgeschädigt. Im Alltag versteht sie ihre Mitmenschen nur, indem sie vom Mund abliest. Telefonieren kann sie zwar (dank einer Sondereinstellung ihres Hörgeräts), sie versteht den Gesprächspartner aber nur, wenn er sehr langsam, laut und deutlich spricht. In der schriftlichen Bewerbung hat Elisabeth Gruner nichts von ihrer Hörbehinderung erwähnt. Jetzt befürchtet sie, dass sie per Telefon zum Vorstellungsgespräch eingeladen wird und ihre Behinderung dann nicht länger verbergen kann.

Genau überlegen, auf welche Stelle Sie trotz Behinderung passen

Treffen Sie eine klare Aussage: Worin bestehen die Einschränkungen bei der Arbeit?

Behinderungen schränken ein. Das ist leider eine Tatsache. Also geht es in der Bewerbung darum, dem Personalentscheider klarzumachen, dass diese Einschränkung sich in der ausgeschriebenen Stellung nicht entscheidend auswirkt.

Beispiel
Andreas Landauer hat eine leichte spastische Lähmung, die nur zum Vorschein kommt, wenn er sehr aufgeregt ist. Dann verzieht sich sein Gesicht für Sekundenbruchteile ungewollt stark, ohne dass er die Gesichtsmuskulatur beeinflussen kann. Bei einer Bewerbung als Firmenrepräsentant oder Verkäufer hätte er deswegen wahrscheinlich keine großen Chancen. Aber da er genau weiß, dass er mit Menschen umgehen kann, bewirbt er sich auf firmeninterne Stellen, bei denen der Umgang mit Menschen ebenfalls wichtig ist. Denn von Mitarbeitern und Firmenangehörigen, mit denen er Tag für Tag zusammenarbeitet, darf er zu Recht erwarten, dass sie sich daran gewöhnen und sich nicht weiter daran stören.

Behinderung nicht verschweigen – aber auch nicht zuerst offenbaren!

Stellen Sie die Behinderung nicht ins Zentrum der Bewerbung.

Gerade bei der schriftlichen Bewerbung gilt in besonderem Maße die Empfehlung: Stellen Sie Ihre Behinderung nicht in den Vordergrund! Selbst wenn Sie im (Arbeits-)Alltag erheblich damit zu kämpfen haben und sich zwangsläufig alles darum dreht – als Bewerber disqualifizieren Sie sich, wenn Sie die Behinderung zur Hauptsache in Ihrer Bewerbung machen. Betonen Sie in erster Linie, was Sie für die Stelle qualifiziert!

Telefonische Klärung vorab

Klärung mit dem Personalverantwortlichen vorab
Klären Sie vorab in einem persönlichen Telefongespräch mit dem Personalverantwortlichen, ob Ihre Bewerbung überhaupt sinnvoll ist. Damit erhöhen Sie Ihre Chancen, zu einem Vorstellungsgespräch eingeladen zu werden. Denn wenn Sie den Personalverantwortlichen am Telefon von Ihren Stärken und von Ihrem Nutzen für die Firma überzeugen, wird er sich Ihre Bewerbung mit Sicherheit anschauen. Im Anschreiben genügt dann eine kurze Erklärung, zum Beispiel: »Seit meiner Geburt habe ich eine Skoliose (Wirbelsäulenverkrümmung) und dadurch einen Grad der Behinderung von 70 Prozent. Ich bin ein wenig langsamer, überzeuge jedoch mit großer Gewissenhaftigkeit und Zuverlässigkeit.«

Schreiben Sie auf einer Extraseite, was der Arbeitgeber wissen muss.

Erklärung auf einer gesonderten Seite
Halten Sie Ihre Behinderung für besonders erklärungsbedürftig? Dann bietet es sich an, auf einer gesonderten Seite darauf einzugehen. Das sollten Sie tun, wenn der Arbeitgeber mit Mehrkosten rechnen muss (z. B. für einen behindertengerechten Arbeitsplatz, spezielle Möbel, EDV- oder Telefonanlagen). Oft gibt es Zuschüsse oder günstige Finanzierungsmöglichkeiten von öffentlichen Trägern, die die wenigsten Arbeitgeber kennen. Decken Sie diese Möglichkeiten auf. Damit erhöhen Sie Ihre Chancen erheblich.
Gibt es von öffentlicher Seite tatsächlich Zuschüsse für Ihr Gehalt? Dann überlegen Sie, ob Sie dieses Extra in die Waagschale werfen. Das ist jedoch – besonders, wenn Sie qualifizierte Arbeit anzubieten haben – nicht grundsätzlich sinnvoll. Es lohnt sich aber, wenn ein Arbeitgeber dadurch für Sie einen zusätzlichen Arbeitsplatz einrichten könnte.

Gibt es Qualifikationen, die Sie Ihrer Behinderung verdanken?

Ihre Argumente

Denken Sie daran: Das wesentliche Argument, Sie einzustellen, ist Ihre Befähigung für die angebotene Position. Das ist auch das Einzige, das Sie – auch im Vorstellungsgespräch – anführen sollten.
Ihre Behinderung sollte in der Beschreibung Ihrer Qualifikationen nur dann auftauchen, wenn Sie ihr bestimmte Fähigkeiten verdanken. Ein Überblick über Ihre Argumente:

Argumente und Musterformulierungen für behinderte Bewerber

Ihre Argumente	Musterformulierungen
Ihre Qualifikationen stimmen.	Ich bin Ärztin mit abgeschlossener Facharztausbildung.
Durchhaltevermögen	Trotz meiner Behinderung habe ich meine Schulzeit/Ausbildung/mein Studium zu Ende gebracht. Dabei musste ich mich – um die Behinderung auszugleichen – natürlich mehr anstrengen als andere. Ich besitze also Durchhaltevermögen. Ich bin Gegenwind gewohnt. Wenn etwas nicht glattläuft, lasse ich mich nicht so leicht entmutigen.
Gespür im Umgang mit Menschen	Als Blinder hört man sehr viel aus dem Klang der Stimme. Ich kann recht schnell beurteilen, wer aufrichtig ist und wer nicht. Ich habe – das können Sie sicher nachvollziehen – ein besonderes Gespür für die Belange sozial Benachteiligter. *(bei einer Bewerbung auf Stellen im karitativen Bereich)*
besondere Fähigkeiten aufgrund der Behinderung	Ich bin farbenblind, aber genau das ist in der Radiologie meine Stärke. Denn dadurch kann ich – etwa auf Röntgenbildern – viel mehr Grau- bzw. Braunstufen erkennen als Normalsehende. Vielleicht überzeugt Sie das, mich als Assistenzarzt in der radiologischen Abteilung Ihres Krankenhauses einzustellen.

Sagen Sie, wo Ihre Behinderung Sie tatsächlich bei der Arbeit behindert.

Einwände vorwegnehmen

Eine Behinderung kann ein Grund sein, Sie nicht einzustellen – sie ist es aber nicht zwangsläufig. Begegnen Sie den Ängsten und dem Misstrauen potenzieller Arbeitgeber offen. Nehmen Sie deren Bedenken und Vorurteile vorweg, und entkräften Sie sie mit passenden Argumenten:

Einwände entkräften: Musterformulierungen

Mögliche Einwände	Musterformulierungen
Mehraufwand	Das Einzige, was Ihnen an Mehraufwand entsteht, ist der Kauf eines Telefons mit Induktionsspule. Dafür gibt es aber Fördermittel/das können Sie von der Steuer absetzen/die Kosten dafür übernehme ich selbst, denn ich bekomme dafür steuerliche Vergünstigungen. Als größere Firma verfügen Sie über behindertengerechte Räume. Ein paar Möbel umzustellen, sodass ich mit meinem Rollstuhl durchkomme, ist der einzige Mehraufwand. Im Gegenteil. Ich bin zu 100 % als Schwerbehinderter anerkannt. Wenn Sie mich einstellen, dann brauchen Sie keine Ausgleichsabgabe mehr zu zahlen.
Die Behinderung beeinträchtigt die Arbeitsqualität.	Ich bin gelernter Masseur. Mein fehlendes Augenlicht hat meinen Tastsinn entscheidend verbessert: Ich kann Verspannungen und Verrenkungen ertasten ohne Ablenkung von außen. Ich habe – auch wenn ich im Rollstuhl sitze – eine sehr gepflegte Erscheinung. Was spricht dagegen, mich als Empfangssekretärin einzustellen? Die Kunden gewöhnen sich erfahrungsgemäß schnell daran.
Die Behinderung beeinträchtigt die Arbeitsqualität.	Ich bin bei meiner letzten Stelle gut mit der Behinderung zurechtgekommen. Ernsthafte Probleme gab es nicht. *(besonders ehrlich, am Telefon)* Ich kann nicht einschätzen, wie sich meine Behinderung auf der von Ihnen ausgeschriebenen Position auswirkt. Aber ich lade Sie ein, sich in einem persönlichen Gespräch oder an einem Probearbeitstag von meinen Fähigkeiten zu überzeugen.

Bei der ersten Sichtung zählen Vollständigkeit, Aussehen und Korrektheit der Bewerbung.

Sie haben sich entschieden, auf welche Stellenanzeige bzw. bei welchen Unternehmen Sie sich bewerben möchten? Dann geht es jetzt daran, eine möglichst ansprechende Bewerbung zu erstellen. Unterschätzen Sie dabei nicht den optischen Eindruck, den Ihre Bewerbung macht. Schaffen Sie es, Ihre Unterlagen überzeugend zu präsentieren, dann sind Sie vielen Mitbewerbern schon einen entscheidenden Schritt voraus. Das kann nämlich – da sind sich die Personalverantwortlichen einig – längst nicht jeder.

Warum Formalitäten eine große Rolle spielen

Die erste Prüfung einer Bewerbung dauert selten länger als 30 Sekunden.

Die Wahrscheinlichkeit, dass Sie Konkurrenz haben, ist groß. Stellen, auf die sich 100 und mehr Menschen bewerben, sind heute keine Seltenheit. In vielen Firmen, bei Personalberatern und Behörden ist es daher üblich, die eingehenden Bewerbungen erst einmal grob zu sichten – gleichgültig, ob sie per E-Mail ankommen oder per Post. Für drei Viertel aller Bewerbungen wendet der Personalentscheider zunächst nicht mehr als 30 Sekunden auf. Dabei prüft er zunächst, ob die Bewerbung formalen Kriterien gerecht wird.

Formalkriterien sind die erste Hürde

Was die formalen Anforderungen nicht erfüllt, wird aussortiert.

Bewerbungen, die einfachste Formalkriterien nicht erfüllen, werden am schnellsten aussortiert. Beachten Sie: Oft sichtet noch nicht einmal der Personalverantwortliche selbst die eingehenden Bewerbungen, sondern ein(e) Assistent(in). Hier stehen die Chancen noch schlechter, mit Inhalten zu überzeugen, wenn schon die Form nicht stimmt.

Diese Formalkriterien sollten Sie beachten

Tadelloses Aussehen, Fehlerlosigkeit, Vollständigkeit, richtige Reihenfolge

Damit Ihre Bewerbungsmappe nicht gleich bei der ersten Sichtung aussortiert wird, haben zunächst formale Kriterien Vorrang. Wichtig sind

- optisch ansprechende Aufbereitung (Umfang der Bewerbung, Foto, Qualität der Ausdrucke und Kopien bzw. Scans bei einer digitalen Bewerbung mit PDF-Dokument),
- Fehlerlosigkeit in Anschreiben und Lebenslauf,
- Vollständigkeit der Zeugnisse und Zertifikate.

Eine Bewerbung, die diesen Anforderungen nicht genügt, hat geringere Chancen. Im Umkehrschluss bedeutet das: Wenn Sie für eine ausgeschriebene Stelle qualifiziert sind, dann sollten Sie alles daransetzen, dass auch die Form stimmt. Erst damit gehen Sie sicher, dass der Inhalt Ihrer Bewerbung überhaupt wahrgenommen wird.

Wer den Details Beachtung schenkt, ist eine Runde weiter

K.-o.-Kriterien: zerknitterte, unvollständige Unterlagen, Flecken, schlechtes Foto, schlechte Kopien

Mit einer nachlässig aufbereiteten Bewerbung setzt ein Bewerber ein falsches Signal: Unvollständige Unterlagen, eine abgenutzt aussehende Mappe, ein schlechtes Foto, unleserliche Scans – all das lässt den Schluss zu, dass ihm nicht allzu sehr an der Stelle gelegen ist. Genau diesen Eindruck müssen Sie bei Ihrer Bewerbung vermeiden: Mit einer optisch ansprechenden Aufbereitung signalisieren Sie, dass es Ihnen ernst ist mit Ihrem Interesse an der jeweiligen Stelle. Die erste Auswahlrunde haben Sie damit schon geschafft.

Worauf es formal bei einer E-Mail-Bewerbung ankommt

Privat mögen Nachlässigkeiten im E-Mail-Schriftverkehr erlaubt sein, im Geschäftsleben dagegen werden sie schnell zur Falle. Eine Bewerbung, die nicht gängigen

Standards entspricht, ist schnell gelöscht. Folgende Tipps sollten Sie daher unbedingt beherzigen:
Richten Sie jede einzelne Bewerbung nur an einen Empfänger und nicht an mehrere. Richten Sie Ihre E-Mail-Bewerbung am Empfänger aus und schicken Sie sie direkt an die zuständige Person (also nicht an die allgemeine Firmenadresse info@...).
Beim E-Mail-Text haben Sie die Wahl: Entweder Sie verwenden Ihr Anschreiben, das sich aber trotzdem zusätzlich in der angehängten Bewerbungs-PDF befinden sollte. Oder Sie verwenden einen Kurztext, mit dem Sie Ihre Bewerbung lediglich ankündigen (siehe Abschnitt »Die Bewerbung per E-Mail«).
Vergessen Sie nicht, Ihr Bewerbungs-PDF anzuhängen!
Schicken Sie zur Sicherheit die vollständige E-Mail zuvor probeweise an Ihre eigene E-Mail-Adresse. Dann sehen Sie, ob sie in der gewünschten Form ankommt.

Bei postalischer Bewerbung: Umschlag und Adressierung

Umschlag von Hand beschriften oder mit einem ausgedruckten Adressetikett bekleben

Über die Art und Gestaltung des Umschlags, in dem Sie Anschreiben und Bewerbungsmappe verschicken, brauchen Sie sich keine großen Gedanken zu machen. Gegen eine Beschriftung von Hand ist nichts einzuwenden, vorausgesetzt, Sie schreiben leserlich. Die oft wiederholte Empfehlung, auf jeden Fall weiße C4-Umschläge und computeradressierte Etiketten für die Adressierung zu verwenden, ist überzogen. Häufig öffnet sowieso die Poststelle oder die Sekretärin den Bewerbungsumschlag und nicht derjenige, der die Personalauswahl trifft. Merken Sie sich: Am Umschlag liegt es in der Regel nicht, wenn Sie eine Absage bekommen.

Die eigene Adresse nicht vergessen

Die Absenderadresse muss unbedingt auf dem Anschreiben stehen.

Folgender Hinweis ist wichtig: Ihre eigene Adresse muss unbedingt auf das Anschreiben. Wenn sie nur als Absenderangabe auf dem Umschlag auftaucht, wird sie eventuell weggeworfen. Als Bewerber sind Sie dann ohne zusätzliche Recherche nicht auffindbar. Für die Adresse des Empfängers ist es am wenigsten aufwendig, wenn Sie einen Fensterumschlag verwenden, wie es sie auch in DIN-C4-Größe gibt. Dann sparen Sie sich die Beschriftung, denn die Empfängeradresse des Anschreibens erscheint im Brieffenster.

Sperrvermerk: So verhindern Sie eine unerwünschte Weitergabe

Ein Sperrvermerk verhindert, dass Ihr aktueller Arbeitgeber die Bewerbung erhält.

Sie senden Ihre Bewerbung an eine Chiffreanschrift oder einen Personalvermittler? Dann verhindern Sie, dass Ihre Bewerbung an jemanden weitergereicht wird, der als Adressat nicht infrage kommt. Schließen Sie etwa Ihren derzeitigen Arbeitgeber aus, wenn Sie sich aus ungekündigter Stellung heraus bewerben. Er soll ja nicht erfahren, dass Sie sich anderswo nach einer neuen Stelle umsehen. Das erreichen Sie mit einem Sperr- oder Weiterleitungsvermerk, den Sie gut sichtbar auf den Umschlag oder in den E-Mail-Text schreiben (am besten fett gedruckt):

Beispiel
Bitte nicht weiterleiten an:
1. Fa. Krantz & Söhne Maschinentechnik
2. Reedenbosch GmbH & Co. KG

Postalische Bewerbung: geeignete Bewerbungsmappen

Bewerbungsmappen: Gutes Aussehen und einfache Handhabung sind wichtig.

Bewerbungsmappen müssen zwei Kriterien erfüllen: gutes Aussehen und einfache Handhabung. Achtung: Das zweite Kriterium ist genauso wichtig wie das erste. Bei vielen Personalverantwortlichen sind hochwertige, dreifach gefaltete Mappen aus Karton deshalb unbeliebt, weil die Heftung mit einer Klemmleiste in der Mitte zu kompliziert ist.
Achten Sie daher beim Kauf von Bewerbungsmappen auf

- modernes und hochwertiges Aussehen (keine billigen Plastikschnellhefter mit Metallbindung);
- unkomplizierte Heftung (z. B. Clipmappen mit Plastikbindung, Mappen mit schwenkbarem Klemmbügel);

- einen hochwertigen Umschlag (gefärbter Karton bleicht schnell aus und knickt leicht; besser ist daher ein fester Plastikumschlag, transparent oder in einer dezenten Farbe, z. B. Dunkelblau);
- einfache Handhabung (z. B. dass die Ecken von Anschreiben oder Lebenslauf nicht in starre Schlitze geklemmt werden müssen, dass sich alle Unterlagen mit einem Handgriff entnehmen und wieder einheften lassen).
- Ansprechend, aber kein unbedingtes Muss ist ein Deckblatt. Es ist das oberste eingeheftete Blatt.

Das Anschreiben nicht in die Mappe einheften

Das Anschreiben liegt – nicht eingeheftet – auf der Mappe.

Umfang von Anschreiben und Lebenslauf

Die folgenden Empfehlungen gelten sowohl für E-Mail- als auch für postalische Bewerbungen.

Anschreiben: maximal eine Seite

Ein mehrseitiges Anschreiben ist tabu.

Das Anschreiben darf nicht länger als eine Seite sein. Betrachten Sie diese Regel als absolutes Muss ohne Ausnahmen. Sie müssen zeigen, dass Sie dazu fähig sind, sich auf das Wesentliche zu beschränken. Das gelingt Ihnen vor allem dadurch, dass Sie Ihre augenblickliche Situation nicht zu ausführlich darstellen. Sie taucht sowieso noch im Lebenslauf auf. Besser ist es, Sie treffen Aussagen zu Ihren wesentlichen Fähigkeiten.

Lebenslauf: Ideal sind zwei Seiten

Beim Lebenslauf sind ein bis drei Seiten die Regel.

Beim Lebenslauf gibt es keine zwingende Vorschrift. Die gängige Empfehlung lautet, er solle nicht länger als zwei Seiten sein. In der Praxis ergibt die Beschränkung auf eine bestimmte Seitenzahl keinen Sinn. Schließlich ist nachvollziehbar, dass ein erfahrener, älterer Bewerber einen wesentlich längeren Lebenslauf hat als ein Schulabsolvent. Klar ist aber auch, dass ein älterer Bewerber nicht jede kleine Station detailliert im Lebenslauf darstellen muss. Auch hier sollten Sie nur das ausführlich darstellen, was im Hinblick auf die gewünschte Tätigkeit wichtig ist. Im Idealfall umfasst ein Lebenslauf zwei Seiten; selten geht er über einen Umfang von drei Seiten hinaus.

Rechtschreib- und Grammatikfehler führen oft zu schnellen Absagen.

Fehlerlosigkeit in Anschreiben und Lebenslauf

Anschreiben und Lebenslauf dürfen keine Fehler enthalten. Das gilt besonders für Bewerbungen im kaufmännischen Bereich. Personen, die sich im Beruf nicht nur mündlich ausdrücken müssen, sondern auch am Schriftverkehr teilnehmen (z. B. bei der Korrespondenz, Erstellung von Präsentationen, Angeboten, Schulungsunterlagen oder Gutachten), dürfen sich in der Bewerbung keine Rechtschreib- oder Grammatikfehler leisten. Denn ein Personalverantwortlicher fragt sich dann, ob der Bewerber geeignet ist, die Firma, Organisation oder Behörde angemessen nach außen zu repräsentieren.

Bei Berufen, die keine oder nur wenig informelle Schreibarbeit erfordern, sind Rechtschreibfehler eher verzeihlich. Die meisten Chefs oder Personalverantwortlichen drücken ein Auge zu, vorausgesetzt, die Bewerbung strotzt nicht gerade vor Fehlern. Dem potenziellen Arbeitgeber kommt es in erster Linie darauf an, dass sich der Bewerber für die praktische Tätigkeit eignet. Dennoch gibt es genügend Arbeitgeber, die auch bei solchen Stellen keine fehlerhaften Bewerbungen dulden. Dann wird eine Bewerbung mit Rechtschreibfehlern automatisch ausgesiebt.

Vermeiden Sie typische Computerfehler.

Auch Textverarbeitungsprogramme bergen Gefahren

So hilfreich Textverarbeitungsprogramme bei Bewerbungen sind – sie bergen auch Gefahren. Denn gerade bei nachträglich geänderten Sätzen kommt es häufig vor, dass

- Wortendungen nicht angepasst werden,
- Wörter beim Umstellen aus Versehen stehen bleiben (häufig bei zusammengesetzten Verben),
- das Subjekt im Singular steht – und das Verb im Plural (oder umgekehrt),
- die Zeichensetzung nicht mehr stimmt.

Lesen Sie Ihre Unterlagen daher sorgfältig durch – nicht am Bildschirm, sondern in ausgedruckter Form. Bitten Sie außerdem eine weitere Person, Ihre Bewerbung auf Inhalt, Rechtschreib- und Grammatikfehler zu prüfen.

Gutes Bewerbungsfoto

Denken Sie immer an den Zweck

Ein Bewerbungsfoto hat einzig den Zweck, Sie optimal darzustellen. Beauftragen Sie daher einen guten Fotografen. Tragen Sie seriöse, geschäftsmäßige Kleidung und achten Sie darauf, freundlich in die Kamera zu schauen. Üblich ist ein Porträtfoto im Dreiviertelprofil. Wenn Sie Ihrem Fotografen sagen, dass Sie das Bild für eine Bewerbung brauchen, wird er wissen, was gemeint ist.

Größe, Format und Farbe nicht verbindlich vorgeschrieben

Das Bewerbungsfoto darf größer sein als ein Passbild.

Bewerbungsfotos sind etwas größer als Passbilder, in der Regel 4,5 cm × 6,5 cm. Die Auflösung eines guten elektronischen Bewerbungsfotos liegt bei 72 bis 150 dpi. Wenn Sie das Foto später noch selbst bearbeiten, ändern Sie an der Auflösung nichts!
Achtung: Für eine postalische Bewerbung muss die Auflösung höher sein, in der Regel mindestens 300 dpi.
Es bleibt Ihnen überlassen, ob Sie Hoch- oder Querformat, ein Farb- oder ein Schwarz-Weiß-Bild bevorzugen.

Welche Fotos für eine Bewerbung ungeeignet sind

Kein Handyfoto, kein Freizeitfoto, kein Automatenfoto, kein biometrisches Passbild

Verwenden Sie auf keinen Fall:

- Automatenbilder
- Handyfotos
- Bilder, auf denen neben Ihnen noch andere Personen zu sehen sind
- private Fotos bzw. Urlaubsbilder
- Ganzkörperfotos
- Scans oder Digitalfotos mit schlechter Auflösung oder Farbqualität (bei postalischen Bewerbungen verwenden Sie entweder Abzüge und/oder qualitativ hochwertige Ausdrucke)

Das Bewerbungsbild gehört aufs Deckblatt oder auf den Lebenslauf.

Wo Sie das Foto platzieren

Das Bewerbungsbild gehört nicht auf das Anschreiben, denn dieses ist zum Verbleib beim Empfänger bestimmt. Am besten platzieren Sie es auf einem gesonderten Deckblatt oder (rechts oben) auf dem Lebenslauf. Befestigen Sie bei einer postalischen Bewerbung das Foto auf keinen Fall mit einer Büroklammer, sonst wird möglicherweise Ihr Gesicht verdeckt und das Bild verbogen. Nur wenn die Druckqualität sehr gut ist, können Sie das Bild zusammen mit dem Lebenslauf am heimischen Drucker ausdrucken. Ansonsten verwenden Sie lieber einen Abzug, auf dessen Rückseite Sie zur Sicherheit Ihren Namen notieren und den Sie mit einem Klebe- oder Gummierstift auf dem Lebenslauf befestigen.

Achtung: Bei internationalen Bewerbungen ist ein Foto nicht üblich

Bei internationalen Bewerbungen, besonders aber im englischsprachigen Raum, gehört ein Foto nicht zum Standard. Einem Bewerber, der diese Regel missachtet, wird leicht ein Hang zu übertriebener Selbstdarstellung nachgesagt.

E-Mail-Bewerbung: gute Auflösung bei vertretbarer Dateigröße

Achten Sie auf gute Auflösung und verringern Sie notfalls die Farbtiefe.

E-Mail-Bewerbungen müssen nicht nur am Bildschirm gut aussehen. Auch ausgedruckt müssen sie gestochen scharf und gut lesbar sein. Denn nicht selten wird die Bewerbung beim Empfänger ausgedruckt, etwa um sie mit weiteren Entscheidungsträgern (z. B. dem zuständigen Produktionsleiter) zu besprechen. Dafür muss die Auflösung gut genug sein, zugleich aber sollte das gesamte Dokument die Größe von 2 bis 3 MB nicht überschreiten. Die absolute Obergrenze liegt bei 5 MB, denn größere Dateianhänge lassen die Mailserver vieler Firmen, Organisationen und Behörden nicht durch. Die Dateigröße lässt sich beispielsweise im Dateimanager unter dem Stichwort »Eigenschaften« prüfen (rechte Maustaste). Es bleibt Ihnen überlassen, ob Sie auf dem Anschreiben einen Unterschriftenscan verwenden oder lediglich Ihren Namen eintippen.

Tipp

Falls Ihr Bewerbungsanhang zu groß ist, verkleinern Sie ihn. Scannen Sie Ihre Nachweise neu und reduzieren Sie dabei die Farbtiefe (angegeben in dpi). Notfalls wandeln Sie Ihr Farb- in ein Schwarz-Weiß-Foto um und verzichten auf den Unterschriftenscan; auch das reduziert die Dateigröße.

Postalische Bewerbung: Achten Sie auf ein tadelloses Erscheinungsbild

Achten Sie bei allen Ausdrucken und Kopien darauf, dass die Schrift nicht verwischt ist und dass die Zeilenränder parallel zum Blattrand verlaufen. Wenn Sie einen Tintenstrahldrucker verwenden, dann lassen Sie den einzelnen Seiten vor dem Unterschreiben genügend Zeit, bis die Tinte getrocknet ist.

Hochwertiges weißes Papier

Benutzen Sie kein Umweltschutzpapier.

Zum äußeren Eindruck gehört auch das Papier. Nichts spricht dagegen, das Anschreiben, den Lebenslauf und gegebenenfalls das Deckblatt sowie die zusätzliche Erklärungsseite auf normalem 80-Gramm-Papier auszudrucken. Vieles spricht aber dafür, für diese Seiten ein hochwertiges, etwas schwereres Papier zu nehmen, etwa 90- oder 100-Gramm-Papier. Eine solche Bewerbung hebt sich in positivem Sinne von der Masse ab. Wer die Bewerbung perfekt gestalten will, kopiert die beigelegten Nachweise auf das gleiche Papier. Diese Mühe honorieren viele Personalentscheider mit erhöhter Aufmerksamkeit.

Farbiges und Umweltschutzpapier sind ungeeignet
Auf farbigem Papier sollten Sie nichts ausdrucken und auch keine Ablichtungen machen. Hintergrund: Viele Arbeitgeber, vor allem aber Headhunter, die bei der Personalauswahl behilflich sind, kopieren am Anfang des Auswahlverfahrens die gesamte Bewerbung, bevor sie sie z. B. an die Fachabteilung oder den Kunden weiterreichen, für den sie eine Stelle besetzen. Kopien von farbigem Papier sind meist ausgesprochen schlecht zu lesen – ein entscheidender Nachteil. Gleiches gilt für Umweltschutzpapier.

Vermeiden Sie alles, was auf eine Wiederverwendung der Unterlagen schließen lässt.

Keine Knicke, kein Schmutz, kein Geruch

Achten Sie darauf, dass alle Unterlagen knick-, schmutz- und geruchsfrei sind. Sonst liegt der Verdacht nahe, dass Sie die Unterlagen wiederverwendet haben oder es mit Ordnung und Sauberkeit nicht so genau nehmen.

Verdächtige Klarsichthüllen
Achtung: Es ist weder üblich noch empfehlenswert, jedes einzelne Blatt in eine Klarsichthülle zu stecken. Wer das tut, stößt den Empfänger geradezu mit der Nase darauf, dass die Bewerbung mehrfach verwendet wird oder werden soll.

Achten Sie bei Wiederverwertung darauf, dass die Unterlagen in tadellosem Zustand sind.

Aufpassen, wenn Sie gebrauchte Bewerbungsunterlagen versenden

Wer geschickt vorgeht, kann ohne Weiteres den einen oder anderen Bewerbungsbestandteil mehrfach verwenden. Gerade bei Bildern, Zeugnis- und Nachweiskopien spricht nichts dagegen. Aber Vorsicht! Beachten Sie auf jeden Fall die folgenden Tipps:

- Der Geruch nach Zigarettenrauch fällt (zumindest Nichtrauchern) sofort auf. Wenn die Unterlagen nach Rauch riechen, sind sie für eine neue Bewerbung nicht zu gebrauchen.
- Prüfen Sie gebrauchte Bewerbungsunterlagen daraufhin, ob sie frei von Notizen sind. Denn es kommt vor, dass sich ein Personalentscheider in der Bewerbung Notizen macht, zum Beispiel wenn ihm etwas unplausibel oder erklärungsbedürftig erscheint.

Welche Unterlagen Sie wiederverwenden können

Bestandteil der Bewerbung	Wiederverwendung möglich?	Grund/Voraussetzung
Anschreiben	Nein	Sie sollten das Anschreiben individuell erstellen und genau auf das jeweilige Unternehmen zuschneiden.
Deckblatt	Nein	Auch das Deckblatt sollte individuell gestaltet sein.
Lebenslauf	Nein	Auf einem vollständigen Lebenslauf steht immer das aktuelle Datum. Außerdem kann er leicht variieren, je nachdem, auf welches Berufsfeld Sie sich bewerben. Entsprechend stellen Sie diejenigen Erfahrungen und Kenntnisse stärker heraus, die Sie für die jeweilige Stelle am ehesten brauchen.
Foto	Ja	Die Abzüge guter Porträtfotos kosten Geld – es besteht somit kein Grund, sie nach einmaligem Gebrauch wegzuwerfen. Bekommen Sie eine alte Bewerbung zurück, dann lösen Sie das Bild nicht gewaltsam von der Papierunterlage. Schneiden Sie es einfach aus. Achten Sie aber darauf, dass der Papierrand nicht übersteht.
Zeugniskopien, Nachweise	Ja	Eine Wiederverwendung ist möglich, vorausgesetzt, sie sind weder zerknittert noch fleckig. Prüfen Sie auch unbedingt, ob sie frei von Notizen oder Beschriftungen früherer Empfänger sind.

Übertriebene Kreativität ist nicht gefragt

»Auffallen um jeden Preis« ist bei Bewerbungen ein schlechtes Motto.

»Wie kreativ muss meine Bewerbung sein?« – Diese Frage stellt sich fast jeder Bewerber, denn im Zeitalter der Massenbewerbungen scheint Auffälligkeit die einzige Möglichkeit, sich von der Menge abzuheben. Besonders nachdrücklich stellt sich diese Frage im Kreativbereich, also zum Beispiel bei einer Werbeagentur: »Muss ich meine Kreativität mit der Form meiner Bewerbung nachweisen?«

Die Antwort darauf lautet: Nein. Auffallen müssen Sie als Bewerber mit dem Inhalt, nicht (unbedingt) mit der Form. Das bedeutet nicht, dass Sie nachlässig sein sollen – korrekt, ordentlich und sauber müssen Ihre Unterlagen auf jeden Fall sein. Es ist auch zu empfehlen, eine gute Mappe, hochwertiges Papier und ein Foto bester Qualität zu nehmen. Aber der Versuchung, unbedingt durch eine knallbunte Mappe und eine peppige Gestaltung aufzufallen, sollten Sie widerstehen.

Kreativität ist meist entbehrlich

Zumindest bei ausgeschriebenen Stellen können Sie sich als Bewerber darauf verlassen, dass jede Bewerbung – auch Ihre – geprüft wird. Gehen Ihre Qualifikationen daraus hervor (in Anschreiben, Lebenslauf und Nachweisen) und passen sie zu den Anforderungen einer Stelle, dann findet Ihre Mappe auf jeden Fall die Beachtung, die ihr gebührt – auch ohne weitere kreative Gestaltung.
Bei Initiativbewerbungen haben Sie in der Regel den Vorteil, dass Ihre Bewerbung die einzige oder eine von wenigen ist, die einem Personalverantwortlichen in diesem Moment vorliegen. Hat er Zeit, wird er sie prüfen. Auch hier besteht für Sie als Bewerber nicht die Notwendigkeit, durch auffällige Gestaltung darauf aufmerksam zu machen.

Bewerbungen bei Werbeagenturen – Kreativität nicht um der Auffälligkeit willen

Schreiend bunt und auffällig muss auch bei Werbeagenturen nicht sein.

Werbeagenturen bekommen täglich viele Bewerbungen auf den Tisch. Auch wenn der Personalbedarf im Kreativbereich groß ist – kaum ein Bewerber bekommt eine Stelle in diesem Bereich, weil er seine Bewerbung so auffällig gestaltet hat, dass sie sofort ins Auge springt. In der täglichen Bewerbungsflut sind viele E-Mail-Bewerbungen oder Bewerbungsmappen dabei, die um jeden Preis mit einer auffälligen Gestaltung herausstechen wollen. Daran haben sich die Personalchefs längst gewöhnt: Rüschen an der Bewerbungsmappe, ein auffällig verzierter Umschlag, grelle Farben oder großartige Dreingaben im Bewerbungspaket sind für sie kein Indiz für die Eignung eines Bewerbers.

»Form follows function« – diese Aussage ist bezeichnend für die Einstellung großer Werbeagenturen in Bezug auf ihr Tun. Auch Sie als Bewerber (z. B. auf eine Texter- oder Grafikdesignerstelle) sollten sie beherzigen. Denn in erster Linie entscheidet nicht die Form, ob Ihre Botschaft ankommt, sondern der Inhalt. Maßgeblich ist, ob Sie es mit der Gestaltung Ihrer Bewerbung schaffen, Ihre Qualifikationen zu unterstreichen, zum Beispiel als

- Grafiker mit einem guten Gesamtlayout,
- Texter mit kurzen, prägnanten Sätzen und griffigen Aussagen.

Zeigen Sie Ihre Kreativität anhand geeigneter Arbeitsproben.

Die eigentliche Kreativität ist bei den mitgelieferten Arbeitsproben gefordert. Haben Sie als Aspirant auf eine Texterstelle noch keine eigenen Arbeiten vorzuweisen, dann nehmen Sie sich den Copytest vor, den Sie auf den Websites der meisten Werbeagenturen im Internet finden. Als »Copy« bezeichnet die Werbesprache den Fließtext in einer Anzeige, Broschüre oder einem Werbebrief. Als Beleg für Ihre Eignung legen Sie Ihrer Bewerbung den ausgefüllten Copytest bei. Er dient als Ersatz für nicht vorhandene Arbeitsproben.

Vollständigkeit und Reihenfolge der Unterlagen

Unvollständigkeit ist ein Absagegrund.

Vollständigkeit ist ein Muss. Sonst landet Ihre Bewerbung kaum auf dem Stapel der A-Kandidaten, also der Bewerber, die auf jeden Fall zu einem Vorstellungsgespräch eingeladen werden. Zu umständlich erscheint es vielen Personal- oder Firmenchefs, fehlende Unterlagen nachzufordern.
Zur vollständigen schriftlichen Bewerbung gehören (in dieser Reihenfolge):

- Anschreiben
- Deckblatt (nicht obligatorisch)
- Lebenslauf
- Erklärungsseite (nicht obligatorisch)
- Foto
- Nachweise

Checkliste: Ist Ihre Bewerbung vollständig?

Was alles zu einer vollständigen Bewerbung gehört.

- ☐ Anschreiben (nicht eingeheftet, sondern lose auf der Mappe liegend)
- ☐ Deckblatt (nicht obligatorisch)
- ☐ Lebenslauf
- ☐ Erklärungsseite (nicht obligatorisch)
- ☐ Lichtbild (auf Deckblatt oder Lebenslauf, nicht üblich bei englischen Bewerbungen)
- ☐ Schulzeugnisse (i. d. R. der höchste Abschluss einer allgemeinbildenden Schule)
- ☐ Ausbildungszeugnisse (z. B. Diplomzeugnis) oder -belege (z. B. Meisterbrief)
- ☐ alle Arbeitszeugnisse früherer Arbeitgeber
- ☐ Nachweise über Aus- und Weiterbildung
- ☐ Praktikums- und Tätigkeitsnachweise
- ☐ Nachweise über Stipendien
- ☐ Referenzen (falls vorhanden)
- ☐ Arbeitsproben (falls verlangt)

Nachweise: Was wirklich in die Bewerbungsmappe gehört

Schicken Sie nie die Originale mit.

Bei Nachweisen, Referenzen und Arbeitsproben fällt die Entscheidung manchmal schwer, was wirklich in die Bewerbung gehört und was nicht. Eines ist klar: In eine Bewerbung gehören nie die Originale, sondern immer nur Kopien bzw. Scans.
Beglaubigungen sind in der Regel nicht nötig, es sei denn, sie wurden ausdrücklich verlangt. Das ist allenfalls noch bei bestimmten Stellen im öffentlichen Dienst der Fall. Sparen Sie sich also das Geld für die Beglaubigung. Halten Sie stattdessen die Originale fürs Vorstellungsgespräch bereit.
Sie sind im Zweifel, welche Zeugnisse und Unterlagen wirklich wichtig sind? Dann helfen Ihnen die folgenden Tipps und Erläuterungen zu den einzelnen Nachweisen weiter.

Schulzeugnisse: nur der höchste Abschluss

Hauptschulabschluss, mittlere Reife oder Abitur

Bei Schulzeugnissen genügt dasjenige, das den höchsten allgemeinbildenden Abschluss belegt. Wenn Sie also mittlere Reife haben, dann legen Sie das Abschlusszeugnis der 10. Klasse bei. Haben Sie Abitur, dann weisen Sie Ihre Schulzeit mit dem Abiturzeugnis nach. Haben Sie Ihre Schulausbildung abgebrochen (z. B. nach der 11. Klasse), dann legen Sie das Zeugnis der mittleren Reife bei und zusätzlich noch das Zeugnis der 11. Klasse. Stehen Sie vor Abschluss der mittleren Reife, dann legen Sie das Zeugnis des letzten Schuljahres und das letzte Zwischenzeugnis bei. Abschlusszeugnisse von nicht allgemeinbildenden Schulen (z. B. Handelsschule) gehören auf jeden Fall in eine Bewerbung.

Aus- und Weiterbildungsnachweise: sorgfältig auswählen

Der Ausbildungsnachweis ist ein Muss.

Ausbildungsnachweise gehören unbedingt zu einer vollständigen Bewerbung. Berufsanfänger sollten alle Weiterbildungszertifikate beilegen. Wer schon fünf bis sechs Jahre im Beruf ist, braucht nicht mehr jeden Nachweis.

Bei Nachweisen oder Zertifikaten, die eine Weiterbildung (z. B. Sprachkurs, Marketingseminar) belegen, beschränken Sie sich auf die jeweils anspruchsvollste Qualifikation.

Bei Weiterbildungsnachweisen reicht ein Nachweis über die höchste Qualifikation.

Beispiel
Haben Sie zwei Französischkurse belegt, einen Grund- und einen Fortgeschrittenenkurs, dann fügen Sie Ihren Bewerbungsunterlagen lediglich den Nachweis über Letzteren bei. Haben Sie dagegen mehrere Sprachkurse auf ähnlichem Niveau, aber mit verschiedenen Inhalten belegt (z. B. »Englisch für Fortgeschrittene« und »Business-Englisch«), ist es sinnvoll, alle Zertifikate beizulegen.

Wichtig: Sinnvoll sind nur Nachweise über aktuelles Wissen. Was heute als veraltet gilt, können Sie guten Gewissens weglassen. Beispiel: Fügen Sie Nachweise über die Teilnahme an Computerkursen nur dann bei, wenn diese höchstens drei bis vier Jahre alt sind. Alles, was älter ist, gilt längst als überholt.

Referenzen: manchmal hilfreich

Falls Sie Referenzen vorweisen können, legen Sie sie Ihrer Bewerbung bei. Falls es sich um mündliche Referenzen handelt, weisen Sie im Anschreiben auf den Ansprechpartner (z. B. den ehemaligen Chef) hin. Messen Sie aber solchen Referenzen keine allzu große Bedeutung bei. Denn auch dem potenziellen Arbeitgeber ist klar, dass derjenige, den ein Bewerber als Referenzgeber benennt, in Bezug auf dessen Person nicht unbedingt einen objektiven Standpunkt vertritt.

Der Referenzgeber muss wissen, dass er als Ansprechpartner genannt wird.

Vorsicht Falle: Informieren Sie Ihre Referenzgeber vorher
Bei mündlichen Referenzen sollten Sie sich auf jeden Fall die Mühe machen, den Referenzgeber auch zu fragen bzw. zu informieren. Oft kommt es vor, dass Bewerber jemanden angeben, ohne dem Betreffenden Bescheid zu sagen. Peinlich ist es, wenn der Personalentscheider anruft und der Referenzgeber sagt: »Oh, davon weiß ich bisher ja gar nichts!« Das ist nicht gerade förderlich für eine Bewerbung.

Schlechte Zeugnisse nicht einfach weglassen

Arbeitszeugnisse: auch schlechte Beurteilungen beifügen

Was ist schlimmer – ein schlechtes Zeugnis oder ein fehlendes Arbeitszeugnis? Antwort: das fehlende Zeugnis. Gerade bei Arbeitszeugnissen machen viele Bewerber den Fehler, schlechtere Beurteilungen unter den Tisch fallen zu lassen. Doch Achtung: Aus einem fehlenden Arbeitszeugnis zieht ein erfahrener Personalverantwortlicher sofort seine Schlüsse:

- Das Zeugnis ist wirklich schlecht (und zwar sehr schlecht).
- Der Bewerber hat im Lebenslauf unzutreffende Angaben über Dauer, Art und Tätigkeitsgebiet bei der betreffenden Stelle gemacht (denn diese Punkte sind im Zeugnis aufgeführt)!
- (Im günstigsten Fall:) Das Zeugnis fehlt wegen besonderer Lebensumstände.

Fehlt Ihnen ein Arbeitszeugnis aus früherer Zeit? Zerbrechen Sie sich nicht den Kopf darüber! Machen Sie sich aber darauf gefasst, dass Sie im Vorstellungsgespräch danach gefragt werden.

Auch einfache Tätigkeitsnachweise können Berufserfahrungen belegen.

Tätigkeitsnachweise: bei Berufsanfängern wichtig

Haben Sie Leerlaufzeiten (z. B. die Monate zwischen Schulabschluss und Wehr- oder Zivildienst) mit Aushilfstätigkeiten verbracht? Dann legen Sie die Tätigkeitsnachweise Ihrer Bewerbung bei. Das gilt zumindest, wenn Sie sonst noch keine Berufserfahrung vorweisen können und einen Zeitraum von mehr als drei Monaten überbrückt haben. Gehen Sie dabei geschickt vor, können Sie selbst anhand von Aushilfstätigkeiten belegen, dass Sie etwas gelernt haben oder jedenfalls diesen Zeitabschnitt sinnvoll verbracht haben. Fehlt ein solcher Nachweis, ist das aber nicht weiter schlimm.

Praktikumsnachweise sind bei Berufs- und Quereinsteigern wichtig.

Praktikumsnachweise: sinnvoll, wenn sie Qualifikation und Erfahrung beweisen

Praktikumsnachweise sind nur bei Berufsanfängern unerlässlich. Sie belegen Ihre Qualifikation und zeigen, dass Sie erste berufliche Erfahrungen gesammelt haben. Wer schon länger im Berufsleben steht, kann auf Praktikumsnachweise verzichten. Es kann aber auch für Bewerber mit Berufserfahrung sinnvoll sein, sie in die Bewerbungsmappe einzuheften: nämlich dann, wenn der Praktikumsnachweis eine Qualifikation belegt, die aus der bisherigen beruflichen Tätigkeit nicht hervorgeht, aber für die angestrebte Stelle von Bedeutung ist.

Arbeitsproben werden meist in kreativen Berufen gefordert.

Arbeitsproben: nur mitschicken, wenn sie verlangt oder üblich sind

Arbeitsproben brauchen Sie nur mitzuschicken, wenn sie ausdrücklich in der Stellenausschreibung gefordert sind. Sind sie in der Branche üblich (in der Regel im Kreativbereich, z. B. bei Grafikdesignern, Werbefachleuten, Journalisten), sollten Sie sie aber beilegen. Sind sie weder verlangt noch üblich, dann bringen Sie eine Mappe von Arbeitsproben erst zum Vorstellungsgespräch mit.

Konvertieren Sie Bild- und Textdateien ins universal lesbare PDF-Format.

Arbeitsproben auf CD oder im E-Mail-Anhang: Achten Sie auf kompatible Dateiformate

Wichtiger Hinweis: Bei Bewerbungen im Kreativbereich ist es durchaus üblich, eine CD mit Arbeitsproben beizulegen. Hier gibt es aber eine Falle, in die Sie nicht stolpern sollten: Haben Ihre mitgeschickten Dateien das falsche Format, kann der Empfänger sie nicht öffnen. Deshalb konvertieren Sie Ihre Arbeitsproben am besten in eine PDF-Datei, die universell lesbar ist. Oder Sie erkundigen sich vorher beim Empfänger, welche Dateiformate er öffnen kann.

Was Ihr Arbeitszeugnis über Sie aussagt

Die Zeugnissprache enthält oft verschlüsselte Aussagen.

Nicht hinter jedem Arbeitszeugnis, das gut klingt, steckt eine positive Beurteilung. Das liegt an der Rechtsprechung: Die Arbeitsgerichte fordern, dass ein Zeugnis wahr, zugleich aber auch wohlwollend ist. Ergebnis: Viele Zeugnisse enthalten Formulierungen, die nur Leute verstehen, die in die Zeugnissprache eingeweiht sind. Personalverantwortliche verstehen die versteckten Andeutungen in aller Regel – Sie als Bewerber haben diese Kenntnisse aber vielleicht nicht.

Diese Punkte müssen Sie genau unter die Lupe nehmen

Zeugnisse, die Ihnen neu ausgestellt wurden, sollten Sie sofort sorgfältig prüfen. Je schneller Sie Ihre Änderungswünsche anmelden, desto eher haben Sie eine Chance, dass sie berücksichtigt werden. Achten Sie

Kriterien für ein korrektes Zeugnis

- auf den richtigen Firmenbriefbogen,
- auf Rechtschreibung und Grammatik,
- auf formale Richtigkeit, auf Vollständigkeit,
- darauf, dass weder fragwürdige Formulierungen noch nachträgliche Korrekturen im Zeugnis auftauchen.

Stimmen diese Voraussetzungen nicht, dann lässt das für den Personalentscheider zweierlei Schlüsse zu:

1. Der Zeugnisschreiber hatte keine Ahnung vom Zeugniscode (was bei Kleinunternehmern durchaus vorkommt und worüber erfahrene Personalentscheider nachsichtig hinwegsehen). Oder:

2. Der Zeugnisschreiber kennt den Zeugniscode und deutet durch Abweichung an, dass er mit Ihnen nicht zufrieden war oder dass Ihr weiterer Werdegang ihm gleichgültig ist. Das sollten Sie nicht zulassen: Prüfen Sie Ihr Zeugnis auf alle oben genannten Punkte. (Das gilt besonders, wenn Sie bei großen Firmen beschäftigt waren, denn diese

haben eine Personalabteilung, die sich bestens mit den Zeugnisgepflogenheiten auskennen sollte.)

Firmenbogen – und zwar der richtige

Größere Firmen haben meist einen Repräsentationsbogen, kleinere nicht.

Ein Zeugnis muss auf dem Firmenbogen ausgedruckt sein. Bei größeren Firmen, die einen Repräsentations- und einen normalen Geschäftsbogen haben, sollten Sie darauf achten, dass das Zeugnis auf dem Repräsentationsbogen gedruckt ist. Das ist der Briefbogen, auf dem zum Beispiel Bankverbindung, Allgemeine Geschäftsbedingungen und Lieferadresse nicht auftauchen.

Rechtschreibung und Grammatik

Sie haben ein Recht auf ein fehlerfreies Zeugnis.

Zuerst sehen Sie nach, ob Ihr Name vollständig (gegebenenfalls samt Doktorgrad) und richtig geschrieben ist. Dann lesen Sie den Zeugnistext sorgfältig auf Rechtschreibung und Grammatik durch. Denn jeder Fehler zeugt zumindest von Nachlässigkeit und damit von der Gleichgültigkeit Ihres alten Arbeitgebers Ihnen gegenüber.

Formale Richtigkeit

Die Daten im Zeugnis müssen mit denen im Lebenslauf übereinstimmen.

Richten Sie ein besonderes Augenmerk auf die im Zeugnis genannten Daten. Pflichtbestandteile sind der Beginn und das Ende Ihrer Tätigkeit bei dem entsprechenden Arbeitgeber. Diese Daten sollten mit den Beschäftigungszeiten übereinstimmen, die Sie im Lebenslauf aufführen!

Lesen Sie dann die Tätigkeitsbeschreibung durch. Sind hier all Ihre wesentlichen Aufgaben und Tätigkeiten aufgeführt? Sind gegebenenfalls auch die Ausbildung und Ihr Werdegang im Unternehmen (z. B. eingestellt als Kassiererin, aufgestiegen zur Filialleiterin) bezeichnet? Wird aus der Tätigkeitsbeschreibung ersichtlich, wie viel Eigenverantwortung Sie hatten und ob Sie als Führungskraft mit Mitarbeitern zu tun hatten?

Prüfen Sie alle Zeugnisangaben auf Vollständigkeit.

Vollständigkeit

Prüfen Sie, ob Ihr Zeugnis alle Pflichtbestandteile enthält. Das sind:

- Ihr Name
- Dauer der Beschäftigung
- Tätigkeitsbeschreibung
- Leistungsbeurteilung (nur bei qualifiziertem Zeugnis)
- Verhaltensbeurteilung (nur bei qualifiziertem Zeugnis)
- Schlussformel (darauf haben Sie keinen Rechtsanspruch)
- Datum und Originalunterschrift des Ausstellers

Für Ferienjobs, Praktika und Aushilfstätigkeiten bekommen Sie selten eine Beurteilung.

Beachten Sie

Die Beurteilung von Leistung und Verhalten ist nur üblich, wenn Sie ein »qualifiziertes Arbeitszeugnis« bekommen haben. Das ist bei längeren Beschäftigungen die Regel. Ein »nicht qualifiziertes Arbeitszeugnis« ist eine einfache Arbeitsbescheinigung, die bei Praktika oder Aushilfstätigkeiten üblich ist. Hier fehlen Aussagen zu Leistung und Verhalten. Die Bescheinigung dient als Nachweis darüber, was Sie in der entsprechenden Zeit gemacht haben. Wenn Sie von einem Arbeitgeber, bei dem Sie länger beschäftigt waren, nur eine Arbeitsbescheinigung bekommen, nehmen Sie das nicht hin. Bestehen Sie auf einem qualifizierten Zeugnis!

Bei fragwürdigen Formulierungen besser reklamieren

Keine fragwürdigen Formulierungen (Geheimcode)

Prüfen Sie die Aussagen zu Ihrer Leistung und Ihrem Verhalten. Enthalten sie fragwürdige Formulierungen (siehe Abschnitt »Geheimklauseln im Arbeitszeugnis«), dann bitten Sie Ihren ehemaligen Arbeitgeber um Korrektur.

Keine Hervorhebungen, keine nachträglichen Korrekturen

Bei Korrekturen liegt der Verdacht nahe, das Zeugnis sei nachträglich korrigiert worden.

Hervorhebungen im Zeugnistext sind nicht erlaubt. Achten Sie auch darauf, dass das Zeugnis nicht nachträglich, das heißt auf dem ausgedruckten Bogen, korrigiert wurde. Handschriftliche Korrekturen oder Streichungen dürfen im Arbeitszeugnis genauso wenig auftauchen wie Spuren von

Korrekturflüssigkeit. Sie haben ein Recht auf ein makelloses Exemplar.

Geheimklauseln im Arbeitszeugnis: Was bedeutet was?

Für jede Note gibt es eine feststehende Formulierung.

Die Leistungs- und die Verhaltensbeurteilung spielen im Arbeitszeugnis eine besonders große Rolle, denn dabei geht es um Ihre Beurteilung. Hier kommen verschlüsselte Informationen durchaus vor.

Leistungsbeurteilung

Zuerst sollten Sie sich die Gesamtbeurteilung ansehen, also den letzten Abschnitt der Leistungsbeurteilung. Hieraus können Sie gleich erkennen, welche Gesamtnote Ihnen Ihr früherer Arbeitgeber in Bezug auf Ihre Leistung gegeben hat.

Übersicht: die Noten 1 bis 5 in der Leistungsbeurteilung

Leistung = Note 1 (sehr gut)

- ... arbeitete stets zu unserer vollsten Zufriedenheit
- ... seine Leistungen waren stets sehr gut
- ... wir waren mit seinen Leistungen stets außerordentlich zufrieden

Leistung = Note 2 (gut)

- ... erledigte die ihm übertragenen Aufgaben zu unserer vollsten Zufriedenheit *(ohne »stets«)*
- ... arbeitete stets zu unserer vollen Zufriedenheit *(mit »stets«, »vollen« statt »vollsten«)*
- .... wir waren mit seinen Leistungen voll und ganz zufrieden *(ohne »stets«)*

Leistung = Note 3 (befriedigend)

- ... erledigte die ihm übertragenen Aufgaben zu unserer vollen Zufriedenheit *(ohne »stets«)*
- ... arbeitete zu unserer vollen Zufriedenheit *(ohne »stets«, »vollen« statt »vollsten«)*

- ... arbeitete stets zu unserer Zufriedenheit *(ohne »vollen«)*

Leistung = Note 4 (ausreichend)

- ... erledigte die ihm übertragenen Aufgaben zu unserer Zufriedenheit
- ... arbeitete zu unserer Zufriedenheit
- ... mit seinen Leistungen waren wir zufrieden

Leistung = Note 5 (mangelhaft)

- ... hat die ihm übertragenen Aufgaben im Großen und Ganzen zu unserer Zufriedenheit erledigt
- ... hat unsere Erwartungen größtenteils erfüllt
- ... hat sich bemüht, die ihm übertragenen Aufgaben zu erfüllen

Vorsicht bei Einschränkungen, Passivformulierungen oder doppelten Verneinungen!

Negative Einschätzungen werden bei der Leistungsbeurteilung oft durch

- Einschränkungen,
- Passivformulierungen oder
- (doppelte) Verneinungen

zum Ausdruck gebracht.

Bei folgenden Formulierungen sollten Sie stutzig werden:

Vorsicht bei diesen Formulierungen

Einschränkende Formulierungen ...	**... und ihre wahre Bedeutung**
anfangs	später nicht mehr ...
im Großen und Ganzen, insgesamt, im Wesentlichen, weitgehend	nicht
grundsätzlich, teilweise	nicht immer, nicht besonders oft
im Rahmen seiner Möglichkeiten, ... war willens	Es fehlte das Können.
Er zeigte Verständnis für seine Aufgaben.	Er erledigte seine Aufgaben nicht.
Sie bemühte sich, ...	Sie schaffte es nicht, ...
Passivformulierungen ...	**... und ihre wahre Bedeutung**
Ihm wurden folgende Aufgaben übertragen:	Er erledigte seine Aufgaben nicht.
Sie wurde mit ... beschäftigt.	Freiwillig ging sie nicht an die Arbeit.
Er wurde im Großen und Ganzen als Führungskraft akzeptiert.	Er war keine Führungskraft, unter der die Mitarbeiter gern arbeiteten.

Vorsicht bei diesen Formulierungen (Fortsetzung)

Negativformulierungen ...	... und ihre wahre Bedeutung
ohne Tadel	Es gab keinen Grund zum Lob.
nicht unbedeutende Erfolge	auch keine bedeutenden Erfolge
Sie steigerte den Absatz nicht unbeträchtlich.	Sie verkaufte keine großen Mengen.
nicht ohne Geschick	aber auch nicht mit Geschick
Die Zusammenarbeit verlief ohne Beanstandungen.	Wir waren mit der Leistung nicht zufrieden.

Beurteilung des Verhaltens: Achten Sie auf Reihenfolge und Vollständigkeit

Vorgesetzte, Kollegen und Mitarbeiter müssen in dieser Reihenfolge genannt sein.

Auch bei der Beurteilung des Verhaltens gibt es versteckte Andeutungen. Eine gute Beurteilung lautet zum Beispiel:

Beispiele für eine gute Beurteilung des Verhaltens
Ihr Verhalten gegenüber Vorgesetzten, Kollegen und Mitarbeitern war stets einwandfrei.

Variante: *Sein Verhalten gegenüber Vorgesetzten und Mitarbeitern war in jeder Hinsicht vorbildlich. Auch mit Kollegen ist er stets gut zurechtgekommen.*

Will der Verfasser des Zeugnisses ausdrücken, dass das Verhalten nicht einwandfrei war, hat er mehrere Möglichkeiten:

- Er kann auf »stets« oder »in jeder Hinsicht« verzichten. Das bedeutet, die Beurteilung ist allenfalls mittelmäßig.
- Ergänzend dazu kann er auch die Reihenfolge der oben genannten Personengruppen verändern, also nicht erst die Vorgesetzten, dann die Kollegen, dann die Mitarbeiter aufführen, sondern erst die Kollegen, dann die Mitarbeiter und erst zum Schluss die Vorgesetzten.

- Er kann auf die Nennung einzelner Personengruppen verzichten. In diesem Fall lässt er die Gruppe weg, mit der der Arbeitnehmer nicht gut ausgekommen ist.

Achtung, wenn die Reihenfolge vertauscht ist oder eine Personengruppe fehlt!

Beispiele für eine schlechte Beurteilung des Verhaltens
Ihr Verhalten gegenüber Mitarbeitern, Kollegen und Vorgesetzten war einwandfrei (d. h., es hätte besser sein können).

Mit Kollegen und Mitarbeitern ist er stets gut zurechtgekommen (d. h. mit den Vorgesetzten nicht ...).

Bitten Sie notfalls um Korrektur

Bei Fehlern im Zeugnis möglichst rasch um Korrektur bitten

Ihre Tätigkeit ist nicht vollständig beschrieben, oder Sie haben Rechtschreibfehler oder eine der oben aufgeführten Formulierungen in Ihrem neuesten Arbeitszeugnis gefunden? Dann sollten Sie Ihren früheren Arbeitgeber (möglichst zeitnah) um Korrektur bitten.

Wie Sie Ihre Änderungswünsche durchsetzen

Ändert der frühere Arbeitgeber den Zeugnisinhalt nicht, bleibt oft nur der Gang vor Gericht.

Bei Tippfehlern, sprachlichen Unrichtigkeiten, falschen Daten (z. B. Beschäftigungsanfang und -ende) haben Sie ein Recht auf Berichtigung. Auch eine Fehlbeurteilung brauchen Sie nicht hinzunehmen. Bitten Sie auch hier um eine Berichtigung. Falls der frühere Vorgesetzte sich dagegen wehrt, müssten Sie allerdings vor Gericht gehen, um ihr Recht durchzusetzen. Zunächst haben Sie aber gute Chancen, bei einer ungünstigen Beurteilung von Leistung oder Verhalten Ihre eigene Formulierung ohne Rechtsstreit durchzusetzen, wenn Sie Ihr Anliegen taktvoll und begründet vorbringen.

Neue Ausfertigung verlangen!

Beachten Sie: Nachträgliche Änderungen dürfen nicht in der vorliegenden Zeugnisausfertigung vorgenommen werden, sonst ist es später nicht mehr nachvollziehbar, wer die Änderungen vorgenommen hat.

Tabu sind

- Streichungen mit Korrekturflüssigkeit,
- Streichungen mit Schreibmaschine oder Stift,
- handschriftliche Ergänzungen.

Bestehen Sie darauf, dass Sie einen neuen, berichtigten Ausdruck bekommen und dass dieser mit Datum und eigenhändiger Unterschrift des ehemaligen Vorgesetzten versehen ist.

Jedes Arbeitszeugnis muss in die Bewerbung

Alle Arbeitszeugnisse gehören grundsätzlich zu den Bewerbungsunterlagen.

Arbeitszeugnisse gehören unbedingt in eine Bewerbung. In aller Regel genügen unbeglaubigte Kopien oder Scans. Sie dienen als Belege für die Angaben in Ihrem Lebenslauf. Auf Arbeitsbescheinigungen (nicht qualifizierte Zeugnisse) können Sie verzichten, wenn es um unwichtige Aushilfsjobs geht.

Auch schlechte Zeugnisse beifügen

Schlechte Zeugnisse nicht einfach weglassen

Ein schlechtes Zeugnis ist kein Grund, es der Bewerbung nicht beizufügen. Fehlt ein Arbeitszeugnis, zieht jeder erfahrene Personalverantwortliche daraus seine Schlüsse:

- entweder dass der Bewerber ihm im Lebenslauf etwas vorlügt (Beschäftigungszeiten oder Art der Tätigkeit)
- oder dass es sich um ein sehr schlechtes Zeugnis handelt.

Es ist allemal besser, zu einem schlechten Zeugnis zu stehen und im Vorstellungsgespräch auf Nachfrage zu erklären, wie es dazu gekommen ist.

Fehlende Arbeitszeugnisse kurz im Lebenslauf kommentieren

Fehlt ein Arbeitszeugnis, begründen Sie dies kurz im Lebenslauf.

Wenn Ihnen ein Zeugnis von früher fehlt, dann machen Sie dazu eine kurze Anmerkung im Lebenslauf, warum das so ist. Rechnen Sie aber, vor allem, wenn es sich um ein Zeugnis jüngeren Datums handelt, mit kritischen Nachfragen.

Der Kern des Anschreibens: Ihre Qualifikationen

Anschreiben und Lebenslauf sind die zentralen Dokumente in Ihrer Bewerbung. Es sind die einzigen Mittel, mit denen Sie einen potenziellen Arbeitgeber davon überzeugen, Sie zum Vorstellungsgespräch einzuladen. Denken Sie daher nicht, dass Ihre Unterlagen für sich sprechen. Setzen Sie Ihre Qualifikationen und Stärken gekonnt in Szene – und zwar im Hinblick auf die Stelle, auf die Sie sich bewerben.

Form und äußere Gestaltung

Halten Sie sich an die gängigen Korrespondenzempfehlungen.

Schon die formale Gestaltung des Anschreibens wirft viele Fragen auf. Bei nicht kaufmännischen Berufen brauchen Sie nicht zu befürchten, dass Ihre Bewerbung aussortiert wird, weil das Anschreiben die gängigen Standards nicht erfüllt. Bei kaufmännischen Berufen, bei denen es auf den Korrespondenzstil ankommt, ist die formale Gestaltung des Anschreibens aber sehr wohl ein Auswahlkriterium für den Personalverantwortlichen. Hier die wichtigsten Formvorschriften:

Die DIN-Norm für Briefe

DIN 5008 (Schreib- und Gestaltungsregeln für die Textverarbeitung) dient als Orientierung.

Einheitliche Layout-Vorschriften gibt es nicht, sondern lediglich Empfehlungen. Die wichtigste ist DIN 5008, eine Vorschrift für die Textverarbeitung. DIN steht für »Deutsches Institut für Normung«.
Keine Sorge: Sie brauchen sich nicht sklavisch an irgendwelche Positionsangaben zu halten. Aber bei so mancher Frage bietet die DIN-Vorschrift eine Orientierungshilfe (z. B. bei der Gestaltung der Adresse, der Schreibweise des Datums oder der Gliederung von Telefonnummern).

Schritt für Schritt zum formal richtigen Aufbau

Welche Schriftart ist sinnvoll?

Grundsätzlich haben Sie die freie Wahl zwischen den Schriftarten; nur Schmuck- oder Schreibschriften sind für Bewerbungen tabu. Wählen Sie eine in der Geschäftskorrespondenz gängige Schriftart, zum Beispiel: Times New Roman (12 Punkt), Helvetica oder Arial (11 Punkt). Beachten Sie: Mappenbewerbung und elektronische Bewerbung erfordern unterschiedliche Schriften! Für die Mappenbewerbung sind vor allem Serifenschriften geeignet (Serifen sind die kleinen »Füßchen« an den Buchstaben. Sie erleichtern dem Auge, die Zeile zu halten). Am Bildschirm jedoch sind Serifenschriften mitunter schlecht zu lesen, weil die zarten Linien der Serifen »verfransen«. Wählen Sie für die Mappenbewerbung also zum Beispiel Times New Roman und für die elektronische Bewerbung Helvetica oder Arial. Denkbar sind aber auch ganz neue Schriften wie etwa Scala (die lesen Sie gerade) oder Calibri, die einen optimalen Kompromiss darstellen: Sie sind sowohl auf Papier als auch am Bildschirm gut lesbar.

Seitenränder

Stellen Sie den linken Seitenrand auf 24 mm ein, den rechten auf 8 mm. Üblich ist beim Anschreiben der linksbündige Flattersatz – und kein Blocksatz.

Absenderangabe

Absenderangabe unbedingt auf dem Anschreiben platzieren

Zuoberst auf dem Briefkopf geben Sie Ihren Namen und Ihre Adresse an. Wählen Sie die Position so, dass der untere Rand der Absenderangabe maximal 3,8 cm vom oberen Blattrand entfernt ist – sonst bekommen Sie bei Fensterumschlägen Platzprobleme.
Normalerweise steht die Absenderanschrift links oben. Als Gestaltungsmittel und bei Platznot kann es hilfreich sein, sie

- nicht bündig am linken, sondern am rechten Rand zu positionieren,
- zu zentrieren und auf ein bis zwei Zeilen zu verteilen,
- in einer Kopfzeile unterzubringen (auch auf Deckblatt und Lebenslauf – das wirkt sehr professionell).

Soll die Absenderangabe im Fensterumschlag sichtbar sein, so platzieren Sie sie ein bis zwei Zeilen über der Empfängeranschrift in Schriftgröße 7 oder 8.

Bei der Absenderangabe ist es – wie auch bei der Anschrift – nicht üblich, vor der Zeile mit Postleitzahl und Ort eine Leerzeile einzufügen. Geben Sie auf jeden Fall Ihre Telefonnummer und Ihre E-Mail-Adresse an. Es kann gut sein, dass die Einladung zum Vorstellungsgespräch nicht klassisch mit einem Brief kommt, sondern per Anruf oder E-Mail. Die Telefonnummer gliedern Sie zweckmäßigerweise, wie es die DIN 5008 vorgibt: mit einem Leerzeichen zwischen Ländervorwahl, Vorwahl und Hauptrufnummer. Die Durchwahl wird mit einem Bindestrich angefügt. Beispiele:

Telefonnummern ohne Klammern und Bindestriche gliedern

- +49 228 123456 (internationale Schreibweise mit Ländervorwahl für Deutschland)
- 0228 123456 (Rufnummer im Festnetz)
- 0172 123456 (Mobilfunknummer)
- 0228 1234-56 (Durchwahlanschluss)

Anschrift des Empfängers

Zur Position der Anschrift: Nach DIN-Norm steht die erste Anschriftenzeile 50,8 mm unterhalb der oberen Blattkante (das entspricht Zeile 13) oder in der platzsparenderen Variante 33,9 mm unterhalb der oberen Blattkante (das entspricht Zeile 9).

Achten Sie darauf, dass die Empfängeranschrift im Fenster des Umschlags zu sehen ist.

Probieren Sie lieber selbst aus, wohin die Empfängeradresse rutscht, wenn Sie das Anschreiben mitsamt der dicken Bewerbungsmappe in einen Fensterumschlag stecken. Entsprechend fügen Sie über der Adresse mehr oder weniger Leerzeilen oder Sie verschieben das ganze Textfeld mit der Adressangabe.

Zum Aufbau der Adresse: »An/zu Händen« ist nicht mehr üblich. Das Wort »An« ist bei Behörden (z. B. »An das Bürgermeisteramt ...«) aber erlaubt. Richten Sie Ihre Bewerbung an eine bestimmte Person, dann kommt deren Name nach der Firma, Behörde oder Organisation, bei der Sie sich bewerben.

Der Zusatz »zu Händen«, abgekürzt »z. H.« oder »z. Hd.« ist nicht mehr üblich.

Die früher übliche Abkürzung »z. H.« oder »z. Hd.« für »zu Händen« entfällt. Dennoch bleibt es beim Akkusativ: Es heißt also »Herrn« statt »Herr« (Ausnahme: bei Briefen in die Schweiz). Eine Leerzeile vor dem Ort ist heute nach DIN nicht mehr vorgesehen.

Beispiele
Markegroth GmbH
Herrn Reiner Lenz
Am Elbufer 12
01236 Dresden

Stadtverwaltung Celle	ABC-Werbeagentur
Personalreferat	Dr. Max Kragemann
Kirchweg 11	Am Park 30
29227 Celle	58455 Witten

Vor der Postleitzahl steht kein Länderkürzel.

Nicht mehr üblich (und auch nicht empfehlenswert) ist es, die Länderkennung (z. B. »D« für »Deutschland«, »CH« für die Schweiz) vor die Postleitzahl zu stellen. Geben Sie bei internationalen Bewerbungen den Empfängerort in der Landessprache an, das Zielland aber auf Deutsch. Beides schreiben Sie am besten in Großbuchstaben.

Beispiel
World Health Organization
Avenue Appia 20
1211 GENEVE
SCHWEIZ

Welche Schreibweise ist für das Datum empfehlenswert?

Für das Datum haben Sie mehrere Möglichkeiten:

Empfohlene Datumsschreibweisen nach DIN 5008

- 05.01.2015 (ohne Leerzeichen, Tages- oder Monatsangabe immer zweistellig)
- 05.01.15
- Frankfurt, 05.01.2015
- Frankfurt, 05.01.15

- 5. Januar 2015 (laut DIN wird diese Schreibweise nur im Fließtext empfohlen)
- 5. Januar 15 (laut DIN ebenfalls nur im Fließtext empfohlen)
- Frankfurt, 5. Januar 2015 (laut DIN ebenfalls nur im Fließtext empfohlen)
- Frankfurt, 5. Januar 15 (laut DIN ebenfalls nur im Fließtext empfohlen)
- 2015-01-05 (internationale Schreibweise, im deutschsprachigen Raum missverständlich)

Sie können die Ortsangabe voranstellen. Das Wort »den« ist heute beim Briefdatum nicht mehr üblich. Entscheiden Sie sich für die alphanumerische Schreibweise, können Sie lange Monatsnamen abkürzen, z. B. 5. Jan. 2015. Üblich, aber keine Pflicht, ist die rechtsbündige Positionierung.

Betreffzeile ohne das Wort »Betreff«

Betreffzeile im Fett- oder Kursivdruck kenntlich machen

Eine Betreffzeile sollte im Anschreiben einer Bewerbung nicht fehlen. Sie steht unter dem Datum nach ein bis zwei Leerzeilen. Das Wort »Betreff« wird heute nicht mehr geschrieben. Die Betreffzeile wird durch Fett- oder Kursivdruck kenntlich gemacht. Der Betreff darf sich ruhig über zwei Zeilen erstrecken. Am Ende steht kein Punkt.
Im Betreff sollte stehen, auf welche Stelle Sie sich bewerben oder – falls Sie sich auf keine Stellenanzeige berufen – dass es sich um eine Initiativbewerbung handelt. Haben Sie vorher mit dem Personalverantwortlichen telefoniert, dann können Sie schon in der Betreffzeile, spätestens aber im Brieftext darauf Bezug nehmen.

Fünf Beispiele für die Betreffzeile

- Bewerbung als Assistenzarzt im Praktikum, Ihre Stellenanzeige vom 17.01.2015 in der ZEIT
- Initiativbewerbung als Grafikerin
- Bewerbung als Assistentin der Geschäftsführung/Unser Telefonat vom 22.01.2015
- Bewerbung als Arzt im Bereich Kinderheilkunde
- Initiativbewerbung in Anlehnung an Ihr Stellenangebot vom 17.01.2015

Anrede

Wenn möglich, persönliche Anrede gebrauchen

Ist in der Stellenanzeige der Ansprechpartner genannt, an den Sie die Bewerbung schicken sollen? Dann schreiben Sie nicht »Sehr geehrte Damen und Herren«. Verwenden Sie auf jeden Fall die persönliche Anrede, zum Beispiel »Sehr geehrte Frau Jung«. Gleiches gilt, wenn der Personalverantwortliche zwar in der Anzeige nicht aufgeführt ist, aber zum Beispiel auf der Firmenwebsite leicht herauszufinden ist.

Fragen Sie nach der korrekten Schreibung

Lassen Sie sich am Telefon den Namen buchstabieren. Nur wenn Sie den Namen nicht über die Stellenanzeige oder die Website des potenziellen Arbeitgebers herausfinden und nicht per Telefon danach recherchieren wollen, bleiben Sie bei der allgemeinen Anrede:

- Sehr geehrte Damen und Herren
- Sehr geehrte Damen, sehr geehrte Herren

Bei Namen besonders auf korrekte Schreibung achten

Gerade bei Namen sind Fehler verheerend. Ist der Empfängername falsch geschrieben, wird die Bewerbung fast immer sofort aussortiert. Übertragen Sie Namen, die in der Stellenanzeige oder auf der Firmenwebsite auftauchen, sorgfältig. Das gilt nicht nur für den Namen der Firma oder Organisation, bei der Sie sich bewerben, sondern auch und gerade für den Ansprechpartner, an den Sie Ihre Bewerbung schicken. Handelt es sich um eine größere Firma oder Organisation, dann können Sie versuchen, den Namen der zuständigen Person durch ein kurzes Telefonat mit der Zentrale herauszufinden.

Fließtext

Lange Textblöcke ohne Absätze sind schwer zu lesen.

Für den Fließtext ist Leserlichkeit die oberste Maxime. Untergliedern Sie Ihr Schreiben in Absätze. Ein Absatz ist im Idealfall höchstens sieben Zeilen lang, maximal aber neun. Trennen Sie die einzelnen Absätze mithilfe von Leerzeilen, oder richten Sie in Ihrem Textprogramm einen Abstand nach jeder Absatzschaltung ein. Die erste Zeile jedes neuen Absatzes brauchen Sie dann nicht zusätzlich einzurücken.

Fünf oder sechs Absätze hat Ihr Schreiben idealerweise. Dann ist es leserfreundlich und übersichtlich. Achten Sie aber darauf, dass Ihr Anschreiben auf eine Seite passt. Damit zeigen Sie, dass Sie dazu fähig sind, sich auf das Wesentliche zu beschränken.

Grußformel

Standardgrußformel: »Mit freundlichen Grüßen«

Nach dem Fließtext kommt eine Leerzeile, dann folgt die Grußformel. Sie lautet standardmäßig »Mit freundlichen Grüßen«. Sie können aber nach Belieben variieren, zum Beispiel:

- Freundliche Grüße
- Beste Grüße
- Mit freundlichen Grüßen aus Wetzlar
- Freundliche Grüße nach Bremen
- Mit freundlichem Gruß

Unterschrift

Ein Unterschriftenscan wäre ein Fauxpas.

Unterschreiben Sie von Hand, am besten mit blauer Tinte. Eine eingescannte Unterschrift sollte eine gute Auflösung aufweisen und empfiehlt sich nur bei einer E-Mail-Bewerbung. Es ist nicht üblich, den Namen noch einmal in gedruckter Form unter Ihren handschriftlichen Namenszug zu setzen. Schließlich geht Ihr Name schon eindeutig aus der Absenderangabe hervor. Übrigens reicht bei digitalen Bewerbungen auch Ihr Name in getippter Form.

Ist ein Anlagenvermerk nötig?

Die DIN 5008 empfiehlt den Vermerk »Anlagen« linksbündig mit mindestens drei Leerzeilen Abstand zur Grußformel. Wenn Sie sich nicht gerade auf eine Sekretärinnenstelle bewerben, können Sie den Anlagenvermerk aber weglassen. Denn Sie verweisen schon im Text darauf, dass es sich bei Ihrem Schreiben um eine Bewerbung handelt.

Inhalt des Anschreibens

Mit einer Be-Werbung rühren Sie die Werbetrommel für sich selbst.

Be-Werbung

In dem Begriff »Bewerbung« steckt das Wort »Werbung«. Tatsächlich hat das Anschreiben einer Bewerbung viel mit einem Werbebrief gemeinsam. Was die Inhalte angeht, gelten fast dieselben Regeln – auch wenn es bei einer Bewerbung weniger auf Kreativität und Auffälligkeit ankommt als im Werbebrief.

Die eigenen Stärken hervorheben

Rücken Sie Ihre Qualifikationen ins rechte Licht

Bescheidenheit ist bei einer Bewerbung nicht angebracht. Sie müssen den Empfänger auf Ihre Qualifikationen und Stärken aufmerksam machen. Das ist kein Aufruf zum Angeben, sondern ein Plädoyer dafür, sich Ihre Stärken bewusst zu machen und den Fokus Ihrer Bewerbung darauf zu richten – und nicht auf Ihre Schwächen. Nur wer sich seiner Fähigkeiten und Stärken bewusst ist, kann einen potenziellen Arbeitgeber von sich überzeugen. Ein Personalverantwortlicher muss den richtigen Bewerber auswählen – oftmals aus einem ganzen Stapel Bewerbungen. Deshalb ist es wichtig, dass Sie sich in seine Lage versetzen. Stellen Sie sich zur Orientierung folgende Fragen:

- Welche Anforderungen sind für die ausgeschriebene Stelle unerlässlich?
- Was kann ich?
- Was (davon) mache ich gern?
- Passen diese Stärken zum Stellenangebot?

Eine Fremdeinschätzung fördert oft Stärken zutage, an die man selbst gar nicht denkt.

Fragen Sie auch andere nach deren Einschätzung, um Ihr Selbstbild zu verifizieren oder zu korrigieren. Das hat noch einen weiteren Vorteil: Auf diese Weise entgeht Ihnen keine Ihrer Fähigkeiten, nur weil Sie sie für selbstverständlich und nicht erwähnenswert halten. Erst wenn Sie Ihre Stärken klar benennen können und diese im Wesentlichen zu der Stelle passen, die Sie anstreben, lohnt sich eine Bewerbung.

Schreiben Sie aus der Sicht des Arbeitgebers
Ein Werbebrief ist nur dann gelungen, wenn er die Vorzüge eines Produkts aus der Sicht des Kunden beschreibt. Ähnliches gilt für das Anschreiben einer Bewerbung: Sie bieten Ihre Qualifikationen auf einem Markt, nämlich dem Arbeitsmarkt, an. Ihr »Kunde« ist derjenige, der Ihre Bewerbung liest und eine Personalentscheidung treffen muss. Wenn Sie Ihre Vorzüge aus seiner Sicht beschreiben, haben Sie die größten Chancen. Es geht also beim Formulieren nicht in erster Linie darum, was Sie wollen, sich wünschen, anstreben und gern machen, sondern welchen Nutzen *der Empfänger* davon hat, Sie einzustellen.

Vorteile für den potenziellen Arbeitgeber darstellen
Ihre Unterlagen sprechen nicht für sich. Sie selbst müssen im Anschreiben deutlich machen, warum Sie der geeignete Kandidat für die angestrebte Stelle sind. Dabei brauchen Sie nicht in allen Details auf einzelne Stationen in Ihrem Leben einzugehen – dafür nutzen Sie lieber den Lebenslauf. Dennoch muss Ihr Anschreiben diese beiden Fragen unbedingt beantworten:

- Was haben Sie dem Arbeitgeber im Hinblick auf die ausgeschriebene Stelle zu bieten?
- Welchen Vorteil hat er davon, Sie einzustellen?

Die Bausteine des Anschreibens

(Absenderadresse)

ABC AG
Personalabteilung
ABC-Straße
00000 Stadt

Datum

Bewerbung auf Ihr Stellenangebot vom …

Briefbaustein A = Bezug zum Stellenangebot

Sehr geehrter Herr Walter,

im „Neuen Westfälischen Boten“ wurde ich auf Ihre Stellenanzeige aufmerksam. Sie beschreiben darin eine Tätigkeit, die meinen Fähigkeiten genau entspricht.

Briefbaustein B = Interesse wecken

Die Elektronikgeräte aus Ihrem Haus haben einen guten Ruf und auch ich nutze schon seit Jahren einen ABC-Rasierer, mit dem ich sehr zufrieden bin.

Briefbaustein C = Vorstellung der eigenen Person

Aber nicht allein, weil ich Ihre Produkte schätze, bewerbe ich mich bei Ihnen – ich bringe auch die nötigen Kenntnisse und Fertigkeiten mit: Ich bin Industriemechaniker mit Meisterprüfung und 43 Jahre alt.

Briefbaustein D = Fähigkeiten und Eignung

Schon seit Jahren liegt mein Schwerpunkt auf der Einrichtung und Wartung von Maschinen. Zuletzt war ich stellvertretender Produktionsleiter bei der XYZ AG, einem mittelständischen Spezialisten für Elektronikbausteine. Meine Kenntnisse umfassen nicht nur die Instandsetzung herkömmlicher Maschinen, sondern auch EDV-gesteuerter Fertigungssysteme. Ihrer Stellenanzeige entnehme ich, dass Sie jemanden suchen, der sowohl etwas von der Programmierung als auch von der Behebung mechanischer Probleme versteht. Auf beiden Gebieten bin ich gleichermaßen zu Hause.

Briefbaustein E = Organisatorisches

Mein Gehaltswunsch liegt bei … € pro Jahr. Ich kann sofort bei Ihnen anfangen.

Briefbaustein F = Aufforderung zum Handeln, Grußformel

Habe ich Ihr Interesse geweckt? Dann freue ich mich, wenn Sie mich schon bald zum Gespräch einladen.

Mit freundlichen Grüßen

Unterschrift
Unterschrift

Die einzelnen Bausteine im Detail

Natürlich kann man die einzelnen Briefbausteine nicht wie Bauklötzchen aufeinandersetzen. Manchmal müssen Sie die Reihenfolge verändern oder Füllwörter und -sätze einfügen, damit das Schreiben gut klingt. Die oben gezeigte Übersicht soll Ihnen aber doch helfen, Ihr Anschreiben zu strukturieren.

Briefbaustein A = Bezug zum Stellenangebot

Wie haben Sie von der offenen Stelle erfahren?

Die Information, woher Sie von der Stelle wissen, bildet den Anfang des Anschreibens. Darauf gehen Sie allerdings nicht ausführlich ein, sondern nur kurz. Falls diese Information schon im Betreff auftaucht, brauchen Sie sie im Fließtext nicht unbedingt noch einmal aufzugreifen. Haben Sie im Vorfeld ein Telefongespräch mit dem Adressaten geführt? Dann danken Sie für das informative Gespräch. Die Einleitung Ihres Schreibens enthält also folgende Informationen:

- wie Sie von der Stelle erfahren haben (bei Initiativbewerbungen: was Sie bewogen hat, sich beim betreffenden Arbeitgeber zu bewerben)
- (ggf.) Dank für das vorangegangene Telefongespräch

Briefbaustein B = Interesse wecken

Finden Sie Anknüpfpunkte zum potenziellen Arbeitgeber.

Es gehört mit zur Einleitung, gleich Interesse zu wecken. Das tun Sie nicht, indem Sie sofort von sich selbst reden – jedenfalls nicht nur. Besser und zweckmäßiger ist es, wenn Sie Anknüpfungspunkte aufführen. Sagen Sie,

- warum die Stelle Ihnen interessant erscheint und
- was Sie an dem betreffenden Arbeitgeber reizt.

Zum letzten Punkt: Haben Sie keine Scheu, die Firma zu loben, bei der Sie sich bewerben. Im Gegenteil: Das zeigt, dass Sie gut informiert sind und wirklich Interesse haben. Je konkreter Ihr Lob, desto besser (z. B. *Ich finde Ihre Produkte gut, Ich habe schon viel Lob über Ihre unternehmensinterne Ausbildung gehört)*, aber tragen Sie nicht zu dick auf! Zur Not weichen Sie auf die Branche, das Geschäftsfeld oder den Bereich aus, in der bzw. dem der potenzielle Arbeitgeber tätig ist *(z. B. Entwicklungshilfe professionell zu organisieren, darin sind Sie und Ihre Partnerorganisationen Spezialisten. Genau in diesem Bereich möchte ich Sie unterstützen)*.

Eckdaten zu Ihrer Person

Briefbaustein C = Vorstellung der eigenen Person
Jetzt müssen Sie sich selbst vorstellen. Hierzu gehören:
- Angaben zu Ihrer Person
- Ausbildung, Abschluss und derzeitige Tätigkeit

Ausführlich die eigenen Qualifikationen und Stärken beleuchten

Briefbaustein D = Fähigkeiten und Eignung
Manchmal liegen Baustein C und D eng beieinander. Ein Industriemechaniker, der sich als Produktionsleiter bewirbt – das passt zusammen. Anders sieht es aus, wenn Ihre ursprüngliche Ausbildung oder Ihr Studienabschluss nicht zu der Stelle passt, auf die Sie sich bewerben. Als fachfremder Bewerber müssen Sie mit Ihren Fähigkeiten und Kenntnissen – und wenn möglich auch mit Ihrer Erfahrung – überzeugen:
- Warum halten Sie sich für geeignet?
- Welche Qualifikationen belegen Ihre Eignung?
- Welche Vorteile sprechen sonst noch für Sie?

Nicht vernachlässigen: die organisatorischen Fragen

Briefbaustein E = Organisatorisches
Unterschätzen Sie die Wichtigkeit organisatorischer Angaben nicht. Gegen Ende des Briefs müssen Sie auf diese wichtigen Anforderungen eingehen. Achten Sie auf alles, was in der Stellenanzeige gefordert ist. Das sind zum Beispiel:
- Gehaltswunsch
- frühestmöglicher Eintrittstermin
- Umzugsbereitschaft bei weit entfernten Arbeitgebern

Wird nach den Gehaltsvorstellungen gefragt, müssen Sie sich dazu äußern.

Wird Ihr Gehaltswunsch in der Stellenanzeige verlangt, dann müssen Sie sich dazu äußern. Üblich ist es, das Jahres- und nicht das Monatsgehalt anzugeben. Achtung: Vertrösten Sie den potenziellen Arbeitgeber keinesfalls auf das Vorstellungsgespräch! Wenn Ihre Gehaltsvorstellung im Anschreiben fehlt, ist das ein Kriterium, das Sie zumindest als A-Kandidaten disqualifizieren kann. Ihre Bewerbung landet dann allenfalls auf dem B-Stapel (Ersatzkandida-ten). Sie haben drei Möglichkeiten:

- Sie rechnen sich gute Chancen aus, weil Sie genau die Qualifikationen bieten, die gesucht sind: Dann sagen Sie offen, was Sie verdienen möchten.
- Sie recherchieren (z. B. im Internet), was üblicherweise in der Branche/für Ihre Tätigkeit gezahlt wird.
- Sie geben Ihr aktuelles oder Ihr letztes Gehalt an und schreiben gegebenenfalls, dass Sie mit einer Verbesserung rechnen.

Es bringt nichts, sich als Billigheimer anzubieten.

Signalisieren Sie beim Gehalt nicht allzu große Kompromissbereitschaft. Ein erfahrener Personaler weiß: Wer beim Gehalt Abstriche macht, der nutzt eine unterbezahlte Stelle als Sprungbrett und kündigt, sobald sich etwas Besseres bietet. Sie können allenfalls klarmachen, dass Ihnen die mit der Stelle verbundene Entwicklungsmöglichkeit einen vorläufigen Verzicht auf Ihr gewohntes Gehalt wert ist.

Im Internet finden Sie zahlreiche Gehaltsvergleiche.

Das Internet ist das ideale Medium für Gehaltsrecherchen. Viele Onlinemedien veröffentlichen von Zeit zu Zeit Gehaltsvergleiche. Auch auf Stellenportalen finden Sie Hilfe in dieser Frage. Weil sich die betreffenden Webadressen ständig ändern, bekommen Sie hier keine konkreten Links, dafür aber eine Suchanleitung, mit der Sie schnell fündig werden: Geben Sie in eine Suchmaschine einen der folgenden Begriffe oder Sätze ein:

- Gehaltscheck (oder Gehalts-Check)
- Gehaltstest (oder Gehalts-Test)
- Gehaltsanalyse (oder Gehalts-Analyse)
- Gehaltsdatenbank (oder Gehalts-Datenbank)
- »Verdienen Sie genug?« (mit Anführungszeichen eingeben)

Wann können Sie beim neuen Arbeitgeber anfangen?

Ihr frühestmöglicher Eintrittstermin ist wichtig für Ihren potenziellen Arbeitgeber. Nur mit dieser Angabe kann er planen. Bewerben Sie sich aus ungekündigter Stellung heraus, dann achten Sie auf Ihre Kündigungsfrist. Bedenken Sie aber auch: Oft ist eine vorzeitige einvernehmliche Trennung möglich. Ihr jetziger Arbeitgeber weiß wahrscheinlich, dass es keinen Sinn hat, Sie gegen Ihren Willen festzuhalten. Sie haben gute Chancen, einen Aufhebungsvertrag zu bekommen. Seien Sie im Anschreiben aber ehrlich.

Mustertext zum Eintrittstermin
Ich bewerbe mich aus ungekündigter Stellung, deshalb kann ich erst zum 1. Juli bei Ihnen anfangen. Wenn Sie mich zu einem früheren Termin einstellen wollen, so dürfte dies möglich sein.

Signalisieren Sie, dass ein Umzug kein Problem wäre.

Es gibt Stellen, bei denen es unerlässlich ist, dass der Arbeitnehmer in der Nähe des Arbeitgebers wohnt. So muss zum Beispiel ein Arzt, der nachts und am Wochenende für Bereitschaftsdienste eingesetzt wird, in der Nähe seines Krankenhauses wohnen. Deshalb ist in solchen Fällen die Angabe unerlässlich, dass Sie

- in der Nähe wohnen oder
- zum Umzug bereit sind, falls es mit der Stelle klappt.

Abgesehen von der Residenzpflicht: Es kann auch in anderen Fällen sinnvoll sein, Umzugsbereitschaft zu signalisieren. Wenn Sie zum Beispiel in Süddeutschland wohnen und sich weit weg im Norden oder Osten Deutschlands bewerben. Ein Arbeitgeber hat durchaus Anlass zu der Befürchtung, dass ein gefragter Kandidat sich testweise auf viele Stellen bewirbt, um seinen Marktwert auszuloten. Machen Sie bei Bewerbungen quer durch die Republik klar, dass ein Umzug für Sie kein Hindernis ist. Damit signalisieren Sie echtes Interesse an der ausgeschriebenen Stelle.

Schließen Sie mit der Bitte um eine Einladung zum Vorstellungsgespräch.

Briefbaustein F = Aufforderung zum Handeln

Psychologisch geschickt ist es, das Anschreiben nicht einfach mit der Grußformel zu beenden, sondern den Empfänger zum Handeln aufzufordern. Was läge da näher, als ein Gespräch vorzuschlagen? Die gängigste Variante ist der Satz *Über eine Einladung zum Vorstellungsgespräch freue ich mich sehr.* Er enthält aber noch keine Aufforderung zum Handeln. Besser ist es, Sie schlagen dem Personalverantwortlichen vor, Sie einzuladen, zum Beispiel indem Sie gleich noch die Telefonnummer oder E-Mail-Adresse angeben, unter der Sie in der Regel erreichbar sind.

Textbausteine für Ihre Bewerbung

Tipps zur Formulierung

In den Mustern (Seiten 113 bis 128) finden Sie Formulierungen für Ihr Anschreiben, die Sie nach Belieben abwandeln können. Wenn Sie Ihr Anschreiben aber lieber Satz für Satz selbst entwickeln wollen, dann finden Sie hier Textbausteine, die Ihnen bei den Standardsätzen einer Bewerbung helfen können.

Textbausteine für das Anschreiben

Standardsatz	Variation
Baustein A = Bezug zum Stellenangebot	
Ich bewerbe mich auf Ihre Anzeige vom 13.10.2014 in der Frankfurter Allgemeinen Zeitung.	Mit Interesse habe ich Ihr Stellenangebot in der FAZ vom 13.10.2014 gelesen. Hiermit bewerbe ich mich darauf.
Ich bewerbe mich als ... in Ihrem Hause.	Sie suchen eine/-n ... Da ich die nötigen Kenntnisse mitbringe, erhalten Sie meine Bewerbung.
Baustein B = Interesse wecken	
Die ausgeschriebene Stelle interessiert mich sehr.	Die freie Stelle passt zu meinen Kenntnissen und meiner langjährigen Berufserfahrung in diesem Bereich.
Ich hätte großes Interesse, bei Ihnen zu arbeiten.	Über Ihre Firma habe ich schon viel Gutes gehört. Deshalb interessiere ich mich für eine Anstellung in Ihrem Unternehmen.

Textbausteine für das Anschreiben (Fortsetzung)	
Baustein C = Vorstellung der eigenen Person	
Ich habe Anglistik und Germanistik studiert.	Ich habe den M. A. in den Fächern Anglistik und Germanistik. *(Stehen Sie zu Ihrem Titel!)*
Ich habe Geologie studiert.	Ich bin Diplom-Geologe.
Ich stehe kurz vor Abschluss der Lehre als Bürokauffrau.	Im Sommer bin ich mit der Lehre als Bürokauffrau fertig – und zu neuen Herausforderungen bereit.
Baustein D = Fähigkeiten und Eignung	
Seit fünf Jahren bin ich als ... tätig.	Im Bereich ... habe ich fünfjährige Erfahrung.
Zurzeit arbeite ich als ... in der ...-Abteilung der Firma ...	... und ... – das kann ich. Denn auf meiner derzeitigen Stelle als ... kümmere ich mich tagtäglich um diese Dinge.
Die Stationen meiner Ausbildung waren vielfältig.	Arbeitsvorbereitung, Produktion, Qualitätsmanagement, technischer Vertrieb – all das habe ich in meiner Ausbildung kennengelernt.
Baustein E = Organisatorisches	
Meine Gehaltsvorstellungen liegen bei ... € pro Jahr.	Zu meinen Gehaltsvorstellungen: Ich möchte gern ... € jährlich verdienen.
Mein bisheriges/letztes Gehalt lag bei ... € pro Jahr.	Mein bisheriges/letztes Gehalt lag bei ... € pro Jahr. Ich rechne mit einer Verbesserung.
Mein frühester Eintrittstermin ist der 1. Januar.	Ich kann ab 1. Januar bei Ihnen anfangen.
Ein Umzug ist für mich möglich.	Für diese Stelle ziehe ich gern nach ...
Baustein F = Aufforderung zum Handeln	
Ich würde mich freuen, wenn Sie mich bald zu einem Vorstellungsgespräch einladen würden.	Von meiner Eignung möchte ich Sie gern in einem persönlichen Gespräch überzeugen.
Über eine Einladung zum Vorstellungsgespräch würde ich mich freuen.	Interessiert? Dann laden Sie mich zum Vorstellungsgespräch ein!

Wie schafft man es, das Anschreiben kurz und knapp zu halten?

Fassen Sie sich kurz.

Nur eine Seite haben Sie für das Anschreiben. An diese Längenbeschränkung müssen Sie sich halten. Wer es nicht schafft, seine Eignung für die Stelle auf einer Seite auf den Punkt zu bringen, dem wird leicht unterstellt, das Wichtige nicht vom Unwichtigen unterscheiden zu können. Doch wie schafft man es, das Anschreiben kurz und knapp zu halten? Dazu einige Tipps:

- Vermeiden Sie weitschweifige Formulierungen und Bürokratensprache.
- Lassen Sie weniger wichtige Details aus Ihrem Berufsleben im Anschreiben weg (sie gehören in den Lebenslauf).
- Stellen Sie Ihre derzeitige Tätigkeit nicht zu ausführlich dar.

Wichtig: Meistens wird das Anschreiben überfrachtet, weil der Bewerber die momentane Situation oder einzelne Stationen im Lebenslauf zu ausführlich darstellt. Belassen Sie es bei wenigen Kernaussagen zu Ihrer Eignung. Ziehen Sie lediglich das Fazit Ihrer Tätigkeiten – nämlich die Erfahrungen und Kenntnisse, die Sie daraus gewonnen haben. Den Rest erwähnen Sie im Lebenslauf – dort gibt es keine Platzbeschränkung, die Sie zwingend einhalten müssten.

Die elf häufigsten Fehler im Anschreiben

Elf Fehler, die Sie vermeiden sollten.

Fragt man Personalverantwortliche nach typischen Fehlern im Bewerbungsanschreiben, tauchen einige Antworten immer wieder auf:

- Fehler 1: das gleiche Anschreiben für alle Bewerbungen
- Fehler 2: vergessene Änderungen
- Fehler 3: Qualifikation im Anschreiben nicht genannt
- Fehler 4: übertriebene Selbstsicherheit
- Fehler 5: zu wenig Selbstbewusstsein
- Fehler 6: Ignorieren wichtiger Bedingungen

- Fehler 7: veraltete Höflichkeitsformeln (zu viel »hätte«, »würde«, »könnte«, »erlaube ich mir«, »darf ich« etc.)
- Fehler 8: Ich-ich-ich-Syndrom (= »Mich interessiert gar nicht, was Sie wollen«)
- Fehler 9: Überbetonung der momentanen Situation
- Fehler 10: Rechtschreib- und Grammatikfehler
- Fehler 11: fehlende Unterschriften

Formulieren Sie jede Bewerbung individuell.

Fehler 1: das gleiche Anschreiben für alle Bewerbungen
Für alle Bewerbungen das gleiche Anschreiben zu verwenden ist zwar die leichteste Variante der Bewerbung, aber zugleich diejenige, die am wenigsten Erfolg verspricht. Einfach Firmennamen und Anrede auszutauschen – damit ist es nicht getan. Zwar sieht der Empfänger nicht, dass Sie das gleiche Anschreiben auch noch an 20 andere potenzielle Arbeitgeber geschickt haben. Aber er kann sehr wohl einschätzen, ob Sie darin individuell auf die Stelle eingehen, die er anbietet. Bei Initiativbewerbungen ist ein solches Vorgehen erst recht nicht effektiv. Denn ein Empfänger, der gar keine Stelle ausgeschrieben hat, muss sich nicht mit Ihrer Bewerbung auseinandersetzen. Er kann sie genauso gut gleich wieder mit einer Absage zurückschicken bzw. löschen.

Tipp: Individuell bewerben!

Ideal sind Aussagen darüber, warum Sie sich ausgerechnet beim jeweiligen Empfänger bewerben.

Gehen Sie in jedem Anschreiben individuell auf die Stelle und den potenziellen Arbeitgeber ein, bei dem Sie sich bewerben.
Ein Personalentscheider langweilt sich nicht, wenn er in Ihrem Anschreiben etwas über seine Firma, Behörde oder Organisation liest. Im Gegenteil: Er sieht dann, dass Sie sich Gedanken gemacht haben und Ihre Bewerbungen nicht willkürlich an alle möglichen Empfänger schicken.

Beispiel
In der Anschrift steht »Mustermann AG, Herrn Otto Meier, Musterstr. 1, 12345 Musterstadt«. In der Anrede heißt es dann aber: »Sehr geehrter Herr Oberer«.

Fehler 2: vergessene Änderungen bei Computerbriefen

So wenig ratsam es ist, das gleiche Anschreiben für alle Bewerbungen zu verwenden – klar ist: Sie brauchen das Rad auch nicht jedes Mal neu zu erfinden. Der Computer ermöglicht es ohne Weiteres, Textbausteine zu erstellen und bei Bedarf zu verwenden. Bei Stellen, bei denen ein ähnliches Profil gefordert ist, können Sie auf vorformulierte Sätze zurückgreifen. Modeln Sie sie bei Bedarf einfach ein wenig um, damit sie genau zur ausgeschriebenen Stelle passen.

Tipp: Arbeiten Sie mit Markierungen!

Markieren Sie in der Vorlage, was geändert werden muss.

Erstellen Sie für jeden Brief ein neues Dokument. Kopieren Sie die einzelnen Bausteine aus einem alten Brief hinein und ändern Sie jeden einzelnen sofort nach dem Kopieren. Sie können auch eine Briefvorlage verwenden und anpassen. Dann sollten Sie aber alles, was auf jeden Fall geändert werden muss, rot markieren. Wenn Sie ein neues Anschreiben brauchen, dann speichern Sie in einem ersten Schritt die Vorlage unter einem neuen Dateinamen und ändern anschließend Schritt für Schritt alles, was rot markiert ist. Nach jeder Änderung wandeln Sie die rote Markierung in schwarze Standardschrift um.

Hüten Sie sich aber davor, einen vorhandenen Brief einfach zu ändern und zu überschreiben. Denn es passiert schnell, dass der Firmenname einer früheren Bewerbung irgendwo im Text stehen bleibt. Auch wenn sich Personalverantwortliche keine Illusionen machen und wissen, dass Sie sich noch anderswo bewerben: Eine solche Nachlässigkeit führt in aller Regel zu einer Absage.

Checkliste: Haben Sie alles Nötige geändert?

Prüfen Sie die folgenden Punkte in Ihrem Anschreiben besonders gründlich:

Name des potenziellen Arbeitgebers geändert?
- ☐ im Adressfeld?
- ☐ im Fließtext?

Adresse des potenziellen Arbeitgebers geändert?
- ☐ im Adressfeld?
- ☐ keine falschen Ortsangaben im Fließtext (z. B.: »Ein Umzug nach Hamburg wäre kein Problem«, wenn es um eine Stelle in München geht)?

Name des Ansprechpartners geändert?
- ☐ im Adressfeld?
- ☐ in der Anrede?
- ☐ ggf. im Fließtext?
- ☐ Datum aktualisiert?
- ☐ Stellenbezeichnung korrekt?

Die eigenen Qualifikationen belegen

Fehler 3: Qualifikation im Anschreiben nicht genannt
Ich interessiere mich für die Stelle und glaube, dass ich dafür geeignet bin. Immerhin glaubt der Bewerber selbst an seine Eignung. Aber wo bleiben die Beweise? Für den Personalentscheider unerlässlich ist die Auskunft, warum der Bewerber sich für qualifiziert hält. Es reicht nicht, wenn er im Anschreiben nur Interesse an der Stelle bekundet. Zählen Sie Ihre Eigenschaften, Kenntnisse und Fähigkeiten auf, die zur ausgeschriebenen Stelle passen. Den Beleg für diese Qualifikationen wird der Personalverantwortliche zunächst im Lebenslauf suchen. Ideal ist es natürlich, wenn Sie schon im Anschreiben darauf eingehen – also beispielsweise die Tätigkeit beschreiben, in der Sie Ihre Kompetenzen erworben haben.

Fehler 4: übertriebene Selbstsicherheit

Eigenlob stinkt!

Übertriebene Selbstsicherheit kommt bei den wenigsten Personalverantwortlichen gut an. Dabei gibt es zwei Hauptfehler:

- unbewiesene oder unplausible Behauptungen
- Eigenlob

Bei routinierten Personalentscheidern sind unbewiesene oder unplausible Behauptungen besonders unbeliebt. Sofort drängt sich der Eindruck auf: »Große Klappe, nichts dahinter.« Frisch von der Ausbildung oder Universität zu kommen und zu behaupten, Führungserfahrung zu besitzen, weckt das Misstrauen eines Personalentscheiders. Wann soll ein solcher Bewerber jemals eine Führungsposition innegehabt haben? Führt ein Bewerber aber an, dass er jahrelang als Trainingsleiter in einem Sportverein tätig war, nimmt man ihm seine Behauptung ab.

Tipp: Selbstbewusstsein zeigen, aber keine Überheblichkeit!

Selbstsichere Eigendarstellung ohne Arroganz und Überheblichkeit

Zugegeben – es ist nicht ganz einfach, die Grenze zwischen selbstbewusstem Auftreten und übertriebener Selbstsicherheit zu finden. Selbstbewusstsein ist ein Muss, übertriebenes Selbstbewusstsein ein Ausschlusskriterium. Stehen Sie zu Ihren Qualifikationen. Aber behaupten Sie nichts, was Sie nicht belegen können, z. B. durch frühere Tätigkeiten, Ausbildungsnachweise oder Hobbys. Achten Sie auf Schlüssigkeit.

Unangebracht ist auch Eigenlob, also eine positive Kommentierung der eigenen Fähigkeiten. Wer Personal auswählt, empfindet das als Bevormundung. Schließlich ist es seine Aufgabe, die Qualifikation eines Bewerbers zu bewerten.

Konzentrieren Sie sich auf Ihre Stärken – und nicht auf die Schwächen.

Fehler 5: zu wenig Selbstbewusstsein
So schädlich übertriebenes Selbstbewusstsein ist – es ist immer noch besser als gar keines. Wer sich bewirbt, muss sich selbstbewusst geben. Erst mit Selbstvertrauen kann er einen potenziellen Arbeitgeber von seiner Eignung überzeugen. Die Erfahrung zeigt, dass die meisten Bewerber sich ihrer Schwächen viel mehr bewusst sind als ihrer Stärken. Das gilt besonders für Arbeitslose.

Tipp: Vergessen Sie Ihre Stärken nicht!

Kopf hoch! Sie haben Qualifikationen, von denen andere nur träumen können. Machen Sie sich klar, was Sie können und was Sie gern tun. Lassen Sie sich das von Freunden und Familienmitgliedern bestätigen. Betrachten Sie Ihre Stärken nicht als selbstverständlich, sondern erwähnen Sie sie explizit im Anschreiben. Auch Ihre »weichen« Eigenschaften – also diejenigen, die außerhalb von Ausbildung und erworbenen Kenntnissen liegen, sollten Sie nicht unterbewerten, sondern in der Bewerbung hervorheben. So z. B. Teamfähigkeit, Einfühlungsvermögen, Führungsqualitäten, kommunikatives Geschick oder ein gutes Gespür für Kunden und ihre Wünsche.

Auf Vorgaben im Stellenangebot sollten Sie explizit eingehen.

Fehler 6: Ignorieren wichtiger Bedingungen

Als Bewerber können Sie sich viel Mühe sparen, wenn Sie die Stellenanzeige genau studieren. Denn oft sind Bedingungen genannt, die Ihnen selbst nebensächlich scheinen, die für den potenziellen Arbeitgeber aber von zentraler Bedeutung sind. Zwei Beispiele:

- »Unser Betrieb liegt in Böblingen. Sie sollten für die Anfahrt nicht länger als 30 Minuten brauchen.«
- »Die Stelle ist wegen Mutterschaftsvertretung zum 1. Juli zu besetzen.«

Es ist ein Fehler, auf solche scheinbar unwichtigen Bedingungen im Anschreiben nicht einzugehen. Nehmen wir den ersten Fall: Der Arbeitgeber sucht einen Industriemechaniker, der sich im Störfall um die Reparatur von Maschinen kümmert. Hat dieser Mann eine lange Anfahrtszeit, dann stehen die Maschinen und Anlagen (auch die in der Produktion nachgelagerten) unnötig lange still. Das verursacht hohe Kosten. Für eine Bewerbung heißt das: Wohnt der Bewerber nicht in der Nähe des Betriebs, kommt er nicht infrage, selbst wenn sein Profil noch so gut zur angebotenen Stelle passt.

Das Gleiche gilt im zweiten oben genannten Fall, wenn eine Bewerberin – zum Beispiel wegen der Kündigungsfrist ihrer bisherigen Arbeitsstelle – die neue Stelle nicht zum genannten Termin antreten kann.

Tipp: Auf wichtige Bedingungen eingehen!

Gehen Sie schon im Anschreiben auf wichtige Bedingungen der Stellenausschreibung ein, z. B. mit den Sätzen:
Ein Umzug nach Böblingen ist für mich möglich.
Ich kann ab dem 1. Juli 2015 die Stelle antreten.
Erfüllen Sie die geforderten Kriterien nicht, dann sollten Sie sich vorher erkundigen, ob Ihre Bewerbung überhaupt sinnvoll ist.

Prüfen Sie, ob Ihre Konjunktivformulierungen nötig sind. Sätze im Indikativ klingen direkter, selbstbewusster und weniger verzagt.

Fehler 7: veraltete Höflichkeitsformeln

Heute nicht mehr üblich ist ein übertrieben bescheidenes, demütiges Auftreten. Gerade die Wörter »hätte«, »würde«, »dürfte« oder »könnte« sind zu veralteten Höflichkeitsfloskeln erstarrt. Wer sie im Anschreiben zu häufig benutzt,

- wirkt unterwürfig (eine Eigenschaft, die sich z. B. mit Verantwortungsbewusstsein und Führungsstärke beißt),
- dokumentiert kein allzu großes Vertrauen in den eigenen Auftritt und die eigenen Fähigkeiten,
- wird leicht als antiquiert und unmodern wahrgenommen.

Einige Beispiele, wie Sie Konjunktivsätze umformulieren:

Griffig formulieren: besser ohne Konjunktiv

Nicht	Sondern
In diesem Bereich würde ich gern arbeiten.	Dieser Bereich passt genau zu meinen Qualifikationen.
An der von Ihnen ausgeschriebenen Stelle hätte ich großes Interesse.	Die Stelle, die Sie anbieten, interessiert mich.
Deshalb würde ich mich gern bewerben.	Deshalb erhalten Sie meine Bewerbung. *oder:* Deshalb bewerbe ich mich bei Ihnen.
Ich glaube, dass ich für diese Stelle der geeignete Kandidat wäre.	Für diese Stelle bin ich der geeignete Kandidat. Warum ich das behaupte? Weil ...
Ich könnte die Stelle zum ... antreten.	Mein frühestmöglicher Eintrittstermin ist der ...
Hiermit erlaube ich mir, meine Gehaltsvorstellungen anzugeben:	Meine Gehaltsvorstellungen liegen bei ... Euro pro Jahr *oder:* Bisher verdiene ich ... Euro pro Jahr. Ich rechne mit einer Verbesserung.
Ich würde mich freuen, wenn Sie mich zu einem Vorstellungsgespräch einladen würden.	Ich freue mich, wenn Sie mich zu einem Vorstellungsgespräch einladen *oder:* Auf ein persönliches Gespräch mit Ihnen freue ich mich.

Ihr Anschreiben wirkt überzeugender, wenn Sie die Perspektive wechseln.

Fehler 8: Ich-ich-ich-Syndrom

In Ihrer Bewerbung stehen Ihre Person und Ihre Fähigkeiten im Mittelpunkt. Das ist klar. Vermeiden Sie es dennoch, nur von sich selbst zu reden. Denn das wirkt sehr ichbezogen. Sie vermitteln damit den Eindruck, sich gar nicht für das zu interessieren, was dem potenziellen Arbeitgeber wichtig ist. Besser ist es, immer wieder auf dessen Wünsche einzugehen. Denn nicht Ihre Sichtweise ist entscheidend, sondern die Wünsche und Anforderungen Ihres potenziellen Arbeitgebers. Flechten Sie immer wieder ein, dass Sie sich damit beschäftigt haben und sie auch erfüllen können. Das zeigt, dass Sie sich in seine Lage hineinversetzen können und erfasst haben, was er braucht. Einige Beispiele:

Sichtweise des Bewerbers – nicht allzu oft anwenden –	**Sichtweise des Empfängers – häufiger einstreuen –**
Ich interessiere mich für Ihr Stellenangebot.	Ihr Anforderungsprofil passt in vielen Punkten zu meinen Qualifikationen.
Ich möchte gern in diesem Bereich arbeiten.	Sie schreiben, dass diese Arbeit anspruchsvoll ist. Dieser Herausforderung stelle ich mich gern.
Ich bin ... Ich kann ...	»Sie suchen ... – ich biete ...«
Diese Aufgabe reizt mich.	Überzeugen Sie sich selbst, dass ich dieser Aufgabe gewachsen bin: ...

Es zählt nicht nur das, was Sie aktuell tun.

Fehler 9: Überbetonung der momentanen Situation

Eine ideale Bewerbung spiegelt das wider, was ein Bewerber für eine bestimmte Stelle zu bieten hat. Das Hauptproblem besteht darin, die Spreu vom Weizen zu trennen. Die »Spreu« ist in vielen Fällen die momentane Situation des Bewerbers. Der »Weizen«, das sind die Fähigkeiten, die er mitbringt – das ist es, was eigentlich von Belang ist. Viele Bewerber machen den Fehler, die momentane Situation überzubetonen und dabei Qualifikationen zu vernachlässigen, die sie früher erworben haben und die im Hinblick auf die angestrebte Stelle genauso wichtig oder sogar noch wichtiger sind.

Beispiel

Thorsten Raabe will sich als Mitarbeiter in der Einkaufsabteilung eines Industrieunternehmens bewerben. Aktuell arbeitet er im technischen Vertrieb. In seinem Bewerbungsbrief beschreibt er ausführlichst,

- was seine aktuellen Aufgaben sind,
- an welchen Lehrgängen er dafür teilgenommen hat,
- wie gut er mit den Kunden zurechtkommt,
- für welche Kunden er zuständig ist.

Viel besser wäre es, er führte (gleichberechtigt) alle Fakten aus seinem Leben auf, die ihn für die ausgeschriebene Stelle besonders qualifizieren. Das sind, wie sich mit Blick auf seinen Lebenslauf herausstellt, eine ganze Menge:

- Er hat den größten Teil seiner Ausbildung im Einkauf absolviert.
- Er kann verhandeln (nicht nur mit Kunden, sondern auch mit Lieferanten).
- Er hat sich während seines Bachelor-Studiums mit Beschaffungslogistik befasst.

Beispiel Fehler 9: Überbetonung der momentanen Situation

(Absenderadresse)

Kreiskrankenhaus Bad Marienfeld
Herrn Berthold Müller
Kastanienallee 120
98765 Bad Marienfeld

Datum

Bewerbung um eine Stelle als Krankenpflegerin

Sehr geehrter Herr Müller,
...

als gelernte Krankenschwester arbeite ich seit meinem beruflichen Wiedereinstieg in Teilzeit in einem örtlichen Supermarkt. Dort bin ich zuständig für das Einräumen der Regale, die Arbeit als Kassiererin und das gelegentliche Aushelfen an der Käse- und Wursttheke. Meine Chefs und Kollegen schätzen mich als sehr zuverlässig und hilfsbereit. Gern übernehme ich auch die Spätschichten nach 20 Uhr, die unter den Kollegen weniger beliebt sind. Ich bin stets freundlich zu den Kunden und berate sie gern.

In den letzten Jahren besuchte ich mehrere Kassiererinnenschulungen, nahm an einer Weiterbildung zu den Unfallverhütungsvorschriften der Berufsgenossenschaft teil und erhielt eine Einarbeitung als Aushilfe an der Bedientheke. Doch habe ich mich insgeheim immer nach meiner früheren Tätigkeit als Krankenschwester zurückgesehnt und sehe Ihr Stellenangebot daher als Chance, diesen Traum zu verwirklichen.
...

Die Bewerberin hat einige Jahre ihre schwerkranke Mutter gepflegt – das sollte sie hier schreiben.

Diese Tätigkeiten haben nichts mit der angestrebten Stelle zu tun.

Die Bereitschaft zu Spät- und Nachtschichten ist für ein Krankenhaus interessant und sollte stärker betont werden.

Diese Schulungen sind für eine Krankenschwester irrelevant. Wichtiger wären hier z. B. das Ehrenamt im Besuchsdienst der Kirchengemeinde und die Arbeit als Sanitäterin beim Roten Kreuz. Das würde die Qualifikationen für die Stelle betonen.

Beispiel Fehler 9 korrigiert

(Absenderadresse)

Kreiskrankenhaus Bad Marienfeld
Herrn Berthold Müller
Kastanienallee 120
98765 Bad Marienfeld

Datum

Bewerbung um eine Stelle als Krankenpflegerin

Sehr geehrter Herr Müller,

...

Auf den ersten Blick mag es scheinen, als sei meine Tätigkeit als Krankenschwester lange her. Aktuell arbeite ich in einem Supermarkt – das hat zugegeben wenig zu meinen pflegerischen Kenntnissen beigetragen. Sie müssen aber wissen: Während meiner beruflichen Auszeit von ... bis ... habe ich meine schwerkranke, altersschwache Mutter bis zu ihrem Tod zu Hause gepflegt. Als gelernte Fachkrankenschwester für Intensivpflege und Anästhesie habe ich mich dabei in ein für mich recht neues Gebiet eingearbeitet: die Geriatrie. Durch Weiterbildungen am örtlichen Seniorenheim konnte ich mir dabei gute Kenntnisse im Bereich der Langzeitpflege aneignen.

Da es schon lange mein Traum ist, wieder in die Krankenpflege zu wechseln, kommt Ihr Stellenangebot genau richtig. Gerade für den ausgeschriebenen Bereich der Neurologie fühle ich mich ausreichend qualifiziert. Sie müssen wissen: Meine Mutter wurde aufgrund einer Hirnblutung pflegebedürftig – da habe ich mir viel Wissen und auch einige Erfahrung angeeignet.

Übrigens weiß ich aus meiner Arbeit im Supermarkt auch: Ich bin zeitlich flexibel und ermüde nicht leicht. Meine Kolleginnen haben es stets geschätzt, wenn ich ihnen die unbeliebte Spätschicht bis 22 Uhr abgenommen habe. Gern können Sie mich auch im Krankenhaus zeitlich flexibel einsetzen. Gegen Nachtschichten habe ich nichts einzuwenden, da ich ohnehin wenig Schlaf brauche.

...

Die Pflege der Mutter ist ein Beleg dafür, dass die Bewerberin ihre Qualifikationen nicht etwa vergessen, sondern sogar ausgebaut hat.

Gut gelungen ist der Brückenschlag zur ausgeschriebenen Stelle: die Kenntnisse in der Neurologie.

Hier ist der Bezug zur aktuellen Arbeit sinnvoll. Denn die Besetzung der Spät- bzw. Nachtschichten ist für jedes Krankenhaus wichtig.

Ziehen Sie das Fazit aus Ihrem gesamten bisherigen Werdegang.

Tipp: Berücksichtigen Sie alle Stationen, die wichtig sind!

Betrachten Sie Ihr gesamtes Leben: Welche Ausbildungs- und Berufsstationen haben Sie schon durchlaufen? Was haben Sie schon erlebt? Gehen Sie gedanklich ein paar Jahre zurück: Was war das Wesentliche bei früheren Stationen im Hinblick auf die gewünschten Qualifikationen? Wie lassen sie sich zusammenfassen? Genau diese Betrachtungsweise müssen Sie auch auf Ihre gegenwärtige Situation anwenden. Wenn Sie fähig sind, sie genauso kurz zusammenzufassen wie alle bisherigen Stationen in Ihrem Leben, dann liegen Sie mit der Gewichtung richtig.

Fehler 10: Rechtschreib- und Grammatikfehler

Sie meinen, Ihr Anschreiben sei versandfertig? Dann darf es keinen Rechtschreib- oder Grammatikfehler enthalten. Denn gerade diese formalen Fehler sind vielen Personalverantwortlichen ein Dorn im Auge.

Vier Augen sehen mehr als zwei: Bitten Sie eine weitere Person, Ihre Bewerbung gegenzulesen.

Tipp: Ausdrucken und Korrektur lesen (lassen)!

Drucken Sie Ihr Anschreiben aus, und lesen Sie es auf Papier noch einmal durch. Bitten Sie auch eine weitere Person, es mit einem Rotstift zu korrigieren, und übertragen Sie die Korrekturen sorgfältig. Bei der Bewerbung im praktischen Bereich sind Rechtschreibfehler nicht unbedingt ein K.-o.-Kriterium, im kaufmännischen Bereich dagegen schon. Denn hiermit demonstrieren Sie, dass Sie im Schriftverkehr nicht die nötige Sorgfalt walten lassen. Besonders schlimm: falsche Schreibweise der Firma, Organisation oder Behörde, bei der Sie sich bewerben, oder des Ansprechpartners, zu dessen Händen Sie Ihre Bewerbung geschickt haben.

Unterschrift auf Anschreiben und Lebenslauf nicht vergessen!

Fehler 11: fehlende Unterschriften
Anschreiben mit fehlender Unterschrift kommen häufiger vor, als man denkt. Sie zeugen zumindest von Nachlässigkeit. Manche Personalverantwortliche ziehen aus dem Fehlen der Unterschrift sogar den Schluss, dass ein Bewerber nicht zu dem steht, was er geschrieben hat.

Tipp: Vor dem Abschicken prüfen!

Bevor Sie die Bewerbung absenden, prüfen Sie sie noch einmal sorgfältig. Nicht nur das Anschreiben, sondern auch der Lebenslauf muss unterschrieben sein, am besten mit blauer Tinte. Auch bei einer E-Mail-Bewerbung darf die Unterschrift nicht fehlen. Hierzu verwenden Sie am besten einen Unterschriftenscan.

Muster Anschreiben »Assistentin des Geschäftsführers«

Angelika Plessar
Am Fuchsgrund 11
06246 Delitzsch
Tel.: 0351 111222333
E-Mail: a.plessar@webprovider.de

Ravensteiner Handelsgesellschaft mbH
Frau Elsbeth Wurzer
Pirnaer Str. 95
01235 Dresden

29.01.2015

Bewerbung als Assistentin des Geschäftsführers
Ihr Onlinestellenangebot auf www.stepstone.de

Sehr geehrte Frau Wurzer,

die Tätigkeiten, die Sie in Ihrem Stellenangebot beschreiben, entsprechen genau meiner Ausbildung und Erfahrung. Speziell weil Sie Handelsbeziehungen nach Osteuropa unterhalten, denke ich, dass meine Qualifikationen für Sie interessant sind.

Ich bin 49 Jahre alt und habe im Bereich Assistenz und Sekretariat jahrelange Erfahrung. Meine Ausbildung zur Facharbeiterin für Schreibtechnik absolvierte ich noch zu DDR-Zeiten. Danach war ich bei verschiedenen Industrieunternehmen als Sekretärin im Export tätig. Zuletzt war ich Exportsachbearbeiterin bei der Cowatco KG, einer Maschinenbaufirma in der Region Leipzig/Halle. Aufgrund einer Standortverlagerung fiel mein Arbeitsplatz zum 31.07.2014 weg. Nach einer viermonatigen Auszeit, in der ich Vietnam bereiste, suche ich aktiv eine neue berufliche Aufgabe. Parallel habe ich meine Computerkenntnisse aufgefrischt und erweitert.

Warum Sie mich als Assistentin des Geschäftsführers einstellen sollten? Weil meine Stärken in der Organisation und Kommunikation liegen. Ich beherrsche die russische Sprache fließend in Wort und Schrift und bringe zudem gute Polnischkenntnisse mit. Auch in turbulenten Zeiten bewahre ich den Blick fürs Wesentliche.

Ich könnte Ihnen sofort zur Verfügung stehen. An der Assistentinnenstelle bin ich besonders interessiert. Sollten Sie aber einen anderen Einsatzbereich für mich haben, dann komme ich auch dafür gern zu einem Gespräch!

Freundliche Grüße aus Delitzsch

Angelika Plessar

Muster Anschreiben »Juniorproduktmanager«

Carsten Bergach
Eichenweg 23
59423 Unna
Tel.: 02303 123456
E-Mail: carsten.bergach@net-online.de

BUSSO Business Software Solutions AG
Herrn Joachim Schulze-Althoff
Kanalweg 47
44149 Dortmund

Unna, 3.11.2015

Ihr Stellenangebot vom 25.10.2015
Bewerbung als Juniorproduktmanager

Sehr geehrter Herr Schulze-Althoff,

Ihr Stellenangebot vom 25.10.2015 auf der Internetplattform www.waz-jobs.de interessiert mich sehr. Sie beschreiben darin einen Arbeitsbereich, mit dem ich im Rahmen meiner Masterarbeit schon intensiv in Berührung gekommen bin. Aus diesem Grund bewerbe ich mich um die Position eines Juniorproduktmanagers in Ihrem Unternehmen.

Sie suchen einen Mitarbeiter, der bei Softwaredesign und -programmierung ein Gespür für die jeweilige Zielgruppe hat. Zugleich muss er wissen, welche Wünsche technisch realisierbar sind und welche nicht. Diese Anforderungen erfülle ich. Ich bin 26 Jahre alt und habe gerade mein Studium der Wirtschaftsinformatik abgeschlossen. In meiner Bachelorarbeit habe ich mich mit der Schnittstelle von Softwaredesign und Vermarktung beschäftigt. Dabei ging es um spezialisierte Kassensoftware im Getränke-Einzelhandel.

Während eines Praktikums habe ich erste berufliche Erfahrungen in einem IT-Unternehmen gesammelt.

Habe ich Ihr Interesse geweckt? Dann rufen Sie mich an, um einen Termin für ein Vorstellungsgespräch zu vereinbaren!

Mit freundlichem Gruß aus Unna

Carsten Bergach

Muster Anschreiben »Verkäuferin im Einzelhandel«

Jana Föhr
Schauinslandweg 18
79256 Buchenbach
E-Mail: j.foehr@fr.web.net

Betten-Gratwohl
Frau Regina Gratwohl
Kirchzartener Talweg 14
79104 Freiburg im Breisgau

19.2.2015

Bewerbung als Verkäuferin im Einzelhandel
Ihr Stellenangebot auf www.meinestadt.de

Sehr geehrte Frau Gratwohl,

danke für das freundliche und informative Telefonat gestern! Hier kommt wie angekündigt meine Bewerbung. Gern möchte ich in Ihrem Freiburger Geschäft als Verkäuferin arbeiten.

Ich bin 26 Jahre alt und gelernte Kauffrau im Einzelhandel. Meine Ausbildung habe ich im ABC-Kaufhaus in Freiburg absolviert, bei dem ich anschließend noch sieben Jahre arbeitete, v. a. im Bereich der Damenoberbekleidung.

Was mich auszeichnet? Ein freundlicher, kompetenter Umgang mit Menschen. Auch (fast) alle anspruchsvollen, schwierigen Kunden sind mit meiner Beratung zufrieden. Stilsicher bin ich nicht nur in Sachen Bekleidung, sondern auch im Bereich Heimtextilien – zu Hause dekoriere ich mit viel Freude immer wieder um. Erfahrungen im Bedienen von Kassensystemen, POS- und Retail-Software bringe ich auch mit. Bisher waren das Systeme von SAP, aber auch in andere Systeme und Programme arbeite ich mich sicher schnell ein.

Sie fragen nach Führungsverantwortung, weil in ein, zwei Jahren bei Ihnen die Stelle einer Teamleitung vakant sein wird. Ich kann mir diese Aufgabe gut vorstellen! Zwar habe ich darin noch keine berufliche Erfahrung, aber ich bin Jugendleiterin in einem Musikverein. Die dort gewonnenen Fähigkeiten werden mir sicher bei der Bewältigung der Aufgaben einer Führungskraft weiterhelfen.

Habe ich Ihr Interesse geweckt? Dann freue ich mich über eine Einladung zum Vorstellungsgespräch – gern per E-Mail (j.foehr@fr.web.net) oder Telefon (0171 234567890).

Mit freundlichen Grüßen

Jana Föhr

Muster Anschreiben »Sachbearbeiterin Logistik«

Sylvia Bredow
Industriestr. 1
17036 Neubrandenburg
Tel.: 0395 55667788
bredow.sylvia@webnet.com

FCF-Folien GmbH
Personalabteilung
Darßstr. 22
18119 Rostock

5. Februar 2015

Bewerbung als Sachbearbeiterin, Website-Ausschreibung

Sehr geehrte Damen, sehr geehrte Herren,

auf Ihrer Website suchen Sie eine Sachbearbeiterin für den Bereich Versand und Logistik. Das ist genau der Bereich, der mir während meiner Ausbildung am besten gelegen hat. Hiermit bewerbe ich mich um diese Stelle.

Ich bin 20 Jahre alt und habe 2014 meine Ausbildung zur Industriekauffrau bei Weinmann Stanz- und Umformtechnik GmbH abgeschlossen. In der Abwicklung des Warenein- und -ausgangs lag der Schwerpunkt meiner Tätigkeit. Diese Aufgabe reizt mich auch weiterhin. In Ihrem Unternehmen, das international tätig ist, sehe ich die Chance, meine Kenntnisse zu vertiefen und zu Ihrem Vorteil anzuwenden.

Das kann ich Ihnen bieten: Ich bin gewissenhaft und effizient – gerade bei der Erstellung von Frachtpapieren und der Überwachung ausgehender Sendungen. Ich arbeite gern im Team, packe schwierige Aufgaben aber auch ohne Weiteres allein an. Wenn es – was im Versand ja häufiger passiert – zu Lieferverzögerungen und Transportpannen kommt, bin ich stark in der Organisation: Notfallpläne erstellen, Ersatz finden, wenn ein Spediteur ausfällt – all das sind Aufgaben, die ich auch schon früher gelöst habe.

Sie möchten Referenzen haben? Dann rufen Sie Herrn Friedrich Belzer von der Firma Weinmann in Neubrandenburg an (Tel.: 0395 443322-11). Er gibt Ihnen gern Auskunft über meine Ausbil-dungszeit. Selbstverständlich weiß ich, dass auch damit noch nicht all Ihre Fragen beantwortet sind. Deshalb stehe ich Ihnen gern für ein persönliches Gespräch zur Verfügung. Ich freue mich auf Ihre Antwort.

Mit freundlichen Grüßen

Sylvia Bredow

Muster Anschreiben »Bürokraft (abgebrochene Ausbildung)«

Ingeborg von Lauffe
Neue Kölner Str. 3
51465 Bergisch Gladbach
Tel.: 02202 122333
E-Mail: VonLauffe@cologneweb.de

Rechtsanwälte
Lisbeth Rainer und Dr. Paul Ugaroff
Lindenallee 15
90429 Nürnberg

Bergisch Gladbach, 9. Februar 2015

Bewerbung als Teilzeit-Allround-Bürokraft

Sehr geehrte Frau Rainer, sehr geehrter Herr Dr. Ugaroff,

auf Ihrer Firmenwebsite stieß ich auf Ihre Stellenanzeige. Die darin beschriebenen Aufgaben reizen mich sehr, daher bewerbe ich mich als Allround-Bürokraft in Ihrer Kanzlei.

Sie suchen jemanden, der mit lebhaftem Kundenbetrieb umgehen kann? Ich habe Freude am Umgang mit Menschen und verfüge über eine hohe Kommunikationsfähigkeit.
Sie brauchen eine Kraft, die Büroarbeiten zuverlässig und schnell erledigt? Ich bin gewissenhaft und arbeite – auch am Computer – effizient! Sie erwarten jemanden, der nach Diktat oder Stichworten fehlerfrei schreibt? Ich beherrsche die deutsche Sprache sehr gut (schon zu Schulzeiten war ich als „Duden-Ersatz" gefragt). Sie brauchen jemanden mit Stressresistenz? Mit Stress kann ich umgehen. Schließlich verbinde ich die Berufstätigkeit mit meiner Aufgabe als alleinerziehende Mutter meiner mittlerweile 7-jährigen Tochter (Versorgung ist sichergestellt).

Meine Gehaltsvorstellungen liegen bei ... brutto/Monat. Da ich mich aktuell in einer beruflichen Veränderungssituation befinde, könnte ich auch kurzfristig bei Ihnen anfangen.

Interessiert? Dann lassen Sie uns den Termin für ein Vorstellungsgespräch vereinbaren.

Aus dem Bergischen Land grüßt Sie freundlich

Ingeborg von Lauffe

Muster Anschreiben »Vermögensberater«

Jürgen Wiehlert
Universitätsstr. 11, 40215 Düsseldorf, Tel.: 0211 11223344,
E-Mail: wiehlert@netwebservices.de

InvestBankCenter
Personalabteilung
Bilker Str. 110
40213 Düsseldorf

7.3.2015

Bewerbung als Vermögensberater
Ihre Onlineanzeige im Karriereportal der Rheinischen Post

Sehr geehrte Damen, sehr geehrte Herren,

anbei erhalten Sie meine Bewerbung, weil die beschriebene Tätigkeit als Vermögensberater für mich nach einer Herausforderung klingt.

Ich bin 32 Jahre alt, Bankkaufmann und seit knapp vier Jahren als Anlageberater tätig. Bisher habe ich vor allem Anlagestrategien für Privatkunden entwickelt. Dank fundierter Bankausbildung und Berufserfahrung bin ich fit, was Aktien, Rentenpapiere, Fonds, Derivate und (Aktien-, Renten- oder Options-)Anleihen betrifft. Inzwischen ist mir das Erarbeiten von Standardlösungen für ein breiteres Publikum zur Routine geworden; insofern suche ich nach einer neuen Herausforderung.

Meine spezifischen Kenntnisse des Kapitalmarkts möchte ich nun bei der individuellen Betreuung vermögender Privatkunden einsetzen. Ihr Schwerpunkt ist die persönliche – und gute! – Beratung, genau dort fühle auch ich mich zu Hause. Wenn Sie einen Berater suchen, der ein Gespür für die Wünsche der Kunden hat, dann bin ich der Richtige für Sie. Komplizierte Sachverhalte kann ich verständlich erklären, darüber hinaus habe ich ein „Händchen" bei der Akquise von Neukunden und beim Ausbau vorhandener Kundenbeziehungen.

Mein Gehaltswunsch liegt bei … € pro Jahr. Sie wollen mehr über mich erfahren? Dann laden Sie mich zu einem Gespräch ein. Ich freue mich darauf!

Freundliche Grüße

Jürgen Wiehlert

Muster Anschreiben »Kundendienst-Techniker«

Peter Raat
Elektrotechnikermeister
Buchenweg 2, 38723 Seesen, Tel.: 05381 44332211, E-Mail: p.raat@netline.de

Fixa Hausgeräte GmbH
Frau Sabine Lothgeber
Pillauer Landstr. 34
10245 Berlin

Seesen, 10.01.2015

Bewerbung als Kundendienst-Techniker für den Raum Hannover

Sehr geehrte Frau Lothgeber,

auf www.haz-job.de habe ich Ihre Stellenanzeige vom 8. Januar gelesen und sofort Lust bekommen, als Kundendienst-Techniker für den Raum Hannover bei Ihrer Firma zu arbeiten. Deshalb schicke ich Ihnen meine Bewerbung auf die offene Stelle.

Ich bin 47 Jahre alt und Elektrotechnikermeister. Bis vor Kurzem war ich als Handwerker selbstständig – was nun nicht mehr möglich ist, weil sich meine Frau aus gesundheitlichen Gründen nicht mehr um das Büro kümmern kann. Wie Sie sich sicher vorstellen können, ist mir der Servicegedanke nicht fremd. Jahrelang war er die Grundlage meiner Existenz. Speziell Einbau, Reparatur und Wartung von Haushaltsgeräten sind mein Metier.

Den Schritt von der Selbstständigkeit zurück in eine Anstellung habe ich mir gut überlegt. Ich will für ein Unternehmen tätig sein, dessen Produkte höchste Ansprüche erfüllen. Fixa-Geräte werden diesen Anforderungen gerecht – das weiß ich aus meiner jahrelangen Praxis.

Wenn Sie einen Mitarbeiter suchen, der kontaktfreudig und einsatzbereit ist, für den kundengerechtes Verhalten kein Fremdwort ist und der Überstunden oder Bereitschaftsdienste nicht scheut, dann habe ich Ihnen einiges zu bieten. Selbstverständlich verfüge ich über einen Führerschein der Klasse 3. Mein Gehaltswunsch beträgt … € im Jahr. Ich könnte kurzfristig, am 1. Februar 2015, bei Ihnen anfangen.

Darf ich mich bei Ihnen persönlich vorstellen?

Peter Raat

Muster Anschreiben »Abteilungssekretärin«

Lea Steiner
Bergstr. 15, 90610 Nürnberg, Tel.: 0911 223344
E-Mail: leasteiner@webnet.de

Max-Planck-Institut
für Physikalische Chemie
Herrn Prof. Dr. Justus Steinbrech
Alter Treidelweg 15
90765 Fürth

Nürnberg, 21.01.2015

Bewerbung als Abteilungssekretärin

Sehr geehrter Herr Professor Steinbrech,

auf www.haz-job.de habe ich Ihr Stellenangebot vom 8. Januar gelesen. Als 30-jährige, ungekündigte Teamsekretärin in einem mittelständischen Betrieb suche ich die Chance auf eine verantwortungsvolle Position. Daher bewerbe ich mich bei Ihnen.

Sie brauchen jemanden, der
1. speziell für die Organisation und Administration in Ihrer Abteilung sorgt,
2. den Schriftverkehr und sonstige Aufgaben pünktlich und zuverlässig erledigt und
3. wissenschaftliche Manuskripte und Abbildungen am Rechner bearbeiten kann.

Ad 1: Organisation und Administration habe ich im Griff. Diese Fähigkeiten braucht man als Sekretärin ständig. Ich habe auch ein Faible für Ordnung und für ein tadelloses Büro, wo man sofort findet, was man sucht.
Ad 2: Der Schriftverkehr ist für mich kein Problem; Englisch beherrsche ich fließend – nicht nur mündlich, sondern auch schriftlich.
Ad 3: Selbstverständlich kann ich mit den gängigen Office- und Internetanwendungen umgehen. Digitale Bildbearbeitung habe ich noch nie gemacht, aber ich sehe kein Hindernis darin, mich einzuarbeiten.

Wenn Sie darüber hinaus Wert auf Freundlichkeit legen, dann passen wir sehr gut zusammen. Ich freue mich, wenn Sie mich zu einem Vorstellungsgespräch einladen, und verbleibe mit freundlichem Gruß

Lea Steiner

Muster Anschreiben »Erzieherin«

Maike Renningsen
Obere Beeke 25
26130 Oldenburg
Tel.: 0441 223334444

Gemeindeverwaltung Wiesmoor
Referat Personal
Frau Neele Claaß
Gärtnereiweg 8
26639 Wiesmoor

Oldenburg, 9. Mai 2015

Bewerbung als Erzieherin im kommunalen Kindergarten Wiesmoor

Sehr geehrte Frau Claaß,

im Stellenportal der „Nordwest-Zeitung" wurde ich auf Ihre Stellenausschreibung aufmerksam. Sie suchen eine Erzieherin für die zweite Gruppe des kommunalen Kindergartens. Diese Tätigkeit sagt mir sehr zu, deshalb bewerbe ich mich hiermit darauf.

Zu meiner Person: Ich bin 23 Jahre alt und von Beruf Erzieherin. Seit fast drei Jahren leite ich die dritte Gruppe des städtischen Kindergartens in Delmenhorst.

Dass ich als Erzieherin gut mit Kindern zurechtkomme, ist selbstverständlich. Darüber hinaus bin ich kreativ und einfallsreich. Gerade bei anstehenden Festen, an Weihnachten und Ostern, zu Kindergeburtstagen und Gemeindefesten, habe ich immer Ideen, mit welchen Aktionen man die Kinder zum Mitmachen motivieren kann. Außerdem bin ich praktisch veranlagt: Mit kleineren Katastrophen (Verletzungen, Streitereien zwischen den Kindern etc.), wie sie im Kindergartenalltag eben hin und wieder vorkommen, kann ich gut umgehen. Meist finde ich schnell eine Lösung, sodass es nicht zur großen Katastrophe kommt.

Ich könnte kurzfristig ab dem 1. Juni bei Ihnen anfangen, denn mein derzeitiger Arbeitsvertrag läuft aufgrund einer Befristung diesen Monat aus. Sie wollen mich kennenlernen? Dann freue ich mich, wenn Sie mich zum Vorstellungsgespräch einladen. Ich bin telefonisch unter der Rufnummer: 0441 223334444 (AB) erreichbar.

Mit freundlichen Grüßen nach Ostfriesland

Maike Renningsen

Muster Anschreiben »Auszubildender Fachinformatiker«

Vladimir Hoffmann
Wiesbadener Str. 36
65760 Eschborn
E-Mail: v.hoffmann@beispielweb.de

Gardemann IT-Lösungen GmbH
Herrn Matthias Gardemann
Mainzer Landstr. 133–136
63065 Offenbach

23.03.2015

Bewerbung als Auszubildender zum Fachinformatiker (Systemintegration)

Sehr geehrter Herr Gardemann,

auf der Karrieremesse „Jobfit" in Saarbrücken kam ich mit Ihrem Auszubildenden Tobias Bruhns ins Gespräch. Als er mir von der Ausbildung bei Ihnen erzählte, dachte ich: Das wäre auch für mich ein spannender Einstieg ins Berufsleben.

Im Sommer werde ich meinen Realschulabschluss machen und anschließend mit der Ausbildung beginnen. Für Computer interessiere ich mich, seit ich elf Jahre alt bin. Schon häufig habe ich für meine Klassenkameraden Festplatten in Rechner eingebaut, Software installiert und Rechnerprobleme behoben. Ich bin in der Computer-AG meiner Schule, wo wir auch Hardwarekomponenten zusammenbauen und Software programmieren.

Was mich noch kennzeichnet: Ich verstehe technische und mathematische Zusammenhänge sehr schnell, wie meine stets guten Noten in Technik, Mathematik und Physik belegen. Außerdem bin ich recht geschickt und kann auch empfindliche Geräte reparieren. Tobias Bruhns meinte, es komme bei der Systementwicklung auch auf die Fähigkeit an, zu planen und zu organisieren. Da ich bei meinen Aufgaben immer erst einen Ablaufplan skizziere, um zu überlegen, wie ich vorgehe, bin ich davon überzeugt, dass diese Anforderungen für mich keine Schwierigkeit darstellen.

Ich hoffe, meine Bewerbung ist interessant für Sie, und ich freue mich, wenn Sie mich zu einem Vorstellungsgespräch einladen!

Mit freundlichen Grüßen

Vladimir Hoffmann

Muster Anschreiben »Hausdame«

Colette Reichelt
Salzmannstr. 59, 99094 Jena, Tel.: 03641 233444,
Mail: colette.reichelt@jenaweb.de

Hotel Preußischer Hof
Herrn Lothar Bär
Nicolaistr. 22
99423 Weimar

3. Dezember 2014

Bewerbung als Hausdame – Ihre Stellenanzeige in der Thüringer Allgemeinen

Sehr geehrter Herr Bär,

mit Ihrer Stellenanzeige vom 29. November 2014 suchen Sie eine Hausdame. Das trifft sich gut, denn genau das möchte ich in einem angesehenen Hause wie dem Ihren gern werden.

Zu meiner Person: Ich bin 30 Jahre alt und gelernte Hotelfachfrau. Meine Ausbildung habe ich teils in der Schweiz, in Italien und in Berlin absolviert. Seit fünf Jahren arbeite ich als Assistentin der Hausdame im Stadthotel Adler, einem Hotel der gehobenen Klasse in Jena.

Was dürfen Sie von mir erwarten?
Organisationsgeschick: Dank meiner Berufserfahrung weiß ich, worauf es bei der täglichen Zimmereinteilung und bei der Überprüfung der Gästezimmer ankommt.
Führungsqualitäten: In Vertretung der Hausdame leitete ich zuletzt das gesamte Servicepersonal an. Dazu gehörte auch die Fähigkeit, Menschen anzulernen und zu motivieren.
Zuverlässigkeit und Gründlichkeit: Bei der täglichen Inspektion, der Verwaltung des Magazins, bei Bestellungen und Inventuren lasse ich stets größte Sorgfalt walten, damit nichts schiefläuft.
Freundlichkeit: Bei allem organisatorischen Geschick – entscheidend für den Erfolg eines Hotels ist, dass die verantwortlichen Mitarbeiter eine Atmosphäre schaffen, in der sich die Gäste wohlfühlen. Mein früherer Arbeitgeber (Tel. 03641 112233) bestätigt Ihnen gern, dass ich mit Mitarbeitern und Gästen gleichermaßen einwandfrei umzugehen gewohnt bin.

Auf die Gelegenheit zu einem persönlichen Gespräch freue ich mich sehr!

Freundliche Grüße nach Weimar

Colette Reichelt

Muster Anschreiben »Verkaufsberater Telekommunikation«

Arne Kräftig, Bienwaldstr. 16, 67658 Kaiserslautern, Tel.: 0631 1234567,
E-Mail: AK@beispielnet.com

TeleMarketCom Internetdienstleistungen
Frau Sophie Lück
Alte Zeche 155
66112 Saarbrücken

Kaiserslautern, 30.10.2015

Bewerbung als Verkaufsberater Telekommunikation
Ihr Stellenangebot auf www.monster.de

Sehr geehrte Frau Lück,

haben Sie vielen Dank für Ihre Informationen am Telefon. Wie versprochen reiche ich meine Bewerbung als Verkaufsberater für Telekommunikationsdienstleistungen ein.

Ihr Unternehmen ist mir als einer der besten Anbieter von Internetdienstleistungen in Deutschland bekannt. Gern möchte ich mit meinem verkäuferischen Talent zum Erfolg Ihres Unternehmens beitragen.

Ich bringe langjährige Erfahrung als Außendienstmitarbeiter für einen Versicherungsanbieter und als Vertriebsmitarbeiter in der Pharmabranche mit. Verkauf und Vertrieb liegen mir im Blut. Es macht mir Spaß, Menschen zu beraten. Dabei gehe ich zielstrebig und abschlussorientiert vor. Ich kann mich gut organisieren, arbeite motiviert und zuverlässig.

Aufgrund einer Standortschließung ist mein Arbeitsplatz zum 31. Juli 2015 weggefallen. Deshalb könnte ich Ihnen auch kurzfristig zur Verfügung stehen. Meine Gehaltsvorstellungen mit Fixum und Provision bespreche ich gern in einem persönlichen Gespräch mit Ihnen.

Sie wollen mich kennenlernen, um sich selbst ein Bild von mir und meinen Fähigkeiten zu machen? Mobil bin ich jederzeit erreichbar unter 0170 11223344. Ich freue mich auf Ihren Anruf!

Freundliche Grüße ins benachbarte Saarland

Arne Kräftig

Muster Anschreiben »Leiter der Personalabteilung«

Hans Lehmann, Lindenallee 3, 20100 Hamburg, Tel.: 040 1234567,
E-Mail: lehmann@net.com

Trachtenhaus Bernauer AG
Frau Anette Bernauer
Karlsplatz 19–21
80998 München

10.01.2015

Bewerbung als Leiter der Personalabteilung
Ihr Stellenangebot in der Süddeutschen Zeitung vom 7. Januar 2015

Sehr geehrte Frau Bernauer,

da ich eine neue berufliche Herausforderung suche und aus persönlichen Gründen gern nach München ziehen möchte, bewerbe ich mich auf Ihr Stellenangebot.

Ich bin 45 Jahre alt und Diplom-Betriebswirt. Seit fast 17 Jahren arbeite ich im Personalwesen in den verschiedensten Branchen: Medien, Industrie, Handel, seit zwölf Jahren in leitender Funktion. Am besten bin ich mit dem Einzelhandel vertraut: Seit sieben Jahren bin ich stellvertretender Personalchef einer großen Einzelhandelskette.

Die Herausforderungen des Einzelhandels sind mir gut bekannt: Es ist nicht leicht, qualifizierte Mitarbeiter zu finden und zu motivieren. Dafür ist in erster Linie der Personalchef verantwortlich. Gleichzeitig muss er Kosten senken und die Produktivität steigern. An Ihrem Haus gefällt mir, wie Sie mit Ihren Mitarbeitern umgehen: Trotz Einzelhandelsflaute haben Sie betriebsbedingte Kündigungen vermieden und Einschnitte nur bei kurzfristigen Aushilfskräften gemacht. Das ist eine Personalpolitik, die ich gern fortführen möchte. Mit Personalauswahl, Einsatzoptimierung, Aus- und Weiterbildung kenne ich mich ebenso gut aus wie mit den Themen Mitarbeitervergütung, Steuern und Sozialversicherungen.

Gern komme ich zu einem Kennenlerngespräch. Ich freue mich, von Ihnen zu hören!

Beste Grüße nach München

Hans Lehmann

Muster Anschreiben »Referatsleiter«

Jan Grohner
Diplom-Chemiker
Hohe Brücke 2
35041 Marburg
Tel.: 06421 102030
E-Mail: Jagrohne@net.com

Akademische Auslandsstiftung
Herrn Franz Noeske
Am Tiergarten 155
10115 Berlin

Marburg, 29. Januar 2015

Bewerbung als Referatsleiter –
Ihr Stellenangebot im Onlinestellenportal der ZEIT vom 27. Januar 2015

Sehr geehrter Herr Noeske,

im Onlinestellenportal der ZEIT wurde ich auf Ihre Stellenanzeige aufmerksam. Referatsleiter für die Doktorandenförderung im Ausland – eine berufliche Aufgabe, die mich besonders interessiert.

Ich bin Diplom-Chemiker und stehe kurz vor meiner Promotion. Als Stipendiat der privaten Eberhard-Meisener-Stiftung war ich schon während des Studiums mehrfach im Ausland. So nutzte ich z. B. ein Forschungsjahr in den USA, um meine Masterthesis zu schreiben. Die hervorragende Förderung durch Ihr Haus ermöglichte mir später als Doktorand ein Praktikum in der Schweiz, wo ich in der industriellen Pharmaforschung ein Malariaprojekt mitbetreute.

Bei der Akademischen Auslandsstiftung möchte ich gern arbeiten, weil eine Förderung der deutschen Wissenschaft und Forschung nicht ohne den internationalen Austausch möglich ist. Mich überzeugt die Bandbreite Ihrer Leistungen, aber auch die Vielzahl der Länder, die Sie in Ihre Förderprogramme einbeziehen. Es ist mein Ziel, mit jungen Wissenschaftlern im In- und Ausland ins Gespräch zu kommen und neue Projekte in Gang zu bringen.

Sie möchten sich persönlich von meiner Eignung für diese Stelle überzeugen? Dann komme ich gern nach Berlin zu einem persönlichen Gespräch.

Aus Marburg grüßt Sie

Jan Grohner

Muster Anschreiben »Schweißer«

Noah Bender
Eichenweg 23
06132 Halle (Saale)
Tel.: 0345 123456

Raabe Anlagenbau
Herrn Michael Großkamp
Dieselstraße 15
06112 Halle (Saale)

31.01.2015

Bewerbung als Schweißer
Ihr Stellenangebot auf www.monster.de

Sehr geehrter Herr Großkamp,

vor zwei Wochen habe ich meine Zusatzausbildung zum Schweißer (40 Unterrichtseinheiten) abgeschlossen und jetzt suche ich nach einer neuen Herausforderung. Die Stelle, die Sie ausscheiben, klingt ganz danach, und ich bewerbe mich darauf.

Ich bin 27 Jahre alt, ausgebildeter Industriemechaniker und war zunächst einige Jahre bei Strehle Stanz- und Umformtechnik im Werkzeugbau tätig. Bohren, Fräsen und gelegentliche Schweißtätigkeiten gehörten dort zu meinem Alltag. Als die Firma Insolvenz anmelden musste, war mir bewusst, dass es schwer sein würde, ohne eine gefragte Zusatzqualifikation in der Umgebung eine neue Stelle zu finden. Daher absolvierte ich die Zusatzausbildung zum Schweißer.

Die gewünschte Schweißerfahrung (WIG/MAG) Wolfram-Inertgasschweißen und Metallaktivgasschweißen bringe ich mit. Ebenso bin ich gewohnt, technische Zeichnungen zu lesen und umzusetzen.

Ganz offen gebe ich allerdings zu: Die gewünschte mehrjährige Erfahrung im Schweißen bringe ich nicht mit. Aber ich lerne schnell und galt in meinem bisherigen Betrieb als sehr offen für Neues. Dass ich überdies ebenso sorgfältig wie schnell arbeite, wurde mir im Arbeitszeugnis bescheinigt.

Gern komme ich zu einem Vorstellungsgespräch, wenn meine Bewerbung für Sie von Interesse ist. Über eine Einladung würde ich mich freuen!

Mit freundlichen Grüßen

Noah Bender

Muster Anschreiben »Leiter Qualitätssicherung«

Wolfgang Schmied
Alte Poststr. 180
50767 Hamburg
Mobil: 0151 0987654

Althoff Antriebstechnik GmbH
Herrn Wolfgang Hoffmann
Industriestr. 119
58091 Hagen

20.01.2015

Ihre Anzeige auf Xing – Bewerbung als Leiter Qualitätssicherung

Sehr geehrter Herr Hoffmann,

im sozialen Netzwerk Xing stieß ich auf Ihre Anzeige. Gern möchte ich die Stelle als Leiter der Qualitätssicherung antreten. Althoff Antriebstechnik hat in der Branche einen guten Namen – das motiviert mich zu meiner Bewerbung.

Ich bin Diplom-Ingenieur (Elektrotechnik) mit sieben Jahren Erfahrung in der Qualitätssicherung; aktuell arbeite ich im Qualitätsmanagement eines Automobilzulieferers (Schwerpunkt elektrische Kleinmotoren). Für die Zukunft strebe ich eine Führungsposition an. Die Leitung kleiner Projektteams gehört schon jetzt zu meinem Alltag: Mit einem vier- bis sechsköpfigen Team bereite ich regelmäßig die QS-Audits vor.

Zu meinen Qualifikationen: Mit der DIN ISO EN 9001 bin ich allerbestens vertraut. Im Zentrum meiner Tätigkeiten stehen die Lieferantenqualifizierung und das Beschwerdemanagement. Recht gut kenne ich mich mit SAP SCL und ERP Navision aus. Seit knapp zwei Jahren bin ich außerdem in der Prozessoptimierung tätig. Produktionsprozesse und Arbeitsabläufe zu verbessern, das macht mir besonders viel Freude.

Die Bereitschaft zum Reisen bringe ich mit. Meine Englischkenntnisse sind gut, aber noch ausbaufähig; deshalb besuche ich momentan einen Sprachkurs „Business English".

Frühestens zum 1. Juli 2015 könnte ich bei Ihnen anfangen. Ich bewerbe mich aus ungekündigter Stellung und bitte Sie daher, diese Bewerbung vertraulich zu behandeln. Über eine Einladung zum Vorstellungsgespräch freue ich mich.

Mit freundlichen Grüßen

Wolfgang Schmied

Wenn keine genau passende Stelle ausgeschrieben ist – bewerben Sie sich auf Verdacht.

In Zeitungen und im Internet finden Sie jede Menge Stellen, doch leider keine, die zu Ihnen passt? Und wenn Sie auf ein Stellenangebot stoßen, an dem Sie wirklich Interesse haben, dann werden erfahrene Fachkräfte gesucht und keine Anfänger? Das ist schade, aber für Sie noch lange kein Grund, aufzugeben. Versuchen Sie es in diesem Fall mit einer Initiativbewerbung. Darunter versteht man eine Bewerbung, die sich nicht direkt auf eine ausgeschriebene Stelle bezieht. Auch wenn die Initiativbewerbung keine Wunderwaffe ist: Wer genügend Zeit und Flexibilität mitbringt, kann damit den gewünschten Erfolg erzielen.

Bei Initiativbewerbungen haben Sie weniger Konkurrenz.

Ein großer Vorteil der Initiativbewerbung liegt darin, dass Sie oft der einzige Bewerber oder die einzige Bewerberin sind. Das heißt, Ihre Mappe landet nicht auf dem riesigen Stapel der Konkurrenzbewerbungen, sondern wird exklusiv geprüft. Das ist zumindest dann der Fall, wenn Sie sich nicht gerade in einem sehr gefragten Bereich (Medien, Werbeagenturen) bewerben.
Eine Initiativbewerbung hat aber auch Nachteile:

- Sie wissen nicht, ob für Ihre Qualifikationen überhaupt Bedarf besteht.
- Sie erwischen nicht unbedingt den richtigen Zeitpunkt, zum Beispiel wenn die gewünschte Ausbildungsstelle erst in einem Jahr frei wird.
- Ihre Bewerbung landet nicht zwangsläufig beim richtigen Ansprechpartner.

Schaffen Sie es, diese Nachteile auszuschalten, dann steigen Ihre Chancen beträchtlich.

Vier Möglichkeiten, eine Initiativbewerbung zu platzieren

Bevor Sie eine Initiativbewerbung versenden, sind einige Recherchen nötig.

Es gehört schon sehr viel Glück dazu, mit einer Initiativbewerbung einen Treffer zu landen, weil Sie nicht wissen, ob überhaupt ein Bedarf besteht. Daher ist es auf jeden Fall sinnvoll, sich zu erkundigen, bevor Sie eine Initiativbewerbung losschicken. Dazu haben Sie vier Möglichkeiten:

1. Sie konzentrieren sich auf Arbeitgeber, die im angestrebten Berufsfeld tätig sind.
2. Sie erkundigen sich vorher, ob Ihre Qualifikationen gefragt sind.
3. Sie bewerben sich, wenn Sie von einer offenen Stelle hören.
4. Sie bewerben sich in Anlehnung an eine ausgeschriebene Stelle.

Bewerben Sie sich bei Unternehmen Ihrer Wunschbranche.

1. Sie konzentrieren sich auf Arbeitgeber, die im angestrebten Berufsfeld tätig sind

Sie wissen schon genau, in welcher Branche Sie Ihr Geld verdienen wollen? Dann konzentrieren Sie sich ganz darauf. Bewerben Sie sich gezielt, indem Sie nur Arbeitgeber suchen, die in dieser Branche tätig sind und die (auch) Stellen im angestrebten Berufsfeld anzubieten haben. Dabei hilft Ihnen nicht nur die Onlinerecherche, sondern auch die Auswertung von Zeitungen. Vergessen Sie nicht, dass gerade der Stellenmarkt brauchbare Informationen liefert. Dort erfahren Sie Einzelheiten über die Tätigkeitsbereiche, Produkte und Einsatzgebiete großer Firmen und Organisationen. Damit können Sie sich schon ein Bild über deren genauen Bedarf machen. Schneiden Sie Stellenanzeigen von Arbeitgebern aus, die Ihnen interessant scheinen. Recherchieren Sie gezielt nach weiteren Informationen. Erst dann sollten Sie sich initiativ bewerben.

Bei großen Firmen oder Organisationen erst prüfen, ob die gewünschte Stelle nicht regulär ausgeschrieben ist.

Zuerst auf ausgeschriebene Stellen bewerben!
Auch wenn Sie sich bei Ihrer Stellensuche mehr auf Unternehmen konzentrieren als auf ausgeschriebene Stellen, sollten Sie doch Folgendes beachten: Bei großen, bekannten Konzernen, Verbänden und Organisationen sind Initiativbewerbungen keine Seltenheit. Diese landen in einer zentralen Datenbank, auf die die einzelnen Abteilungen bei Bedarf Zugriff haben. Das bedeutet aber auch: Initiativbewerbungen werden nur angesehen, sofern die Personalverantwortlichen nicht schon mit der Besetzung regulär ausgeschriebener offener Stellen mehr als genug zu tun haben.

In diesen Fällen sollten Sie die Bewerbung auf ausgeschriebene Stellen vorziehen. Eine Ausnahme bildet die Werbebranche: Hier ist es nicht üblich, jede Stelle auszuschreiben. Bedarf gibt es fast immer, denn die Fluktuation ist hoch. Hier sind Initiativbewerbungen also Standard.

2. Sie erkundigen sich vorher, ob Ihre Qualifikationen gefragt sind

Wenden Sie sich möglichst an einen Bereich oder eine Abteilung, bei dem bzw. der Ihre Kenntnisse und Fähigkeiten gesucht sein könnten.

Sie haben eine Traumfirma ins Auge gefasst, zum Beispiel weil Ihnen die Produkte oder der Tätigkeitsbereich gefallen? Das heißt leider noch nicht zwangsläufig, dass Sie dort Chancen haben. Falls Sie unsicher sind, ob Sie die richtigen Qualifikationen mitbringen, versuchen Sie, das vorab herauszufinden: Informieren Sie sich, was genau der angestrebte Arbeitgeber macht. Recherchieren Sie auf seiner Website, ob es Bereiche oder Abteilungen gibt, zu denen Ihre spezifischen Kenntnisse passen. Telefonieren Sie mit der Personalabteilung – falls Sie sich ein souveränes Gespräch zutrauen und sehr genau wissen, was Sie wollen. Besuchen Sie auch Jobbörsen. Wenn Sie Ihre Bewerbung schließlich losschicken, dann sollte aus Ihrem Anschreiben hervorgehen, dass Sie Bescheid wissen.

3. Sie bewerben sich, wenn Sie von einer offenen Stelle hören

Wenn Sie unter der Hand von einer offenen Stelle erfahren, bewerben Sie sich rasch.

Längst nicht alle offenen Stellen werden ausgeschrieben. Viele Arbeitgeber besetzen Stellen unter der Hand mit Arbeitskräften aus dem Umfeld ihrer Belegschaft. Lassen Sie sich durch diese Tatsache nicht frustrieren. Das bedeutet nicht, dass Sie als Initiativbewerber keine Chance haben – im Gegenteil!
Begreifen Sie die informellen Wege der Stellenvergabe als Chance. Hören Sie sich in Ihrem Bekanntenkreis um. Auch so kann man von offenen Stellen erfahren. Reagieren Sie auch auf Insider-Informationen, Zeitungsmeldungen, Gerüchte und Klatsch. Sobald Sie von einer Firma hören, die im angestrebten Tätigkeitsfeld Leute sucht, schicken Sie eine Initiativbewerbung hin.

Mit einer Initiativbewerbung erreichen Sie in diesem Fall einiges
Falls der betreffende Arbeitgeber noch unschlüssig ist, ob er tatsächlich eine neue Stelle einrichten soll, entscheidet er sich möglicherweise dafür, wenn Sie ihm eine überzeugende Bewerbung präsentieren. Dann haben Sie beste Chancen, gleich zum Vorstellungsgespräch eingeladen zu werden. Falls von vornherein schon klar ist, dass es eine offene Stelle gibt, haben Sie mit einer Initiativbewerbung einen Zeitvorsprung: Sie kommen einer Ausschreibung zuvor. Vielleicht bekommen Sie die Stelle, ohne dass sie überhaupt je ausgeschrieben wird.

4. Sie bewerben sich in Anlehnung an eine ausgeschriebene Stelle

Bewerben Sie sich z. B. als Junior-Produktmanager, wenn eigentlich ein Senior gesucht wird, oder als Azubi, wenn eine fertig ausgebildete Kraft eingestellt werden soll.

Eine Stelle interessiert Sie, aber Sie bringen (noch) nicht die nötige Erfahrung oder Ausbildung dafür mit? Dann bewerben Sie sich initiativ, verweisen Sie aber auf die Zeitungsanzeige, in der die gewünschte Stelle ausgeschrieben ist. Zeigen Sie die Bereitschaft, sich für die Stelle ausbilden zu lassen oder bis zur vollständigen Einarbeitung ein niedrigeres Gehalt zu beziehen.

Beispiel
Michaela Forster hat gerade ihren Schulabschluss gemacht. Ihr Traumberuf: medizinische Fachangestellte (Arzthelferin). Leider hat sie bislang noch keine Ausbildungsstelle bekommen. Im Stellenmarkt der Lokalzeitung liest sie aber immer wieder Inserate, in denen ausgebildete Arzthelferinnen gesucht werden: *Zur Verstärkung unseres Teams suchen wir eine Arzthelferin in Vollzeit*. Hier ist eine Initiativbewerbung um einen Ausbildungsplatz durchaus chancenreich. Vielleicht lässt sich ja ein Arbeitgeber davon überzeugen, einen Ausbildungsplatz für Sie einzurichten.

Beziehen Sie sich ruhig auf das Stellenangebot.

Nehmen Sie in Ihrer Bewerbung Bezug auf die ausgeschriebene Stelle. Machen Sie aber klar, dass Sie sich nur in Anlehnung darauf bewerben. Signalisieren Sie bereits im Anschreiben Ihre Bereitschaft, sich zunächst betriebsintern auf die gewünschte Tätigkeit weiterzubilden

(z. B. durch ein Traineeprogramm oder eine Ausbildung). Auch der Hinweis, dass Sie mit einer – zunächst niedriger bezahlten – Einarbeitungszeit einverstanden sind, wirkt oft Wunder.

Der richtige Zeitpunkt: Seien Sie flexibel

Selbst wenn die Bewerbung grundsätzlich auf Bedarf trifft, kommt sie vielleicht nicht zur rechten Zeit.

Den richtigen Zeitpunkt für eine Initiativbewerbung gibt es nur, wenn Sie von einer offenen Stelle wissen. Dann gilt: Je schneller Sie handeln, desto wahrscheinlicher sind Sie erfolgreich. Bei Initiativbewerbungen, die Sie nach Recherchen erstellen, sind Sie an einen zeitlichen Rahmen gebunden, sofern Sie vorher beim potenziellen Arbeitgeber nachgefragt haben (z. B. per Telefon). Beziehen Sie sich in diesem Fall im Anschreiben auf Ihre Nachfrage und schicken Sie Ihre Bewerbung innerhalb einer Woche los.

Lassen Sie sich eine verbindliche Zusage geben und überbrücken Sie Wartezeiten

So wenig sich über den idealen Zeitpunkt sagen lässt, so wichtig ist das Wissen, dass zeitliche Flexibilität bei der Initiativbewerbung eine entscheidende Rolle spielt. Das hat folgenden Hintergrund:

Viele Arbeitgeber honorieren die Mühe, die sich ein guter Bewerber mit einer Initiativbewerbung gemacht hat. Das heißt, sie laden den Kandidaten zum Vorstellungsgespräch ein, auch wenn sie ihm aktuell gar keine Stelle anbieten können.

Stellt sich dabei heraus, dass er sich wirklich für eine Mitarbeit eignen würde, ist der Eintrittszeitpunkt meist das entscheidende Problem. Nicht immer steht die entsprechende Stelle im Unternehmen sofort zur Verfügung. Gerade eine Ausbildungs- oder Traineestelle wird erst neu besetzt, wenn der Vorgänger auf dieser Stelle seine Ausbildungszeit beendet hat. Als Bewerber erhöhen Sie Ihre Chancen beträchtlich, wenn Sie Ihre Wartebereitschaft signalisieren. Können Sie dadurch Ihre Traumstelle bekommen, lohnt sich das Warten allemal.

Fordern Sie eine verbindliche Zusage ein und geben Sie diese auch selbst. Ein schriftlicher Vorvertrag schafft Sicherheit für beide Seiten.

Was Sie bei Wartezeiten beachten sollten
Verlassen Sie sich aber nicht auf eine mündliche Zusage, z. B.: »Wir würden Sie gern im Januar nächsten Jahres einstellen.« Sonst warten Sie unter Umständen vergeblich. Bitten Sie darum, den Arbeitsvertrag gleich abzuschließen. Damit ist nicht nur Ihnen gedient. Auch der Arbeitgeber kann sich dann auf Ihr Kommen verlassen.

Wenn Sie keinen Arbeitsvertrag bekommen, z. B. weil Ihre Einstellung noch von irgendwelchen Bedingungen abhängt (der Höhe eines bestimmten Budgets, der wirtschaftlichen Situation zum Einstellungstermin etc.), lassen Sie sich nicht entmutigen: Bitten Sie um einen Vorvertrag, der Ihnen die Einstellung zum vereinbarten Zeitpunkt zusichert, falls eine bestimmte Bedingung eintritt. Falls auch das abgelehnt wird, dann klären Sie das weitere Vorgehen: wann Sie sich wieder melden oder wann Ihr Ansprechpartner auf Sie zukommt. Finden Sie heraus, ob sich das Warten wirklich lohnt. Ist die Zu-sage nicht ernst gemeint, vergeuden Sie sonst wertvolle Zeit.

Finden Sie den richtigen Ansprechpartner

Initiativbewerbungen nicht einfach an irgendjemanden schicken

Schicken Sie Ihre Initiativbewerbung nicht an eine Firma oder Organisation, ohne den richtigen Ansprechpartner zu kennen. Finden Sie zuerst heraus, wer für Bewerbungen oder für Ihren Fachbereich zuständig ist. Im Zweifelsfall schicken Sie die Unterlagen an die Personalabteilung oder an den Mitarbeiter, der für die Personalauswahl zuständig ist. Bei größeren Firmen kann es aber auch sinnvoll sein, sich gleich an die Fachabteilung zu wenden, in der Sie gern arbeiten möchten. Wenn Sie sich aufgrund persönlicher Empfehlungen bewerben, schicken Sie Ihre Bewerbung an den dort genannten Ansprechpartner. Im Anschreiben verweisen Sie auf denjenigen, der Ihnen zu dieser Bewerbung geraten hat.

Das Anschreiben bei einer Initiativbewerbung

Sie müssen den Anlass Ihrer Bewerbung näher erläutern – ansonsten ähnelt der Aufbau des Anschreibens dem einer normalen Bewerbung.

Im Aufbau unterscheidet sich das Anschreiben einer Initiativbewerbung wenig von dem einer konventionellen Bewerbung. Lediglich Betreff und Einleitung sind bei der Initiativbewerbung etwas anders: Während Sie bei einer Bewerbung auf eine ausgeschriebene Stelle einfach angeben, wo Sie das Stellenangebot gelesen haben, müssen Sie bei der Initiativbewerbung eventuell etwas mehr erklären. Am Ende des Anschreibens können Sie darauf verweisen, dass der Empfänger Ihre Unterlagen gern länger behalten darf (Baustein E: Organisatorisches, siehe unten).

Betreff

Schreiben Sie möglichst das Wort »Initiativbewerbung« schon in den Betreff.

Aus dem Betreff sollte hervorgehen, dass es sich um eine Initiativbewerbung handelt (z. B. »Initiativbewerbung als Tischlermeister«). Wenn Sie die genaue Berufsbezeichnung nicht angeben können, dann sagen Sie im Betreff wenigstens, für welchen Bereich Sie sich interessieren (z. B. »Organisation, Vertrieb, Logistik – Führungskraft sucht neue Herausforderung«). Bewerben Sie sich in Anlehnung an eine ausgeschriebene Stelle, für die Sie noch nicht genügend Erfahrung mitbringen, dann machen Sie das ebenfalls im Betreff deutlich (z. B. »Bewerbung in Anlehnung an Ihr Stellenangebot vom 15.11.2014 auf www.fazjob.net«).

Baustein A: Erklärung, warum Sie sich bewerben

Wie kommen Sie dazu, sich ausgerechnet beim Empfänger zu bewerben?

Anders als bei der regulären Bewerbung haben Sie bei einer Initiativbewerbung keine Stellenausschreibung, auf die Sie sich beziehen können. Trotzdem sollten Sie im Anschreiben kurz erklären, warum Sie sich bewerben. Erläutern Sie, wie Sie dazu kommen, sich ausgerechnet beim betreffenden Arbeitgeber zu bewerben, zum Beispiel

- aufgrund der persönlichen Empfehlung eines Bekannten oder Freundes,
- weil Sie gehört haben, dass dort eine passende Stelle frei ist,
- weil Sie den Arbeitgeber (seine Produkte oder sein Tätigkeitsgebiet) schätzen.

Bieten Sie dem Empfänger von sich aus an, Ihre Bewerbung zu behalten. Dann kann er darauf zurückgreifen, wenn eine entsprechende Stelle frei wird.

Baustein E: Organisatorisches

Eine Besonderheit kommt bei Initiativbewerbungen beim Briefbaustein E (Organisatorisches) hinzu: Selbst wenn Sie die richtigen Qualifikationen bieten, können Sie nicht damit rechnen, dass Ihnen sofort eine passende Stelle angeboten wird. Sinnvoll ist es daher, dem Personalverantwortlichen zu erlauben, die Bewerbung zu behalten und zu einem späteren Zeitpunkt wieder darauf zurückzugreifen.

Mustertexte Organisatorisches

- Die Unterlagen sind zum Verbleib in Ihrer Firma gedacht.
- Sie können meine Bewerbung gern behalten, um zu einem späteren Zeitpunkt darauf zurückzukommen.
- Gern können Sie meine Unterlagen behalten für den Fall, dass sich zu einem späteren Zeitpunkt Bedarf an einem Mitarbeiter mit meinem Profil ergibt.

Muster Anschreiben »Auszubildender Industriemechaniker«

Lukas Müller
Radenhoffgasse 19
34130 Kassel
Tel.: 0561 2223334
lukas19.mueller@provider-net.de

Livotech Drehteile GmbH & Co. KG
Herrn Benno Livertz
Sollingstr. 12–16
34135 Kassel

Kassel, 18. März 2015

Initiativbewerbung um einen Ausbildungsplatz als Industriemechaniker

Sehr geehrter Herr Livertz,

in einem Artikel der „Hessischen Allgemeinen" vom 14. März 2015 habe ich gelesen, dass Sie in Ihrem Betrieb Industriemechaniker ausbilden. Da ich den Beruf des Maschinenschlossers sehr spannend finde, bewerbe ich mich bei Ihnen um einen Ausbildungsplatz. Über die Ausbildung in Ihrem Betrieb habe ich schon viel Positives gehört.

Ich bin in der 10. Klasse und stehe kurz vor dem Realschulabschluss. An Maschinen und Geräten tüftle ich schon immer gern. Außerdem repariere ich Nähmaschinen, Gangschaltungen oder Fahrräder – alles, womit meine Eltern, Schwestern und Freunde zu mir kommen, wenn es nicht funktioniert. Dass ich in solchen Dingen geschickt bin, können auch alle bestätigen. Außerdem habe ich Spaß am Umgang mit Computern.

Bitte lassen Sie sich durch meine Zeugnisse nicht abschrecken – die Theorie liegt mir nicht sehr. Aber dafür bin ich gut in der Praxis. Gern komme ich in den Osterferien für ein paar Tage zur Probearbeit! Ich freue mich, wenn Sie mich zum Vorstellungsgespräch einladen.

Mit freundlichen Grüßen

Lukas Müller

Anlagen Lebenslauf
Zwischenzeugnis der Klasse 10
Praktikumsbescheinigung

Muster Anschreiben »Bankkaufmann«

Rolf Mahler
Allacher Weg 11
81818 München
Tel.: 089 123456
E-Mail: rolf.mahler@webmail.de

Bayerische Genossenschaftsbank
Abteilung Human Resources
Erdinger Str. 100
81828 München

28.11.2015

Bankausbildung + Internetkenntnisse = Ihr neuer Mitarbeiter Rolf Mahler

Sehr geehrte Damen, sehr geehrte Herren,

letzte Woche fiel mir im München-Teil der „Süddeutschen Zeitung“ der Artikel über Ihre Bank auf. Darin steht unter anderem, dass Sie gerade eine Onlineabteilung aufbauen. Vielleicht sind Sie auf der Suche nach geeigneten Mitarbeitern, die sich speziell um Ihren Internetauftritt kümmern. Dann haben Sie möglicherweise auch Interesse an meiner Bewerbung.

Ich bin gelernter Bankkaufmann und 20 Jahre alt. Meine Ausbildung habe ich vor zwei Monaten abgeschlossen. Neben meinem Interesse für alle Bankangelegenheiten bin ich leidenschaftlicher Internet-User und -Kenner.

Bei meinem bisherigen Arbeitgeber, einer Privatbank im Süden Münchens, war ich im letzten Jahr zuständig für die neue Website. Zwar habe ich die Seiten nicht programmiert, aber ich war dafür verantwortlich, dass die Inhalte eine ansprechende Form bekamen und schnell online gingen. Bei der Entwicklung des Onlinebankings war es meine Aufgabe, den Dienstleistern zu vermitteln, welche speziellen Anforderungen die Kunden stellen.

Das Bankgeschäft einerseits und das Medium Internet andererseits – darin liegen meine Kernkompetenzen. Wenn Sie einen Mitarbeiter brauchen, der von beidem etwas versteht, dann freue ich mich auf Ihre Einladung zu einem Vorstellungsgespräch und auf Ihre Fragen.

Freundliche Grüße

Rolf Mahler

Muster Anschreiben »Trainee Marketing«

Britta Novotny
Schönbuchweg 38
70563 Stuttgart
Tel.: 0711 77665544
E-Mail: b.novotny@laendle-web.de

Dekamaxx Labortechnik AG
Herrn Hans Neubert
Am Feldrain 26
72766 Reutlingen

Stuttgart, 25.11.2015

Initiativbewerbung als Trainee im Marketing:
in Anlehnung an die ausgeschriebene Stelle auf Ihrer Website

Sehr geehrter Herr Neubert,

mit Interesse habe ich Ihre Stellenanzeige auf Ihrer Website gelesen. Sie suchen einen erfahrenen Mitarbeiter im Bereich Marketing und Sales-Administration. Zwar habe ich in diesem Bereich nur wenig Erfahrung, dennoch bewerbe ich mich bei Ihnen als Trainee in Anlehnung an die Stelle, die Sie ausschreiben.

Ich bin 28 Jahre alt und habe gerade mein Studium der Anglistik und Geografie abgeschlossen. Meine Stärken sind Kommunikation und Organisation. Seit Anfang meines Studiums hege ich den Berufswunsch, Messeauftritte, Seminare und Verkaufstrainings zu organisieren. Daneben traue ich mir zu, gutes Schulungs- und Prospektmaterial sowie verkaufsstarke Werbebriefe zu entwerfen. Können Sie sich vorstellen, mich als Trainee einzustellen?

Mit meiner praktischen Art, Organisatorisches zu bewältigen (ich habe in den Semesterferien immer wieder als Sekretärin bei der Messe Stuttgart gejobbt) und Produkte zu verkaufen (ich habe auch im Einzelhandel gearbeitet), kann ich gleich vom ersten Tag an eine wertvolle Mitarbeiterin für Sie sein.

Ich bin sicher: Alles, was man über diese Kenntnisse und Fähigkeiten hinaus über Marketing wissen muss, kann ich mir aneignen. Über eine Einladung zum persönlichen Gespräch freue ich mich sehr.

Freundliche Grüße aus Stuttgart

Britta Novotny

Muster Anschreiben »Assistenzärztin«

Dr. Johanna Middelhoff
Langer Weg 43, 76533 Baden-Baden, Tel.: 07221 654321,
E-Mail: middelhoff@netline.de

Privatklinik St. Nikolaus
Station für Kinderheilkunde
Dr. Leo Dorssig
Buchenbacher Str. 28
78104 Freiburg im Breisgau

Baden-Baden, 14. August 2015

Initiativbewerbung als Assistenzärztin, Fachrichtung Kinderheilkunde

Sehr geehrter Herr Dr. Dorssig,

ein Kollege hat mich auf die Kinderstation Ihrer Klinik aufmerksam gemacht. Ich möchte sehr gern ab meinem zweiten Jahr als Assistenzärztin bei Ihnen arbeiten und nebenbei die Facharztausbildung im Bereich Kinderheilkunde angehen.

Mir gefällt der ganzheitliche Ansatz, mit dem die Privatklinik St. Nikolaus immer wieder von sich reden macht. Ihre Heilerfolge sind – neben der hervorragenden medizinischen Versorgung – mit Sicherheit auf das positive Klima zurückzuführen. Selbst schwerstkranken Kindern vermitteln Sie ein Gefühl der Hoffnung und Geborgenheit.

Zu meiner Person: Ich bin Ärztin mit Leib und Seele. Zu Kindern und jungen Erwachsenen finde ich mühelos Zugang, das hat sich bei meinen Famulaturen und in meinem praktischen Jahr als junge Ärztin an der Universitätsklinik Freiburg recht schnell gezeigt. Außerdem bin ich belastbar und flexibel.

Ich könnte am 1. Januar 2016 bei Ihnen anfangen. Wenn Sie die Möglichkeit sehen, mich in absehbarer Zeit in Ihrer Klinik zu beschäftigen, dann melden Sie sich bitte bei mir, damit wir uns kennenlernen können. Falls Sie noch Zeit für die Entscheidung brauchen, können Sie meine Bewerbung gern behalten. Ich freue mich, von Ihnen zu hören!

Mit freundlichen Grüßen

Johanna Middelhoff

Muster Anschreiben »Junior-Beraterin PR«

Carmen Wissoll
Bergblick 14
82481 Mittenwald
Tel.: 08823 12345
E-Mail: carmen-wissoll@webnet.de

„Let's talk about you"
PR-Agentur
Herrn Carsten Meindl
Ludwig-Braille-Platz 15
81377 München

25.11.2015

Be-Werbung in eigener Sache

Sehr geehrter Herr Meindl,

mit Interesse habe ich in der Zeitschrift „Inside PR" den Artikel über Ihre junge Agentur gelesen – und dass Sie neue Mitarbeiter suchen. Wie wär's mit mir als Junior-PR-Beraterin?

Ich bin ausgebildete Redakteurin mit geisteswissenschaftlichem Hintergrund (Germanistik, Anglistik, Romanistik). Mein Volontariat habe ich beim „Südkurier" absolviert. Der Schwerpunkt meiner Tätigkeit lag auf der Gestaltung des Lokalteils.

Gerade das Schreiben des Lokalteils betrachte ich – im Hinblick auf eine künftige Tätigkeit als PR-Beraterin – als wesentlich. Über die großen politischen Ereignisse kann jeder Redakteur einen interessanten Artikel verfassen. Wie aber sieht es mit der letzten Sitzung des Sportvereins aus? Mit dem prämierten Zuchtkaninchen der Kleintierzüchter? Oder dem Seniorenausflug der Landfrauen? Vermutlich kennen Sie als PR-Profi das Problem, auch unspektakuläre Informationen Ihrer Kunden in die Presse zu bringen. Genau dabei bin ich die richtige Mitarbeiterin für Sie, da ich über eine starke Ausdrucksweise und ein gutes Gespür für originelle Aufmacher verfüge.

Interessiert? Dann freue ich mich über Ihre Einladung zum Vorstellungsgespräch.

Es grüßt Sie freundlich aus den bayerischen Alpen

Carmen Wissoll

Muster Anschreiben »Fertigungsleiter«

Jürgen Landauer
Sauerlandallee 75
59757 Arnsberg
E-Mail: j.landauer@mustermail-franken.de

Can Plus GmbH & Co. KG
Frau Sabine Mohrhoff
Industriestr. 16
45127 Essen

12.01.2015

Initiativbewerbung als Fertigungsleiter der Produktionslinie Druckgasdosen

Sehr geehrte Frau Mohrhoff,

durch Zufall erfuhr ich, dass bei Ihnen der Aufbau einer neuen Produktionslinie für Druckgasdosen ab Mitte dieses Jahres geplant ist. Falls Sie noch einen Fertigungsleiter dieser Produktionslinie suchen: Ich bewerbe mich auf diese Stelle.

Ich habe einen Bachelorabschluss im Fach Produktionstechnik und bin seit vier Jahren stellvertretender Fertigungsleiter bei der XYZ-Verpackungssysteme AG. Dort verantworte ich zusammen mit meinem Chef die Herstellung von Deckeldosen aus Weißblech für die Nahrungsmittel-industrie. 70 Mitarbeiter gehören zu meinem Bereich, und ich nehme die Führungsverantwortung ebenso ernst wie die technischen Herausforderungen.

Zuvor war ich bei der ABC International GmbH mitverantwortlich für den Aufbau der Produktionslinie für Lackstifte. Da der Fertigungsleiter dort häufig im Ausland war, wurde ich oft für Führungsaufgaben herangezogen. Zuletzt war ich zuständig für ein Rationalisierungsprojekt in der Produktion, durch das 100.000 € pro Jahr eingespart werden konnten.

Da ich mich aus ungekündigter Stellung bewerbe, bitte ich Sie, meine Bewerbung vertraulich zu behandeln. Ich kann ab 1. Juli bei Ihnen anfangen. Gern ziehe ich für diese Position ins Ruhrgebiet. Über die Gelegenheit, mich persönlich bei Ihnen vorzustellen, würde ich mich sehr freuen. Sie erreichen mich am besten per E-Mail.

Mit freundlichen Grüßen nach Essen

Jürgen Landauer

Was bringt ein Deckblatt?

Kein Muss, aber sehr dekorativ: das Deckblatt

Bei der postalischen Bewerbung gilt: Zuoberst auf der Bewerbung – außerhalb der Bewerbungsmappe – liegt das Anschreiben. Alle anderen Unterlagen sind sauber in die Mappe eingeheftet. Für ein Deckblatt spricht:

- Ihre Bewerbung hebt sich optisch von den anderen Bewerbungen ab und wirkt professionell.
- Der Empfänger sieht, Sie haben die Bewerbung individuell erstellt und ihm keine Massensendung geschickt.
- Sie vermeiden Platzmangel im Lebenslauf, indem Sie das Foto auf dem Deckblatt unterbringen.
- Ihr Bewerbungsfoto kommt besser zur Geltung.

Bei E-Mail-Bewerbungen sollten sie allerdings auf ein Deckblatt verzichten, weil der Empfänger damit weiter nach unten scrollen muss, um an die wesentlichen Informationen (Lebenslauf, Nachweise) zu kommen.

So sieht ein Deckblatt aus

Auf dem Deckblatt kommt Ihr Foto besser zur Geltung als auf dem Lebenslauf.

Das Deckblatt dient vor allem der optischen Gestaltung der Bewerbung. Seien Sie daher sparsam mit Text. Folgendes gehört auf ein Deckblatt:

- Ihr Name (samt Titel, Ausbildung und/oder Position)
- Ihre komplette Anschrift inklusive Telefonnummer und E-Mail-Adresse
- Ihr Bewerbungsfoto (als Abzug und nicht als Ausdruck)
- die Bezeichnung der angestrebten Stelle
- (falls in der Stellenanzeige angegeben:) das Aktenzeichen oder die Kennziffer
- die Anschrift des potenziellen Arbeitgebers
- der Empfänger, an den Sie Ihre Bewerbung richten (Personalverantwortlicher, Chef, Inhaber etc.)
- (nicht obligatorisch:) eine Auflistung aller Anlagen (Lebenslauf, Nachweise, Zeugnisse, Arbeitsproben)

Muster Deckblatt Variante 1

Bewerbungsunterlagen

für die Position als Luftfahrtingenieur
Kennziffer: 1574

für
Frau Irina Thorben
Gräffe & Partner GmbH & Co. KG
Holsteiner Allee 30
21029 Hamburg

eingereicht von

Lothar Brenner
Diplom-Physiker
Quellgasse 9
53177 Bonn
Tel.: 0228 123455
E-Mail: brenner@webnet.com

Muster Deckblatt Variante 2

Bewerbung als Referentin für Umweltrecht

Herrn
Sebastian Pauli
Industrie- und Handelskammer München
Ismaninger Str. 13
80998 München

Anja Schneider-Bergdorff
Am Olympiapark 12
80978 München
Tel.: 089 11223344
Mobil: 0171 11223344
E-Mail: bergdorff@netservice.de

Anlagen

Zeugnisse
Praktikumsnachweise
Arbeitsproben

Muster Deckblatt Variante 3

Frau
Franziska Kettner
Ontologie AG
Freiberger Str. 102
01159 Dresden

Bewerbung
Kennziffer: 1024

Kevin Meißner
Eschenstr. 15
01097 Dresden
Tel.: 0351 782993
E-Mail: kmeissner@webnet.com

Viele Empfänger lesen den Lebenslauf vor dem Anschreiben.

Der Lebenslauf ist das zentrale Dokument Ihrer Bewerbung. Viele erfahrene Personalverantwortliche prüfen ihn, bevor sie das Anschreiben lesen. Denn anhand des Lebenslaufs können sie sich sofort einen Eindruck verschaffen, ob ein Bewerber die nötige Erfahrung und die erforderlichen Qualifikationen für eine Stelle mitbringt. Deshalb sollten Sie auf die Gestaltung des Lebenslaufs mindestens so viel Sorgfalt verwenden wie auf die Formulierung des Anschreibens.

Tipps zu Aufbau und Gestaltung

Der Lebenslauf liefert einen Überblick über Ihren bisherigen Werdegang und lässt idealerweise Rückschlüsse auf Ihre Qualifikationen zu.

Ein Lebenslauf sollte vor allem eines sein: übersichtlich. Dieses Ziel sollten Sie beim Aufbau berücksichtigen. Aus diesem Grund verwendet man heute nur noch die tabellarische Form. Ausformulierte Lebensläufe sind nur noch selten gefragt – meist im Zusammenhang mit Ausbildungsplätzen. Die Regel sind tabellarische Lebensläufe, bei denen die einzelnen Stationen stichwortartig mit Zeitangaben in zeitlicher Abfolge untereinanderstehen. In der Reihenfolge der Lebensdaten gibt es zwei Varianten: chronologisch (auf- oder absteigend) oder thematisch.

Tipp: **Bei internationalen Bewerbungen der Europass-Lebenslauf**

Falls Sie sich mit Ihrer Bewerbung an eine internationale Firma oder Institution richten, können Sie den standardisierten europäischen Lebenslauf »Europass« verwenden. Eingeführt wurde das Dokument durch eine Entscheidung des Europäischen Rates und des Europäischen Parlaments mit dem Ziel, die Qualifikationen europäischer Bewerber international vergleichbar zu machen. Mehr Informationen und eine Vorlage, in die Sie Ihre Daten gleich eintragen können, finden Sie im Internet unter der Adresse: http://europass.cedefop.europa.eu.

Was muss im Lebenslauf stehen?

Gliedern Sie den Lebenslauf übersichtlich und versehen Sie die einzelnen Abschnitte mit einer Überschrift.

Der Lebenslauf ist untergliedert in:

- Kopf
- Hauptteil
- evtl. thematischen Anhang (Kenntnisse, Fortbildungen, Hobbys)
- Schluss mit Datum und Unterschrift

Der Lebenslauf ist das zentrale Element Ihrer Bewerbung. Viele Personalentscheider prüfen ihn noch vor dem Anschreiben. Deshalb sollten Sie auf seinen Inhalt und seine Gestaltung besonders große Mühe verwenden. Der ideale Lebenslauf ist schlüssig aufgebaut, chronologisch oder umgekehrt chronologisch geordnet sowie aufschlussreich in Bezug auf Ihre harten und weichen Qualifikationen. Deshalb sollten Sie alle (Hoch-)Schul-, Ausbildungs- und Berufsstationen, die für die angestrebte Stelle wichtig sind, ausführlich darstellen und auch Hobbys und Ehrenämter erwähnen, sofern sie über Ihre Qualifikationen und Eigenschaften Aufschluss geben. Denn das erzeugt für den Empfänger ein vollständiges Bild von Ihrer Person – und das ist die beste Voraussetzung, damit Sie zum Vorstellungsgespräch oder Assessment-Center eingeladen werden.

Der Aufbau des Lebenslaufs

Hauptüberschrift „Lebenslauf“

Kopf: persönliche Daten ···· Name, (evtl.) Anschrift
Geburtsdatum und -ort, (evtl.) Staatsangehörigkeit
Familienstand und ggf. Zahl der Kinder
(Foto auf gesondertem Deckblatt)

Hauptteil: schulischer und beruflicher Werdegang (die wesentlichen Stationen mit Zeugnissen belegen) ···· Schulbildung (höchster allgemeinbildender Schulabschluss)

Weiterführende Schulbesuche

Wehr-, Zivil- oder Ersatzdienst

Freiwilliges Soziales Jahr oder Bundesfreiwilligendienst

Berufsausbildung oder Studium (Abschluss)

Praktika

Berufstätigkeit

Auslandsaufenthalte

Thematischer Anhang: Zusatzinformationen ···· Fort- und Weiterbildungen

EDV-Kenntnisse

Sprachkenntnisse

Hobbys und Freizeitinteressen

Mitgliedschaften in (Berufs-)Verbänden, Vereinen, …

Ehrenamtliches Engagement und/oder Ehrenämter

Eigene Publikationen

Charaktereigenschaften

(Zusatzinformationen sind nur dann sinnvoll, wenn sie auf bestimmte Fähigkeiten schließen lassen, die für die angestrebte Stelle wichtig sind.)

Schluss ···· Ort, Datum
Eigenhändige Unterschrift (bzw. Namenszug in getippter Form für E-Mail- und Onlinebewerbungen)

Der Kopf des Lebenslaufs: persönliche Daten

Unter der Überschrift »Lebenslauf« bringen Sie alle relevanten persönlichen Daten. Das Bewerbungsfoto platzieren Sie rechts oben auf der ersten Seite, falls Sie kein Deckblatt mit Foto verwenden.

Hauptteil

Ihren schulischen und beruflichen Werdegang sollten Sie mit passenden Zeugnissen belegen.

Im Hauptteil bringen Sie alle Stationen Ihres Lebens mit Angabe des Anfangs- und Enddatums unter. Wichtig: Die wesentlichen Stationen Ihres Lebens sollten Sie mit Schul-, Studien- und Arbeitszeugnissen sowie Tätigkeitsbescheinigungen belegen. Einzelheiten dazu, welche Nachweise wichtig sind und welche nicht, finden Sie im Kapitel »Vollständigkeit und Reihenfolge der Unterlagen«.

Thematischer Anhang

Nicht jeder Lehrgang muss in den chronologisch aufgebauten Hauptteil eingeordnet werden.

Lehrgänge und Fortbildungskurse brauchen Sie nicht unbedingt chronologisch einzuordnen. Versehen Sie sie mit Datum und setzen Sie sie an den Schluss des Lebenslaufs. Hier verweisen Sie auch auf Zusatzqualifikationen, Sprachkenntnisse und Hobbys.

Computerkenntnisse

EDV-Wissen veraltet schnell. Geben Sie nur Kenntnisse an, die noch aktuell sind.

EDV-Kurse sollten Sie nur aufführen, wenn sie noch aktuell sind, da Software schnell veraltet. Faustregel: Computerlehrgänge, die länger als ein Jahr her sind, brauchen Sie nicht mehr aufzuführen.
Ausnahme: Bei Spezialprogrammen (z. B. Grafik- oder Layout-Software) können Sie eine Ausnahme machen. Stellen Sie heraus, dass Sie auf dem neuesten Stand sind oder ihn sich zumindest leicht aneignen können. Oft ist es besser, die Kenntnisse darzustellen, als nur die Teilnahme an einem entsprechenden Kurs zu benennen.

Sprachkenntnisse

Liefern Sie eine Einschätzung, wie gut Sie die betreffende Sprache beherrschen.

Bei der Einschätzung Ihrer Sprachkenntnisse können Sie das Schulnotensystem (von »sehr gut« bis »ausreichend«) benutzen. Üblich ist aber auch folgende Bewertungsskala:

- Muttersprachler
- verhandlungssicher
- fließend
- gute Kenntnisse
- ausbaufähige Grundkenntnisse
- Grundkenntnisse

Hobbys können Auskunft geben über Charaktereigenschaften und Soft Skills.

Hobbys

Ihre Hobbys brauchen Sie nicht unbedingt darzustellen. Es empfiehlt sich aber, um dem potenziellen Arbeitgeber ein umfassendes Bild von Ihrer Person zu vermitteln. Besonders empfehlenswert ist die Darstellung der Hobbys, wenn sie wünschenswerte Schlüsse auf Ihre Persönlichkeit zulassen bzw. dokumentieren, dass Sie für die angestrebte Stelle geeignet sind. Hobbys können einiges über Ihre »weichen« Fähigkeiten aussagen, zum Beispiel über Organisationstalent, Führungsqualitäten oder Risikobereitschaft.

Auch auf den Lebenslauf gehört eine eigenhändige Unterschrift.

Schluss: Datum und Unterschrift nicht vergessen

Zu einem vollständigen Lebenslauf gehören das Datum (handschriftlich oder gedruckt) und Ihre Unterschrift – bei postalischen Bewerbungen eigenhändig, bei E-Mail-Bewerbungen gescannt. Vergessen Sie nicht, das Datum zu ändern, falls Sie Ihren Lebenslauf auf dem Rechner aktualisieren. Auf den handschriftlichen Namenszug legen die meisten Personalentscheider großen Wert. Sie dokumentiert, dass ein Bewerber auch zu seiner Vita steht. Verzichten Sie bei postalisch versendeten Bewerbungen auf einen Scan und unterschreiben Sie von Hand.

Was nicht (mehr) in den Lebenslauf gehört

Es gibt ein paar Punkte, die früher zu einem vollständigen Lebenslauf dazugehörten, heute aber nicht mehr üblich sind. Die folgende Tabelle gibt Ihnen einen Überblick:

Welche Punkte nicht mehr in einen Lebenslauf gehören

	Begründung	Ausnahme
Eltern	Für den Bewerber spricht nach heutigem Verständnis allein seine Person, nicht seine Herkunft.	Bei Bewerbungen auf eine Ausbildungsstelle gleich nach dem Haupt- oder Realschulabschluss können die Eltern erwähnt werden (kein Muss).
Religionszugehörigkeit	Die persönliche Glaubensüberzeugung ist Privatsache.	bei Bewerbungen auf konfessionell gebundene Stellen, sofern eine bestimmte Religionszugehörigkeit Voraussetzung ist
kompletter schulischer Werdegang	Es zählt nur noch der höchste allgemeinbildende Abschluss.	bei der ersten Bewerbung direkt nach dem Schulabschluss

Die Gliederung des Lebenslaufs

Ein getippter tabellarischer Lebenslauf ist heute üblich.

Tabellarisch oder ausformuliert?

Der Lebenslauf ist heute in tabellarischer Form üblich. Wenn die Daten sauber untereinanderstehen, sieht er sehr ansprechend aus. Zudem ist die tabellarische Form des Lebenslaufs übersichtlicher. Ein Personalentscheider kann sich dadurch schnell einen Überblick verschaffen und prüfen, ob Ihre Bewerbung für ihn interessant ist. Ausformulierte Lebensläufe sind nicht mehr zeitgemäß.

Chronologisch oder thematisch?

Fragt man Personalverantwortliche, ob sie einen chronologischen oder einen thematischen Lebenslauf besser finden, ist die Antwort eindeutig: Der chronologische Lebenslauf wird bevorzugt. Das ist kein Wunder: Schließlich sind die ersten Handlungen bei der Sichtung von Bewerbungen

- der Abgleich der dort genannten Qualifikationen und Erfahrungen mit dem Anforderungsprofil der offenen Stelle,

- der Abgleich der im Lebenslauf genannten Daten mit den beigelegten Zeugnissen und Nachweisen,
- die Suche nach Lücken im Lebenslauf.

Das bedeutet: Machen Sie es demjenigen, der die Bewerberauswahl trifft, leicht. Ordnen Sie die Stationen in Ihrem Leben (umgekehrt) chronologisch an und nicht nach einzelnen Themenbereichen (Schulbildung, Ausbildung, Studium, Praktika, berufliche Praxis, Fortbildung). Denn wer auf eine korrekte zeitliche Reihenfolge verzichtet, weckt sofort den Verdacht, unproduktive Zeiten absichtlich zu unterschlagen. Dieser Versuchung sollten Sie widerstehen.

Chronologisch auf- oder absteigend?

Ordnen Sie Ihre Lebensdaten chronologisch auf- oder absteigend.

Bei der Frage, ob im Lebenslauf die Daten absteigend (beginnend mit der aktuellen Situation) oder aufsteigend (beginnend mit der Schulbildung) geordnet werden sollten, gilt: Je älter Sie sind, desto sinnvoller ist es, die absteigende Reihenfolge zu wählen und mit der aktuellen Situation in Ihrem Leben anzufangen. Ein Personalverantwortlicher will sich nicht durch viele Informationen lesen, bis er auf Seite 3 endlich zu dem kommt, was für ihn wichtig ist – was Sie aktuell machen.

Der chronologisch aufsteigende Lebenslauf

Die chronologisch aufsteigende Form, beginnend mit der Schulbildung, wählen Sie, wenn Sie am Anfang Ihrer beruflichen Laufbahn stehen und über wenig Berufserfahrung verfügen. Sie können sie auch dann wählen, wenn Sie sich aktuell in einer Lebensphase befinden, über die Sie nicht gleich zu Beginn Ihres Lebenslaufs informieren möchten. Manchmal ist es sinnvoll, zunächst Pluspunkte anzugeben statt Dingen, die einen Personalverantwortlichen eher abschrecken könnten. Beispiele dafür sind:

- Phasen längerer Arbeitslosigkeit (ein Zeitraum von mehr als sechs Monaten)

- eine aktuelle Anstellung, die Ihrem Ausbildungsstand nicht entspricht, z. B. eine wenig qualifizierte Arbeit trotz abgeschlossenen Studiums.
- ein abgebrochenes Studium, nachdem Sie ein sehr gutes Abitur erreicht und danach eine Ausbildung erfolgreich abgeschlossen haben.

Internationale Firmen, Headhunter und Personalberatungsfirmen bevorzugen meist die chronologisch absteigende Variante.

Der chronologisch absteigende Lebenslauf
Bewerben Sie sich außerhalb Deutschlands oder bei einer Firma, die international agiert, dann ist ein chronologisch absteigender Lebenslauf angebracht. International ist er längst Usus. Auch Akademikern, die sich auf Topstellen bewerben, wird er häufig empfohlen, ebenso Hochschulabgängern im Vorfeld von Jobmessen und Jobbörsen. Wenn Sie bereits über mehrjährige Berufserfahrung verfügen, dann sollten Sie ebenso die chronologisch absteigende Form wählen, um dem Personalverantwortlichen die Arbeit zu erleichtern.

Tipp: Halten Sie sich an die Reihenfolge!

Springen Sie nicht hin und her zwischen thematischer und chronologischer Darstellung. Halten Sie sich streng an die zeitliche Reihenfolge. Versehen Sie die einzelnen Abschnitte nur dann mit thematischen Überschriften (z. B. »Ausbildung«, »Berufserfahrung«), wenn sie zur zeitlichen Abfolge passen. Das ist dann der Fall, wenn in Ihrem Leben wirklich

- erst die Schulzeit,
- dann die Ausbildung oder das Studium,
- dann die Berufserfahrung

kommt.

Kürzere Episoden wie Weiterbildungen können Sie in einem thematischen Anhang ausgliedern.

Fortbildungen und Weiterbildungskurse dagegen können Sie unter der entsprechenden Überschrift gesondert unten aufführen, ebenso Ihre Kenntnisse und Hobbys. Denn es ist meist zu unübersichtlich, sie chronologisch einzuordnen.

Passen die einzelnen Stationen thematisch nicht in die chronologische Reihenfolge, beispielsweise, weil Sie nach einigen Jahren Berufstätigkeit ein Zweitstudium aufgenommen haben, dann können Sie jeder einzelnen Station eine eigene thematische Überschrift geben.

Wie lang darf ein Lebenslauf höchstens sein?

Ein bis zwei Seiten – es gibt keine verbindliche Vorschrift

Bei der Länge gibt es keine festen Regeln. Ein bis zwei Seiten entsprechen den Gepflogenheiten.

Empfehlenswert ist es, beim Lebenslauf die Länge von zwei Seiten nicht zu überschreiten. Diese Empfehlung ist aber kein Muss. Anders als beim Anschreiben kommt es beim Lebenslauf vorrangig auf Vollständigkeit an – und auf die (für die Stelle) besonders wichtigen Stationen. Wenn eine ausführliche Darstellung Ihren Lebenslauf verständlicher macht und Ihre Person besser beleuchtet, dann ist es nicht weiter schlimm, wenn er sich auf drei Seiten ausdehnt.

Trotzdem ist es sinnvoll, sich auf das Wichtigste zu beschränken

Je mehr Berufserfahrung Sie haben, desto weniger detailliert brauchen Sie Ihre Schul- und Ausbildung zu beschreiben.

Versuchen Sie trotzdem, sich am Richtwert von zwei Seiten zu orientieren. Damit zwingen Sie sich, nur die wesentlichen Dinge aufzuführen und nicht jede Station Ihres Lebens mit unnötigen Details aufzublähen. Wesentlich ist, was Sie für die Stelle qualifiziert.

Zeitangaben: am besten auf den Monat genau

Bei Datumsangaben genügen der Monat und das Jahr.

Die Daten in einem Lebenslauf brauchen Sie nicht auf den Tag genau anzugeben – das wäre zu aufwendig. Aber eine Zeitangabe in Monaten ist empfehlenswert, weil sie am ehrlichsten wirkt. Damit dokumentieren Sie lückenlose Anschlüsse (wobei ein- bis zweimonatige Pausen akzeptabel sind). Häufiger sieht man auch Lebensläufe, die nur eine Jahresangabe enthalten. Das ist nicht ratsam, denn man kann zwischen zwei aufeinanderfolgenden Jahresangaben fast zwei Jahre Pause verbergen. Personalverantwortliche, die Erfahrung mit der Interpretation von Lebensläufen haben, wissen das – und werden misstrauisch.

Beispiel
Im Lebenslauf von Steffen Schmitz finden sich folgende Angaben:

2006 bis 2013
Möbelschreiner, »Das Kästchen«, Schreinerwerkstatt, Hameln

2014 bis heute
Verkaufsberater, Möbelhaus »The Furnisher«, Bad Lippspringe

Der Personalverantwortliche prüft die Anschlusszeiten anhand der Arbeitszeugnisse nach. Dabei kommt heraus, dass Steffen Schmitz nur bis Ende Januar 2013 als Möbelschreiner in Hameln tätig war. Anfang Dezember 2014 hat er die neue Arbeitsstelle angetreten. Volle 21 Monate (Arbeitslosigkeit? Untätigkeit? Krankheit? Aufenthalt im Strafvollzug?) hat er unterschlagen.

Verstecken Sie Zeiten der Arbeitslosigkeit oder Unproduktivität nicht.

Führen Sie daher auch wenig produktive Zeiten im Lebenslauf auf und erklären Sie die Hintergründe. Mehr dazu finden Sie im Abschnitt »Mut zur Lücke(nlosigkeit)«.

Die Zeitangaben im Lebenslauf sollten einheitlich sein. Nennen Sie beispielsweise immer den Monat und das Jahr.

Wichtiger Hinweis: Zeitangaben nicht variieren!
Halten Sie den Aufbau des Lebenslaufs stringent durch. Vermeiden Sie im Hauptteil einen Wechsel zwischen verschiedenen Zeitangaben (z. B. einmal auf den Tag, einmal auf den Monat und einmal nur auf das Jahr genau). Lediglich wenn Sie im thematischen Anhang berufsbegleitende Weiterbildungskurse auflisten, genügt die Angabe des Jahres, in dem diese stattgefunden haben.

Spezielle Tipps zum Inhalt

Gewichten Sie die einzelnen Stationen passend zu der Stelle, auf die Sie sich bewerben.

»Beim Lebenslauf sind die Fakten durch den Verlauf vorgegeben«, denken Sie vielleicht, »da gibt es nicht viel Freiheit bei der Formulierung.« Irrtum! Gerade beim Lebenslauf ist es wichtig, dass Sie nicht einfach die Stationen Ihres Lebens ohne Erklärungen und Kommentare hintereinander auflisten.

Auf Stringenz und Gewichtung kommt es an

Aus einem gut aufgebauten Lebenslauf geht hervor, was Ihre Befähigung für die angestrebte Stelle begründet. Personalverantwortliche schauen besonders auf einen stringenten Handlungsverlauf – auch wenn sie keine Probleme damit haben, dass fast jeder Mensch Brüche in seiner Vita aufzuweisen hat. Ein Lebenslauf soll zeigen,

- was Sie wollen,
- was Sie können,
- wer Sie sind.

Gute Chancen haben Sie, wenn Ihr Lebenslauf in diesen drei Punkten zur ausgeschriebenen Stelle passt. Damit ist nicht gemeint, dass er so wirken soll, als hätten Sie Ihr ganzes Leben lang nur ein Ziel gehabt, nämlich die betreffende Anstellung. Sie brauchen auch nicht so zu tun, als hätten Sie während Ihrer Ausbildung, Ihres Studiums und/oder Berufslebens einzig und allein auf diese Position hingearbeitet. Ein solcher Lebenslauf wäre unrealistisch und unglaubwürdig. Lassen Sie Brüche im Lebenslauf ebenso zu wie die Tatsache, dass Ihr Leben nicht immer geradlinig verlaufen ist. Das ist normal. Einen roten Faden kann Ihr Lebenslauf trotzdem haben.

Der rote Faden im Lebenslauf

Geben Sie Ihrem Lebenslauf einen roten Faden, indem Sie Gemeinsamkeiten oder Überschneidungen bei einzelnen Stationen Ihres Lebens hervorheben.

Suchen Sie nach Anknüpfungspunkten und Gemeinsamkeiten mit der angestrebten Stelle. Nach Möglichkeit sollten Sie einen zusammenhängenden Handlungsstrang erkennbar machen.

Anknüpfungspunkte zur angestrebten Stelle herausstellen!

Listen Sie all Ihre Stationen auf. In einem zweiten Schritt überlegen Sie, welche Stationen, Tätigkeiten oder Hobbys in Ihrem bisherigen Leben zusammenpassen. Gab es Tätigkeiten, die Überschneidungen mit der angestrebten Stelle aufweisen? Da Sie sich für eine bestimmte Position interessieren, wird das wahrscheinlich der Fall sein. Beispiele:

- Die Lieblingsfächer in der Schule stimmen mit dem gefragten Know-how überein.
- Sie haben eine (einigermaßen) passende Ausbildung gemacht.
- Sie haben ein verwandtes Fach studiert.
- Sie waren schon in einer ähnlichen Branche berufstätig.
- Sie haben vergleichbare Aufgaben ausgeführt.
- Sie haben Hobbys, die ähnliche Qualifikationen erfordern wie die ausgeschriebene Stelle.
- Solche Gemeinsamkeiten gilt es im Lebenslauf herauszustellen. Dann sind Sie wegen eventueller Brüche, die Ihr Leben womöglich aufweist, nicht angreifbar.

Gewichten Sie das stärker, was zur angestrebten Stelle passt

Setzen Sie die Schwerpunkte gemäß den geforderten Fähigkeiten.

Auch bei der Gewichtung Ihrer Tätigkeiten haben Sie Spielräume. Je nachdem, auf was für eine Stelle Sie sich bewerben, heben Sie einzelne Stationen oder Aufgaben stärker hervor und behandeln Sie sie ausführlicher.

Beispiel
Ein Marketing-Praktikum, das am Rande mit dem direkten Vertrieb zu tun hatte, kann als Praktikum im Bereich Vertrieb beschrieben werden.

Aber nicht übertreiben!

Einzelne Bestandteile des Lebenslaufs im Hinblick auf die gewünschte Stelle ausführlicher, andere knapper darzustellen ist legitim. Aber dieses Vorgehen hat auch Grenzen: Das Ganze muss plausibel erscheinen. Es ist nicht möglich, ein zweiwöchiges Praktikum als gewichtiger darzustellen als eine fünfjährige Berufstätigkeit.

Schummelei ist nicht ratsam

Machen Sie wahrheitsgemäße Angaben. Wer schummelt, tut sich keinen Gefallen.

Einen stringenten Lebenslauf müssen Sie nicht erdichten. Wer schummelt, hat auf Dauer nichts davon. Denn meist kommt das schon beim Blick auf die Daten in den beigelegten Nachweisen heraus. Auch im Vorstellungsgespräch werden Schummeleien leicht aufgedeckt – weil ein Bewerber sich in Widersprüche verstrickt oder nicht mehr genau weiß, was er im Lebenslauf geschrieben hat. Wer aufgrund falscher Angaben eine Stelle bekommt, wird damit wahrscheinlich nicht glücklich. Wesentliche Erfahrungen und Fertigkeiten bringt er nicht mit, muss aber so tun, als ob, weil er sie im Lebenslauf angegeben hat. Wenn der Schwindel auffliegt und der Arbeitgeber erfährt, dass er bei der Bewerbung getäuscht wurde, ist das sogar ein Kündigungsgrund.

Erklärungen erwünscht: Setzen Sie nichts als bekannt voraus

Kommentieren Sie die einzelnen Stationen in Ihrem Leben, sodass sie für Fremde verständlich werden.

Niemand versteht den Verlauf Ihres Lebens so gut wie Sie selbst. Vielleicht ist es deshalb so schwierig, einen verständlichen Lebenslauf zu schreiben. Beachten Sie besonders: Bei den meisten Stationen eines Lebens reicht die bloße Auflistung nicht, sondern sie müssen erklärt werden. Das betrifft vor allem

- Studien- und Ausbildungsgänge (sofern Sie sich fachfremd bewerben),
- Positionen und Tätigkeiten (sofern die Bezeichnung nicht allgemein verständlich ist),
- Firmen und andere Arbeitgeber (sofern diese nicht allgemein bekannt sind).

Bewerben Sie sich fachfremd, sollten Sie bedenken, dass nicht jeder den Inhalt Ihrer Ausbildung kennt.

Studien- und Ausbildungsgänge erklären

Besonders wenn Sie sich fachfremd bewerben, sollten Sie sich in die Lage desjenigen hineinversetzen, der Ihren Lebenslauf lesen und auswerten muss. Reicht es, wenn Sie nur den Ausbildungsberuf oder das Studienfach nennen? Kann sich wirklich jeder vorstellen, was Sie dabei gelernt haben? Wenn nicht, dann fügen Sie eine kurze Erklärung hinzu. Bedenken Sie auch, dass bestimmte Bezeichnungen zwar Assoziationen hervorrufen – aber leider nicht unbedingt die richtigen. Auch hier ist eine Erklärung hilfreich. Drei Beispiele finden Sie in der folgenden Tabelle:

Erklärungsbedürftige Ausbildungs- und Studiengänge

Ausbildungs-/ Studiengang	Assoziation	Erklärung
Ausbildung zum Metallbildner	irgendetwas mit Metall ...	Ausbildungsinhalte: Anfertigung von Möbelbeschlägen, Toren, Geländern und Ziergegenständen aus Metall
Hydrologie	irgendetwas mit Wasser ...	Lerninhalte: Einschätzung von Wasserangebot und -qualität, Wassernutzung und -bereitstellung, Konzeption wasserwirtschaftlicher Anlagen

Eine Berufsbezeichnung wird verständlicher, wenn Sie Aufgaben und Ziele im Lebenslauf angeben.

Position und Tätigkeit erklären

Positionsbezeichnungen sind oft nichtssagend. Es genügt also nicht, einfach die Stellenbezeichnung aufzuführen. Schreiben Sie konkret, welche Aufgaben und Tätigkeiten sich dahinter verbergen. Bei Führungskräften ist es zudem sinnvoll, zwischen den Aufgaben und den Zielen einer Position zu unterscheiden und das Ziel ebenfalls anzugeben. Außerdem sollten Sie schreiben, für wie viele Mitarbeiter Sie Personalverantwortung hatten.

Vier Beispiele für eine erklärungsbedürftige Position

Position	Aufgaben/Tätigkeiten	Ziel der Position
Einkäufer	Suche nach Lieferanten Verhandeln über Preise und Bedingungen Bildung von Einkaufsgemeinschaften Planung des Materialeinsatzes	Sicherstellung der Materialversorgung zu einem angemessenen Preis
Fertigungsleiter	Aufbau neuer Produktionslinien Produktionsplanung und -durchführung Personalverantwortung für 25 Personen	Sicherstellung einer reibungslosen Produktion in der Serienfertigung von Weißblechdosen
Vorstandssekretärin	Erledigung der Korrespondenz und der Telefonate Empfang und Bewirtung von Gästen Terminplanung Organisation von Veranstaltungen	Entlastung des Vorstands in allen organisatorischen Dingen
Außendienstmitarbeiter einer Versicherung	Kundenberatung Abschluss von Verträgen Abwicklung von Schadensfällen	Kunden so betreuen, dass sie zufrieden sind, Verträge abschließen und wiederkommen

Firma oder sonstigen Arbeitgeber erklären

Liefern Sie bei jeder Arbeitsstelle eine kurze Einordnung des Arbeitgebers (Branche, Größe).
Was frühere Arbeitgeber angeht, gibt es einigen Erklärungsbedarf: Bei unbekannten Firmen, Organisationen oder öffentlich-rechtlichen Arbeitgebern, deren Namen keine Assoziation wecken, sollten Sie zumindest kurz erwähnen,

- in welchem Bereich sie tätig sind,
- wie viele Mitarbeiter dort beschäftigt sind (ungefähre Zahl genügt).

Beispiel
Die Deutsche Telekom kennt jeder. Die meisten können sich vorstellen, in welchen Bereichen das Unternehmen tätig ist. Ein kleineres Unternehmen ist dagegen höchstens in der näheren Umgebung oder in der eigenen Branche bekannt. Rechnen Sie also damit, dass der Name allein kaum etwas aussagt. Schreiben Sie daher eine kurze Erklärung dazu. Dasselbe gilt für Verbände, Behörden, Stiftungen, Kommunen und Organisationen, die nicht allgemein bekannt sind. Drei Beispiele:

- »Bartelt GmbH« (Hersteller von Brandschutztüren, ca. 300 Mitarbeiter)
- »Großenberg KG« (Großhändler für Sanitärbedarf, 16 Mitarbeiter)
- »Landwirtschaftskammer Rheinland« (öffentlich-rechtliche Selbstverwaltung der regionalen Landwirtschaft, ca. 200 Mitarbeiter)

Längere Tätigkeiten bei einem Arbeitgeber aufschlüsseln

Längere Stationen aufschlüsseln

Manche Punkte im Lebenslauf wirken unscheinbarer – und damit nachteiliger –, als sie sind. Wenn zum Beispiel ein Mitarbeiter seit vielen Jahren bei ein und demselben Arbeitgeber tätig war, wirkt das ohne weitere Aufschlüsselung im Lebenslauf nicht besonders spektakulär. Ein kritischer Personalentscheider, der diesen Punkt liest, bekommt sofort den Eindruck: »Der Bewerber hat sich während der ganzen Zeit überhaupt nicht weiterentwickelt.« Deshalb ist es für Sie als Bewerber günstiger, wenn Sie langen Stationen in Ihrem Lebenslauf mehr als nur eine einzige Zeile widmen. Sie sollten stattdessen bei allen wichtigen Ausbildungs- oder Arbeitszeiten Ihres Lebens

- Erfahrungen und Lerninhalte angeben,
- Abteilungen oder Zuständigkeitsbereiche aufschlüsseln,
- Ihre Tätigkeiten und Aufgaben aufführen,
- (bei Führungspositionen) schreiben, wie viele Mitarbeiter Sie hatten.

Ideal ist der Nachweis, zunehmend Verantwortung übernommen zu haben.

Ideal ist es, wenn Sie dokumentieren können, dass Sie im Laufe der Zeit innerhalb desselben Unternehmens einen wachsenden Verantwortungsbereich übernommen haben.

Beispiel
Ein Bankangestellter war gut zehn Jahre lang bei derselben Bank angestellt. Ursprünglich sieht die Darstellung dieses Zeitraums in seinem Lebenslauf so aus:

08/04 bis 12/14
Angestellter bei der Norddeutschen Bankgesellschaft mbH

Besonders aussagekräftig ist dieser Punkt nicht. Wesentlich anschaulicher ist es, wenn er sein Dasein als Bankangestellter in einzelne Phasen aufteilt und zu jeder erklärt, was er getan hat und wofür er zuständig war:

08/04 bis 12/14
Angestellter bei der Norddeutschen Bankgesellschaft mbH

08/04 bis 07/06
Ausbildung zum Bankkaufmann

08/06 bis 11/08
Mitarbeit in der Kreditabteilung
(Prüfung von Anträgen, Kreditvergabe)

12/08 bis 06/11
Stellvertretende Leitung der Firmenkundenabteilung
(Erstellung von Finanzierungskonzepten, Bilanzanalyse)

07/11 bis 12/14
Leitung der Firmenkundenabteilung
(Führung von zehn Mitarbeitern)

Mut zur Lücke(nlosigkeit)

Lücken nicht vertuschen – denn das fällt erfahrenen Personalverantwortlichen auf.

Lücken dürfen nicht im Lebenslauf auftauchen. Zeiten des Leerlaufs oder der Arbeitslosigkeit kommentarlos unter den Tisch fallen zu lassen, ist ein Fehler, der einen Bewerber in aller Regel schon in der ersten Auswahlrunde – also noch vor dem Vorstellungsgespräch – disqualifiziert. Wer Lebensläufe prüft, der achtet sehr genau darauf, dass jeder Monat dokumentiert ist.

Ein erfahrener Personalverantwortlicher entdeckt sofort, wenn jemand Teile seines Lebens unterschlägt.

Wer häufig Personal auswählt, kennt alle Tricks, Lücken verschwinden zu lassen

Glauben Sie nicht, dass Sie Leerzeiten geschickt verstecken können. Wer Personal auswählt, kennt alle Tricks, mit denen Bewerber unliebsame Zeiträume verschwinden lassen. Es bringt keine Vorteile,

- den Lebenslauf nach Themen zu ordnen statt chronologisch (da vermutet ein erfahrener Personalverantwortlicher sofort Unstimmigkeiten),
- unproduktive Phasen einfach wegzulassen (womöglich unterstellt ein Personalentscheider dann weitaus Schlimmeres als den wirklichen Grund),
- Arbeitszeiten über die wirkliche Dauer hinaus zu verlängern (der Schwindel fliegt auf, denn Beginn und Ende jeder Tätigkeit sind genau im Arbeitszeugnis aufgeführt),
- Zeiten einer Anstellung einfach zu erfinden (das fehlende Zeugnis macht jeden Personalverantwortlichen misstrauisch).

Stehen Sie zu den Lücken und Brüchen in Ihrem Leben.

Keine Sorge wegen unproduktiver Zeiten!

Eine Lücke im Lebenslauf entsteht nur dann, wenn ein Bewerber beschließt, einen bestimmten Zeitraum zu verschweigen. Haben Sie selbst auch solche unproduktiven Zeiträume, die Sie am liebsten gar nicht aufführen möchten? Dann hilft der Gedanke, dass ein glatter Lebenslauf ohne Krisen, Auszeiten, Krankheiten und Arbeitslosigkeit einfach nicht normal ist.

Das weiß jeder, der Personal auswählt. Ein allzu geradliniger Lebenslauf wirkt wesentlich verdächtiger als einer, der das Leben so widerspiegelt, wie es ist – mit Erholungsphasen, unproduktiven Zeiten und dem einen oder anderen Richtungswechsel.

Beispiel
Sabine Ergeland hat eine schlimme Zeit hinter sich. Bei ihrem früheren Arbeitgeber wurde sie gemobbt, bis sie sich schließlich entschloss zu kündigen. Zugleich ging eine Beziehung in die Brüche. Sabine Ergeland bekam Depressionen und war für ein gutes Jahr nicht arbeitsfähig. Erst langsam schaffte sie es, die Krise in ihrem Leben zu bewältigen. Sie beschloss, künftig keine Vollzeitstelle mehr anzunehmen, sondern allenfalls eine Stelle mit 30 Arbeitsstunden pro Woche. Im Lebenslauf führte sie die zwölf Erholungsmonate als »Sabbatjahr« (ohne weiteren Kommentar) an. Bei einem Vorstellungsgespräch fragte der potenzielle Arbeitgeber nach, was genau sie während dieser Zeit gemacht habe. Die Erklärung, sie habe sich eine Auszeit genommen, um sich endlich wieder darüber klar zu werden, was sie wirklich wolle, genügte ihm völlig. Sabine Ergeland bekam die Stelle.

Plausible Erklärungen abgeben

Leerzeiten sollten Sie erklären.

Überlegen Sie: Was steckt hinter Ihren Leerzeiten? Arbeitslosigkeit? Krankheit? Phasen der Umorientierung? Urlaub? Elternzeit? Das alles lässt sich als plausible Begründung anführen – wobei Sie manches vielleicht beschönigen, aber nichts verfälschen müssen. Manchmal (besonders bei Leerzeiten, die länger als ein halbes Jahr dauern) ist eine kurze Kommentierung im Lebenslauf sinnvoll. Übrigens sollten Sie auch bei Nachfragen im Vorstellungsgespräch nicht lang nach passenden Argumenten suchen müssen. Die folgende Übersicht zeigt einige Beispiele, wie Sie lange Zeiten der Krankheit, des Nichtstuns oder der Arbeitslosigkeit begründen können.

Plausible Erklärungen für Leerzeiten

Leerzeit	Erklärung
längere Arbeitslosigkeit	arbeitssuchend auf der Suche nach einer geeigneten Stelle
längerer Urlaub (geeignet, um Zeiten bis zu drei Monaten zu erklären)	Erholungsurlaub Erholungsphase Auszeit (im Ausland)
Arbeitsunfähigkeit (Krankheit)	Zeit der Neuorientierung und Neuausrichtung Auszeit, um herauszufinden, was ich wirklich kann und was ich will.
Babypause/Elternzeit	Erziehungsurlaub Kindererziehungszeiten
Erholungszeit	Sabbatjahr Neuorientierung Orientierungsphase Auszeit zur neuen Weichenstellung
familiäre Verpflichtungen	Pflege meiner schwerkranken Mutter
sporadische Aushilfsjobs	Aushilfsjobs zur Überbrückung

Schwächen, Mängel und Defizite

Erklärungsbedürftige Punkte selbst erkennen und potenzielle Einwände entkräften

Der Lebenslauf ist nicht der Ort, an dem Sie Ihre (vermeintlichen oder tatsächlichen) Schwächen ausführlich behandeln sollten. Schließlich sind Ihre Stärken gefragt. Dennoch hilft bei offenkundigen Schwächen ein Hinweis, dass Sie sich Ihrer Schwächen bewusst sind – schon um klarzumachen, dass Sie sich eingehend mit dem Anforderungsprofil der Stelle auseinandergesetzt haben. Mehr dazu lesen Sie im Kapitel »Abweichungen vom Anforderungsprofil«.

Muster Lebenslauf »Ausbildungsplatz«

Lebenslauf

Persönliche Daten

Name: Andrea Neumann
Geburtsdatum: 8. März 2000
Geburtsort: Karlsruhe
Anschrift: Gartenstraße 3, 81234 München
Tel.: 089 1234567
E-Mail: aneumann@mail.de
Eltern: Peter Neumann, Dipl.-Ing.
Carola Neumann, geb. Schmitt,
Reiseverkehrskauffrau

Schulbildung

August 2006 – Juli 2010:	Grundschule in Ottobrunn
seit September 2010:	Staatliche Realschule in Neubiberg
angestrebter Abschluss:	Realschulabschluss im Juli 2015
Lieblingsfächer:	Französisch (sehr gut), Mathematik (gut)

Besondere Kenntnisse

Sprachen:	dreiwöchiger Französischsprachkurs in Paris
Computer:	Microsoft Office (Word, Excel, PowerPoint)

Praktische Erfahrung

August 2014:	vierwöchiges Praktikum im Bereich Veranstaltungsorganisation bei der Firma Müller Consult in Höhenkirchen

Hobbys

Klettern, Lesen, Tennis

München, 19. Januar 2015

Andrea Neumann

Muster Lebenslauf »Erzieherin«

Lebenslauf

Maike Renningsen, Erzieherin
Obere Beeke 25
26130 Oldenburg
Tel.: 0441 223334444

Geburtsdatum:	28.04.1992
Geburtsort:	Bremen
Staatsangehörigkeit:	deutsch
Familienstand:	ledig, keine Kinder

Schule

09/2002 – 07/2008	Wilhelm-Olbers-Realschule in Bremen mittlere Reife, Note: 1,9

Ausbildung

09/2008 – 08/2009	Kindertagesstätte St. Margarete in Bremen Vorbereitungsjahr zur Ausbildung als Erzieherin
09/2009 – 08/2011	Fachschule für Sozialpädagogik in Bremen 2-jährige Fachschulausbildung zur Erzieherin
09/2011 – 08/2012	Städtischer Kindergarten in Delmenhorst Anerkennungsjahr als **staatlich geprüfte Erzieherin**

Berufliche Erfahrung

09/2012 – heute	Städtischer Kindergarten in Delmenhorst (acht Gruppen mit je circa 20 Kindern) **staatlich geprüfte Erzieherin** – Betreuung, Erziehung, Bildung und Pflege der Kinder – Organisieren von Freizeitaktivitäten – Zusammenarbeit mit Eltern

Besondere Kenntnisse

Englisch (gute Grundkenntnisse), MS Office (Word, Excel, PowerPoint)
Großer Erste-Hilfe-Kurs (Malteser, 2006 und 2010)

Hobbys

Theater, Handarbeiten, mit Freunden treffen

Oldenburg, 9. Mai 2015

Maike Renningsen

Muster Lebenslauf »Assistentin des Geschäftsführers«

Lebenslauf

Persönliche Daten

Name	Angelika Plessar
Anschrift	Am Fuchsgrund 11 06246 Delitzsch Tel.: 0351 111222333 E-Mail: a.plessar@webprovider.de
Geburtsdatum	27. März 1965
Geburtsort	Görlitz
Staatsangehörigkeit	deutsch
Familienstand	verheiratet, keine Kinder

Ausbildung und beruflicher Werdegang

08/1971 – 06/1981	Polytechnische Oberschule, Görlitz **Abschluss der 10. Klasse (mittlere Reife)**
08/1981 – 07/1983	VEB Nachrichtentechnik und Berufsschule, Dresden **Ausbildung zur Facharbeiterin für Schreibtechnik**
08/1983 – 12/1990	VEB Nachrichtentechnik, Dresden **Sekretärin** Schreibarbeiten, Korrespondenz
01/1991 – 03/1993	Halbleiterwerk, Görlitz **Sekretärin** Schreibarbeiten, Büroorganisation
04/1993 – 12/1993	arbeitssuchend nach Insolvenz des Werks
01/1994 – 12/1995	**Weiterbildung zur Fremdsprachensekretärin** Schwerpunkt: Russisch Nebenfach: Polnisch
01/1996 – 03/1996	arbeitssuchend

– 1 –

Lebenslauf Angelika Plessar

04/1996 – 07/2014	Cowatco KG, Leipzig (Hersteller von Hobelmaschinen, ca. 150 Mitarbeiter) **Praktikantin in wechselnden Abteilungen** (2 Monate) **Teamassistentin in der Auslandsabteilung** Büroorganisation Buchung von Geschäftsreisen Erledigung der Korrespondenz mit Osteuropa Anfertigung von Übersetzungen Erstellung von Präsentationen
seit 08/2014	Auslandsreise nach Vietnam (vier Monate) arbeitssuchend Computerkurse (MS Office)

Weiterbildungen

09/1997	IHK-Seminar: „Durch flexible Organisation den Chef entlasten“
03/1999	„Basics bei der Geschäftsreiseplanung“
02/2006	Vertiefungskurs PowerPoint
04/2010	Crashkurs englische Korrespondenz

Kenntnisse und Fertigkeiten

Sprachen

Russisch	fließend in Wort und Schrift
Polnisch	gute Kenntnisse
Englisch	ausbaufähige Grundkenntnisse

EDV-Kenntnisse

Microsoft Office	alle gängigen Anwendungen

Delitzsch, 29.01.2015

Angelika Plessar

– 2 –

Muster Lebenslauf »Trainee Marketing«

Lebenslauf

Persönliche Daten

Britta Novotny
geboren am 17. Oktober 1987
Schönbuchweg 38,
70563 Stuttgart
ledig

Schulbildung

08/94 – 07/97	Grundschule Kirchheim
08/98 – 07/07	Droste-Hülshoff-Gymnasium Kirchheim Abschluss: Abitur (Note: 2,7)

Überbrückungstätigkeit

09/07 – 03/08	Verkäuferin Modehaus Scherff, Esslingen ▪ Verkauf und Beratung in der Abteilung „Junge Mode“ ▪ spezieller Einsatz bei Sonderverkäufen ▪ Aushilfe bei der Dekoration

Studium

04/08 – 03/10	Englisch, Geografie Eberhard-Karls-Universität Tübingen
04/10 – 03/11	Auslandsjahr Boston University, Massachusetts, USA
04/11 – 07/15	Englisch, Geografie Eberhard-Karls-Universität Tübingen, Abschluss: M. A. (Note 2,3) ▪ Masterarbeit: „Kooperationsmöglichkeiten im Stadtmarketing bei internationalen Städtepartnerschaften“

Praktische Tätigkeiten

07/08 – 08/08	Verkäuferin „Connemara – Der irische Laden“ ▪ Verkauf ▪ Eventorganisation (Whiskeyproben, Saint-Patrick’s-Day, Konzert „Dublin Pride“, Ausstellung „Gaelic Art“)

07/10 – 09/14 Aushilfssekretärin
Messe Stuttgart

- Mithilfe bei der Organisation von Messen (z. B. Invest, Camping & Freizeit, Leistungsschau Baden-Württemberg)
- Akquise neuer Aussteller
- Betreuung von Altkunden
- Betreuung des Infostands während einzelner Messen

Praktikum

06/13 – 12/13 Praktikantin
Marketing-Abteilung, Kaufhaus Brenninger

- Erstellung von Werbekonzepten (Weihnachten, Frühjahr)
- inhaltliche Abstimmung mit Werbe- und PR-Agenturen
- Rohentwurf von Prospekten, Handzetteln und Mailings (z. B. für die „Aktion Kundenkarte“)

Weitere Qualifikationen

Sprachen: Englisch: fließend in Wort und Schrift
Spanisch: gut
Französisch: Grundkenntnisse

Computer: MS Office (Schwerpunkt Word und Excel)

Hobbys

Leitung der Laienschauspieltruppe Esslingen (Stückauswahl, Regie, Organisation)
Musik (Gitarre- und Klavierspielen)
internationale Küche (nicht nur essen, sondern auch kochen)

Stuttgart, 25.11.2015

Britta Novotny

Muster Lebenslauf »Verkaufsberater Telekommunikation«

Lebenslauf

Zu meiner Person:

Name:	Arne Kräftig
Anschrift:	Bienwaldstr. 16 67658 Kaiserslautern
Geburtsdatum:	21. August 1978
Geburtsort:	Pirmasens
Staatsangehörigkeit:	deutsch
Familienstand:	verheiratet, ein Kind
angestrebte Position:	Verkaufsberater Telekommunikation

Schule, Wehrdienst, Studium:

09/1988 – 06/1997	**Schulausbildung** Realschule Pirmasens Aufbaugymnasium Kaiserslautern Abschluss mit Abitur: Note 2,2
08/1997 – 09/1999	**Zivildienst** Seniorenheim Rheinblick, Koblenz
10/1999 – 09/2002	**Studium der Betriebswirtschaft, Universität Trier** Schwerpunkt Absatzwirtschaft und Vertrieb Vordiplom: Note 2,5 Abbruch nach 6 Semestern (Grund: zu viel Theorie, zu wenig Praxis)

Beruflicher Werdegang:

10/2002 – 12/2002	arbeitssuchend
01/2003 – 07/2003	**Freiwillige Mitarbeit bei einem Transfair-Kaffee-Projekt, Guayaquil, Ecuador** Mitarbeit in der Kontaktstelle Südamerika – Europa Konzeption einer Diaserie über den fairen Handel Planung der Produktions- und Verkaufszahlen

– 1 –

Lebenslauf Arne Kräftig

Beruflicher Werdegang:

08/2003 – 06/2008	**Vertriebsmitarbeiter, RGDF-Pharma AG, Neu-Ulm** Trainee im Vertriebswesen (1 Jahr), wechselnde Stationen: Lehrgang „Grundlagen im Verkauf/Vertrieb“ (2 Monate) Marktforschungsabteilung (4 Monate) Außendienst in Begleitung eines Bezirksverkaufsleiters (6 Monate) Bezirksverkaufsleiter für den Bezirk südliches Rheinland: Betreuung vorhandener Kunden (Ärzte, Apotheker) Aufbau neuer Kundenbeziehungen Einarbeitung neuer Mitarbeiter
07/2008 – 12/2008	arbeitssuchend
01/2009 – 07/2015	**Versicherungsberater, All-Secure-Versicherung, Berlin** Bezirksleiter im Außendienst für den Bezirk Kaiserslautern Beratung von Kunden Erstellung von Analysen über den individuellen Versicherungsbedarf Verkauf von Policen Abwicklung von Schadensmeldungen
seit 08/2015	arbeitssuchend

Aktivitäten und Mitgliedschaften:

seit 03/2009	Mitgliedschaft im Radsportclub Kaiserslautern
seit 01/2010	Leitung einer Jugendmannschaft

Sprachkenntnisse:

Englisch	gute Kenntnisse
Spanisch	fließend

Sonstige Interessen:

Radsport, Computer- und Telekommunikationstechnik

Kaiserslautern, 30.10.2015

Arne Kräftig

– 2 –

Muster Lebenslauf »Kundendienst-Techniker«

Lebenslauf

Name:	Peter Raat
Geburtsdatum, -ort:	27. Februar 1967, Clausthal
Staatsangehörigkeit:	deutsch
Familienstand:	verheiratet, zwei erwachsene Kinder

Arbeit im eigenen Handwerksbetrieb:

Jul. 1998 bis heute	Selbstständigkeit Aufbau eines eigenen Handwerksbetriebs in Seesen Elektroinstallation, Kundendienst und Inspektion, Aufbau eines zum Betrieb gehörigen Elektrofachgeschäfts, Ausbildung von insgesamt vier Lehrlingen

Arbeit als angestellter Geselle:

Jan. 1989 – Jun. 1998	Elektromeisterbetrieb Gustav Meisner GmbH in Hannover Elektrotechniker berufsbegleitender Meisterkurs (1995–1997) Abschluss: Elektrotechnikermeister

Wehrdienst:

Sep. 1987 – Dez. 1988	Wehrdienst in Münster Grundwehrdienst Lkw-Führerschein Wartung der Nachrichtenelektronik

Ausbildung:

Aug. 1984 – Jul. 1987	Elektromeisterbetrieb Gustav Meisner GmbH in Hannover Ausbildung zum Elektrotechniker Abschluss: Elektrotechnikergeselle

Schule:

Jul. 1974 – Jun. 1984	Grund- und Realschule, Clausthal-Zellerfeld Abschluss: mittlere Reife

Seesen, 10.01.2015

Peter Raat

Peter Raat, Buchenweg 2, 38723 Seesen, Tel.: 05381 44332211,
E-Mail: p.raat@netline.de

Muster Lebenslauf »Juniorproduktmanager«

Lebenslauf

Persönliche Daten:

Name:	Carsten Bergach
Adresse:	Eichenweg 23, 59423 Unna
Geburtsdatum:	9. April 1989
Geburtsort:	Berlin
Familienstand:	ledig

Werdegang:

07/95 bis 07/07 **Schule**	Grundschule Unna-Lünern Pestalozzi-Gymnasium, Unna Abschluss: Abitur, Note 1,5
08/07 bis 07/08 **Wehrdienst**	Grundwehrdienst Instandsetzungsbataillon Dülmen
07/08 bis 03/09 **Aushilfsjob**	Überbrückungstätigkeit: Programmierung von Internetseiten New Media Design (PR-Agentur, 30 Mitarbeiter), Dortmund
04/09 bis 02/12 **Studium**	Bachelorstudium der Wirtschaftsinformatik Fachhochschule Braunschweig Abschluss: B. Sc., Note 2,1
03/12 bis 08/12 **Praktikum**	zehnwöchiges Industriepraktikum bei SAP AG, Walldorf Konzeption und teilweise Programmierung von individualisierbarer Kassensoftware
10/12 bis 09/14 **Studienabschluss**	Masterstudium Wirtschaftsinformatik Technische Universität Braunschweig Masterarbeit: „Technische Lösungen zur Implementierung spezialisierter Kassensoftware im Getränkeeinzelhandel“ Abschluss: Wirtschaftsinformatiker M. Sc., Note 1,3

Weitere Qualifikationen:

Sprachkenntnisse: Englisch (gut), Französisch (befriedigend)

Interessen und Hobbys:

Architekturgeschichte, zeitgenössische Architektur
Wandern, Bergsteigen, Klettern

Unna, 3. November 2015

Carsten Bergach

Muster Lebenslauf »Leiter der Personalabteilung«

Hans Lehmann, Lindenallee 3, 20100 Hamburg, Tel.: 040 123456,
Mail: lehmann@net.com

Lebenslauf

Persönliche Daten

Name:	Hans Lehmann
Geburtsdatum:	13. August 1969
Geburtsort:	Bad Tölz
Familienstand	verwitwet, drei Kinder (16, 18 und 19 Jahre alt)

Werdegang

Personalleiter im Einzelhandel

10/2007 bis heute	Personalleiter Sports and Adventure AG (Sportartikel-Einzelhändler, 600 Mitarbeiter), Hamburg Ziel der Position: Personalkosten sparen, Qualitätsstandards wahren Aufgaben: Personalauswahl, Konzeption von Weiterbildungsmaßnahmen, Erstellen von Personaleinsatzplänen, Kontakt mit dem Betriebsrat, Beratung der Geschäftsführung in personalrechtlichen Fragen, Frauenförderung, Erarbeitung von Sozialplänen und Outplacement-Maßnahmen, Pflege der Firmenstammdaten, Überwachung der Lohnabrechnungen

Personalleiter bei einem Dienstleister

07/2004 bis 09/2007	Personalleiter WPG Steuerberatung – Wirtschaftsprüfung – Unternehmensberatung (250 Mitarbeiter), Düsseldorf Ziel der Position: Auswahl geeigneter Mitarbeiter, Motivation, Bindungs- und Qualifikationsmaßnahmen Aufgaben: Personalauswahl, Qualifikationsanalyse, Konzeption von Weiterbildungsmaßnahmen, Beratung der Geschäftsführung bei Personalrecht und -einsatz

Neuorientierung

01/2004 bis 06/2004	Phase der Neuorientierung und Bewerbung

Lebenslauf Hans Lehmann

Personalleiter in der Industrie

01/2000 bis 12/2003	Stellvertretender Personalleiter Mercke & Söhne GmbH (Hersteller von Klimaanlagen, 2 000 Mitarbeiter), Darmstadt Ziel der Position: optimale Auslastung der Maschinen, reibungsloser Produktionsablauf bei kostensparendem Personaleinsatz Aufgaben: Erstellung von Personaleinsatzplänen für den Schichtbetrieb, Überwachung der Lohn- und Gehaltsabrechnung (2 Mitarbeiter), Kontakt zu den Betriebsräten der Niederlassungen, Beratung der Geschäftsführung in personalrechtlichen Fragen

Einstiegsposition Personalbereich in einem Verlagshaus

12/1998 bis 12/1999	Mitarbeiter in der Personalabteilung Verlagsgruppe Recke & Goldberg (Fachverlag für Finanzberichterstattung, ca. 350 Mitarbeiter), Frankfurt Ziel der Position: einwandfreie und kostensparende Personalbuchführung Aufgaben: Erstellung der monatlichen Gehaltsabrechnungen, Vorbereitung von Betriebsprüfungen durch die Sozialversicherung berufsbegleitende Weiterbildung: Personalwirt der IHK

Studium

10/1993 bis 09/1998	Studium der Betriebswirtschaft, Schwerpunkt Personal und Organisation Ludwig-Maximilians-Universität, München Abschluss: Diplom-Kaufmann

Lehrzeit und Gesellenjahr

08/1989 bis 07/1993	Bäckerlehre und Arbeit als Bäckergeselle Bäckerei Moshammer, Bad Tölz Abschluss: Gesellenbrief

Schulbildung

09/1975 bis 07/1989	Grundschule und Gymnasium, Bad Tölz Abschluss: Abitur

Weitere Qualifikationen

Sprachkenntnisse	Italienisch (verhandlungssicher), Englisch (gut),
EDV-Kenntnisse	MS Office, SAP R/3

Hamburg, 10.01.2015

Hans Lehmann

Muster Lebenslauf »Produktmanagerin«

Lebenslauf

Persönliche Daten

Name	Leonie Pfeiffer, geborene Schmidt
Anschrift	Winstr. 60 10405 Berlin
Geburtsdatum	12. September 1974 geboren in Hannover
Staatsangehörigkeit	deutsch
Familienstand	verheiratet, eine Tochter (3 Jahre)

Beruflicher Werdegang

05/2012 – 08/2015	Geburt meiner Tochter Anna Maria, Elternzeit
10/2003 – 04/2012	Deubner Cosmetics GmbH, Berlin (mittelständischer Betrieb, ca. 600 Angestellte) Projektmanagerin, verantwortlich für die Einführung der Herrenkosmetikmarke „Markant“, Aufgaben: – Marktforschung und Bedarfsermittlung – Konzeption des Produktauftritts – Organisation und Betreuung der Werbemaßnahmen – Anleitung externer Dienstleister
01/2002 – 09/2003	Trainee, Randorff AG, Mannheim (Waschmittel- und Seifenhersteller, ca. 280 Mitarbeiter) Stationen: Forschung, Produktion, Marketing und Vertrieb Abschlussarbeit: Relaunch der Damenshampoomarke „Wave“

Praktika

08/1999 – 09/1999	Redussa GmbH, Dortmund (Reifenhersteller, ca. 150 Angestellte) Aufgaben: – Mitarbeit in der Marketingabteilung – Marktforschung – Produkttests – Auswertung der Kundenzufriedenheit
10/1998	Praktikum bei der IHK Hannover Aufgaben: – Beratung angeschlossener Unternehmen im Marken- und Produktrecht – Erstellung einer Infobroschüre über Markenrecht und Markenschutz

– 1 –

Lebenslauf Leonie Pfeiffer

Studium

10/1995 – 11/2001	Georg-August-Universität in Göttingen Studium der Rechtswissenschaften Abschluss: Erstes Staatsexamen (2,5)
04/1997 – 11/2001	Stipendiatin der Studienstiftung des deutschen Volkes Teilnahme an – Ferienakademie (Thema: Industriestaaten im Umbruch, neue Lösungskonzepte für die Einwanderungsgesellschaft) – Seminar „Rhetorik und Selbstpräsentation" – Sprachkurs Spanisch in Sevilla, Spanien
08/1998	studienbegleitender vierwöchiger BWL-Kurs

Auslandsjahr

08/1994 – 07/1995	ein Jahr Neuseeland mit Sprachkurs und Reisen

Schule

08/1985 – 07/1994	Droste-Hülshoff-Gymnasium, Hannover Abschluss: Abitur (1,6)

Weitere Kenntnisse

Sprachkenntnisse:	Englisch fließend Französisch gute Kenntnisse Spanisch Grundkenntnisse
Computerkenntnisse:	sicherer Umgang mit MS Office, MS Project und SAP CRM

Interessen

Ehrenamtliches Engagement in der Jugendarbeit
Sport (Volleyball)
Städtereisen

Berlin, 06.08.2015

Leonie Pfeiffer

– 2 –

Wenn Sie im Anschreiben nicht alles unterbringen

Manche Bewerber fügen eine Zusatzseite ein, um mehr über sich zu verraten.

Normalerweise genügen Anschreiben, Lebenslauf und die üblichen Nachweise für eine vollständige Bewerbungsmappe. Daraus sollte zur Genüge hervorgehen, dass Sie sich für die betreffende Stelle eignen. Manche Bewerber meinen, eine zusätzliche Seite neben Anschreiben und Lebenslauf sei nötig, um auf weitere Qualitäten hinzuweisen. »Warum ich?« oder »Was Sie sonst noch über mich wissen müssen« lautet der Titel oft. In der Tat gibt es einige Gründe, die für eine solche Seite sprechen. Aber es gibt auch so manches, was dagegen spricht.

Wann eine Zusatzseite eher auf Ablehnung stößt

Nicht alle Personalverantwortlichen betrachten eine zusätzliche Seite mit Wohlwollen. Der Grund ist, dass sie Bewerbungen mit einer Zusatzseite bekommen, die keine neuen Erkenntnisse liefert. Manch ein Bewerber nutzt diese Plattform für ausufernde Selbstdarstellungen oder nichtssagende, aber schön klingende Phrasen. Ein Personalverantwortlicher betrachtet dann das Lesen dieser Seite als reine Zeitverschwendung.

Kein unnötiger Ballast

Für allgemeine Aussagen zu Ihrem Lebensmotto, Ihrer Motivation oder Arbeitsweise brauchen Sie keine extra Erklärungsseite.

Grundregel: Eine zusätzliche Erklärungsseite ist nur angebracht, wenn Sie als Bewerber wirklich Wichtiges zu sagen haben. Dabei sollten Sie sich danach richten, ob Ihr potenzieller Arbeitgeber noch Fragen in Bezug auf Ihre Person oder Eignung haben könnte. Eine Erklärungsseite, auf der ein Bewerber ausschließlich um die eigene Person kreist, kommt selten gut an. In diesem Zusammenhang sei besonders gewarnt vor unnötigem Ballast wie

- Leitsprüchen (z. B. »Mein Lebensmotto lautet ...«),
- Gemeinplätzen, die wohl jeder Bewerber über sich sagen könnte (z. B. »Ich arbeite hoch motiviert«, »Meine Stärken liegen im konzeptionellen Arbeiten«, »Ich arbeite verantwortungsbewusst«, »Ich bin teamfähig«),

- leeren Phrasen (z. B. »Mein Arbeitsstil orientiert sich an bestimmten Leitideen. Trotzdem verliere ich nie den Blick fürs Machbare«, »Für mich ist es selbstverständlich, aus Fehlern zu lernen, aber auch meine Schwächen zu akzeptieren«).

Wenn bestimmte Aspekte erklärungsbedürftig sind und den Rahmen des Anschreibens sprengen würden, ist eine Erklärungsseite ideal.

Nur bei Aspekten, die erklärungsbedürftig sind

Es gibt aber durchaus Situationen, in denen eine zusätzliche Seite tatsächlich hilfreich ist und vom Empfänger gern akzeptiert wird. Das ist dann der Fall, wenn es einen Aspekt in Ihrem Leben oder Werdegang gibt, der erklärungsbedürftig ist. Nimmt diese Erklärung so viel Raum ein, dass sie Anschreiben oder Lebenslauf überfrachten würde, dann kann es klug sein, diesen Aspekt auszulagern und auf einer Zusatzseite gesondert zu behandeln. Beispiele:

- Sie sind behindert und möchten einen potenziellen Arbeitgeber darüber informieren, dass es von öffentlicher Seite Zuschüsse für Ihr Gehalt bzw. für eine behindertengerechte Einrichtung des Arbeitsplatzes gibt.
- Sie bieten zusätzliche, für die Position wichtige Informationen zu Ihrer Diplom-, Master- oder Doktorarbeit, einem Auslandsaufenthalt oder einem Ehrenamt.

Ob Ihre Bewerbung überhaupt sinnvoll ist, sollten Sie vorab telefonisch klären.

Erklärungsbedürftige Aspekte in Ihrem Leben oder Ihrem Werdegang, die in aller Regel schon in der ersten Auswahlrunde – also noch vor dem Vorstellungsgespräch – zu einem K. o. führen, sollten Sie nicht schriftlich zu erklären versuchen. Beispiele:

- falsche oder fehlende Ausbildung auf eine Stelle,
- Einschränkung der möglichen Arbeitszeit auf Teilzeit (z. B. aufgrund von Kindererziehung) bei einer Vollzeitstelle,
- Behinderung mit einem Grad der Behinderung (GdB) von über 30 Prozent.

Klären Sie vielmehr vorab in einem persönlichen Telefongespräch mit dem Personalverantwortlichen, ob Ihre Bewerbung überhaupt sinnvoll ist.

Mustertext Erklärungsseite »körperliche Behinderung«

Sina Leber
Goethestr. 48
27576 Bremen

Das könnte für Sie als Arbeitgeber interessant sein

Seit meiner Geburt habe ich eine Skoliose und dadurch einen Grad der Behinderung von 70 Prozent.

Durch meine körperliche Behinderung bin ich ein wenig langsamer; ich überzeuge jedoch durch große Gewissenhaftigkeit und Zuverlässigkeit.

Für Sie als Arbeitgeber besteht im Falle einer Einstellung die Möglichkeit, Fördergelder, Beihilfen und Zuschüsse zu beantragen:

- Integrationsbeihilfe
- Entgeltbeihilfe
- Arbeitsplatzsicherungsbeihilfe
- Zuschüsse für eine behindertengerechte Einrichtung des Arbeitsplatzes

Gern informiere ich Sie in einem persönlichen Gespräch detailliert über die aktuellen Möglichkeiten.

Sina Leber

Mustertext Erklärungsseite »Zusätzliche Information«

Andreas Müller
Schulstraße 33
40213 Düsseldorf
Tel.: 07231 123456
E-Mail: a.mueller@net.com

Zusatzinformation zu meinem Sabbatical in Australien

Nach fünfjähriger Berufstätigkeit als Diplom-Chemiker im Bereich der Umweltchemie habe ich mich im Februar 2015 dazu entschlossen, ein Sabbatical zu nehmen und Australien zu bereisen. Dort habe ich Einblicke in eine andere Kultur, eine faszinierende Natur und mehrere Umweltprojekte bekommen.

Durch meinen Auslandsaufenthalt kann ich Ihnen besondere Fähigkeiten und Erfahrungen bieten:

- 3 Monate Intensivsprachkurs für Naturwissenschaftler,
- 1 Monat Hospitation in einem Umweltlabor (Environmental Laboratory Technician),
- 2 Monate Mitarbeit in einem Renaturierungsprojekt (Saltbush Improvement Project),
- 4 Monate Mitarbeit in einem Projekt zu erneuerbarer Energie (Solar Energy Project).

Gern berichte ich in einem persönlichen Gespräch ausführlicher über meine Erfahrungen und Fähigkeiten und inwiefern diese für Sie bzw. für die ausgeschriebene Stelle von besonderem Interesse sein können.

Andreas Müller

Die Bewerbung per E-Mail

Bewerben Sie sich nur dann per E-Mail, wenn dies ausdrücklich erwünscht oder erlaubt ist.

Eine Bewerbung per E-Mail ist in der Regel empfehlenswert, wenn der potenzielle Arbeitgeber dies ausdrücklich wünscht oder zumindest auf diese Möglichkeit hinweist. Ist die E-Mail-Adresse des Personalverantwortlichen im Inserat angegeben (z. B. vorname.name@musterfirma.com), können Sie auch das als Indiz werten, dass eine E-Mail-Bewerbung willkommen ist.

Wann ist die Bewerbung per E-Mail angebracht?

Nicht jeder, der eine E-Mail-Adresse angibt, wünscht sich elektronische Bewerbungen.

Schwieriger wird es, wenn nicht explizit in der Stellenanzeige steht, dass E-Mail-Bewerbungen erwünscht sind, und wenn dort nur eine allgemeine E-Mail-Adresse angegeben ist (z. B. info@musterfirma.com). In einem solchen Fall können Sie – zumindest bei kleineren Firmen, Behörden oder Organisationen – nicht davon ausgehen, dass E-Mail-Bewerbungen akzeptiert werden.

E-Mail-Bewerbungen sind in bestimmten Branchen Standard.

Dennoch entwickelt sich die E-Mail-Bewerbung mehr und mehr zum Standard, vor allem

- bei Firmen mit mehr als zehn Mitarbeitern,
- bei Firmen mit technischer Ausrichtung,
- bei Firmen, die im IT-Bereich tätig sind,
- bei Werbe- und PR-Agenturen,
- in der Medienbranche.

Hier ist es wahrscheinlich, dass eine E-Mail-Bewerbung genauso behandelt und gleichermaßen berücksichtigt wird wie eine Bewerbungsmappe, die per Post kommt.
Aber aufgepasst: Die Veröffentlichung einer Stellenanzeige im Internet ist keine Garantie dafür, dass Sie mit einer E-Mail-Bewerbung automatisch richtig liegen. Gerade auf Online-Bewerbungsportalen sind viele Stellenanzeigen aus Printmedien übernommen.

E-Mail oder Onlinebewerbungsformular?

Bietet ein Arbeitgeber ein Onlinebewerbungsformular auf seiner Homepage an, sollten Sie sich an diesen Bewerbungsweg halten.

Ist die elektronische Bewerbung grundsätzlich erwünscht, dann heißt auch das noch nicht, dass Sie die Unterlagen gleich per E-Mail schicken sollen. Einige Arbeitgeber haben das Verfahren standardisiert, zum Beispiel, indem sie auf ihren Websites ein Formular anbieten, auf dem Sie sich eintragen können (das nennt sich E-Recruiting). Halten Sie sich an die Vorgaben! In diesem Fall bewerben Sie sich, indem Sie das Formular ausfüllen und alle Fragen beantworten, statt eine individuelle E-Mail-Bewerbung loszuschicken.

Fragen Sie im Zweifel nach, ob der Empfänger eine E-Mail-Bewerbung akzeptiert.

Wenn Sie unsicher sind – nachfragen!
Falls Sie es eilig haben und sich unsicher sind, ob der anvisierte Arbeitgeber E-Mail-Bewerbungen akzeptiert, dann fragen Sie vorher nach. Das können Sie per Telefon tun, wenn Sie genügend Souveränität mitbringen. Genauso akzeptabel ist aber auch eine Nachfrage per E-Mail. Hier müssen Sie aber die E-Mail-Adresse der Personalabteilung oder des Personalverantwortlichen haben. Unter einer allgemeinen Kontaktadresse wie info@musterfirma.com kommen Sie wahrscheinlich nicht zur gewünschten Auskunft.

Mustertext für die Frage, ob E-Mail-Bewerbungen erwünscht sind
(Betreff:) Akzeptieren Sie eine E-Mail-Bewerbung?

Sehr geehrter Herr … / Sehr geehrte Frau …,

im Onlineportal »Musterjobbörse« habe ich Ihr Stellenangebot gefunden. Sie suchen eine/-n … – eine Tätigkeit, die mich sehr interessiert. Ich möchte Ihnen daher schnellstmöglich meine Bewerbungsunterlagen zusenden. Akzeptieren Sie eine E-Mail-Bewerbung, oder ist Ihnen die Bewerbung auf dem Postweg lieber? Für eine Antwort bin ich Ihnen dankbar.

Freundliche Grüße

…

Die meisten E-Mail-Bewerbungen sind nachlässiger gestaltet als postalisch versandte Bewerbungsmappen. Das sollte aber nicht so sein!

Zeitersparnis durch E-Mail-Bewerbung?

Wer glaubt, mit einer elektronischen Bewerbung Zeit zu sparen, hat nur bedingt recht: Was die Laufzeiten betrifft, braucht eine Bewerbung auf dem Postweg natürlich länger als auf elektronischem Weg. Was aber die Vorbereitung der Unterlagen angeht, müssen Sie das Anschreiben und den Lebenslauf für eine digitale Bewerbung genauso aussagekräftig formulieren und Ihre Nachweise ebenso sorgfältig und gründlich zusammenstellen wie für eine Bewerbungsmappe. Außerdem brauchen Sie die gesamten Dokumente und Ihr Foto in digitaler Form, und Sie müssen Ihre Bewerbungsmappe als PDF-Datei aufbereiten, die Sie entweder per E-Mail versenden oder auf der Website eines Unternehmens hochladen können.

Achten Sie auf gute Erreichbarkeit per Telefon und E-Mail.

Rechnen Sie mit einer schnellen Reaktion

Eines müssen Sie sich aber klarmachen: Die Reaktion auf Ihre Bewerbung kann sehr schnell kommen. Es kann gut sein, dass der Personalverantwortliche schon am gleichen oder nächsten Tag anruft und Sie zum Vorstellungsgespräch einlädt. Auf ein solches Telefonat sollten Sie vorbereitet sein. Möglich ist auch, dass er eine Vorauswahl am Telefon trifft. Das bedeutet, Sie sollten sich über den Arbeitgeber schon informiert haben.

Eine Bewerbungshomepage lohnt sich nicht.

Verweis auf eine Bewerbungshomepage

Natürlich bietet sich Ihnen als Bewerber auch die Möglichkeit, eine eigene Bewerbungshomepage zu erstellen und per E-Mail darauf zu verweisen. Davon ist in der Regel aber abzuraten.

Finden Sie die E-Mail-Adresse der Person heraus, die Personalentscheidungen trifft.

Wie eine E-Mail-Bewerbung aussieht

Auch für die E-Mail-Bewerbung gilt: Sie müssen den Adressaten eindeutig identifizieren. Eine Bewerbung an info@musterfirma.com bringt gar nichts. Finden Sie heraus, an welche genaue Adresse Sie Ihre Bewerbungsdateien schicken sollen und wer der richtige Ansprechpartner ist. Sie sollten das Anschreiben – ganz wie im

Bewerbungsbrief – mit einer persönlichen Anrede beginnen.

Ihre eigene E-Mail-Adresse muss seriös klingen.

Vorab prüfen: Ist Ihre eigene E-Mail-Adresse geeignet?
Der erste Eindruck ist oft entscheidend. Das Erste, was der Empfänger Ihrer E-Mail-Bewerbung sieht, ist Ihre E-Mail-Adresse als Absenderangabe. Diese Adresse sollte vorzeigbar sein. »Vorzeigbar« bedeutet: Verzichten Sie auf die Nutzung Ihrer beruflichen E-Mail-Adresse und verwenden Sie keine E-Mail-Adresse, die offenkundig nur für Freunde gedacht ist.

Wer sich aus einer Festanstellung heraus bewirbt, sollte als Kontakt nicht ausgerechnet die E-Mail-Adresse bei seinem Nocharbeitgeber angeben.

Keine Firmen-E-Mail-Adresse
Bewerben Sie sich aus einer Festanstellung heraus, dann sollten Sie keinesfalls Ihre Firmen-E-Mail-Adresse verwenden. Sonst schöpft der potenzielle neue Arbeitgeber sofort den Verdacht, dass Sie

- während der Arbeitszeit nicht arbeiten, sondern Bewerbungen schreiben,
- den Internetanschluss des bisherigen Arbeitgebers für private Zwecke missbrauchen.

Ebenfalls nicht ratsam: E-Mail-Adressen mit Kosenamen

Keine E-Mail-Adresse, die offenkundig privat ist
Aber auch eine E-Mail-Adresse, die offenkundig privater Natur ist, eignet sich nicht für eine Bewerbung. Ungeeignet ist eine Adresse, in der

- ein Spitz- oder Kosename vorkommt (z. B. »mucki@webnet.de«),
- Ihr Nachname fehlt (z. B. »lydia@webnet.de«).

Geeignet ist dagegen eine Adresse, die Vor- und Nachnamen oder nur den Nachnamen enthält (z. B. »Peter.Meisner@webnet.de« oder »Meisner@webnet.de«).

Je pfiffiger der Betreff, desto größer die Aufmerksamkeit für Ihre E-Mail!

Betreff: Genauen Bezug zur ausgeschriebenen Stelle herstellen!
Wichtig bei einer E-Mail-Bewerbung ist es, schon mit einer gut formulierten Betreffzeile auszudrücken, worum es geht. Konzentrieren Sie sich dabei auf das Wichtigste:

Nicht wann und wo die Anzeige geschaltet wurde, ist im Betreff wichtig, sondern auf welche Stelle Sie sich bewerben. Wer einen pfiffigen Betreff formuliert, hat außerdem die Möglichkeit, sich von der Masse abzuheben:

Betreffzeile einer E-Mail-Bewerbung

Standardtext	Aussagekräftigere Variation
Ihr Stellenangebot vom 17.01.2015	Bewerbung als IT-Berater – Ihr Stellenangebot vom 17.01.2015
Bewerbung als Produktmanager	Bewerbung auf die offene Produktmanager-Stelle (Caremed)
Initiativbewerbung als Vertriebsleiter	Initiativbewerbung: Vertriebsleiter sucht neue Herausforderung

Das Anschreiben: formal korrekt in den Anhang

Das Anschreiben sollten Sie nicht direkt in die E-Mail tippen.

Integrieren Sie das Anschreiben in das PDF-Dokument für den Anhang. Den Text formulieren Sie genauso sorgfältig wie ein Anschreiben für die postalische Bewerbung. Fassen Sie Ihre Stärken in maximal fünf Absätzen mit wenigen Zeilen zusammen. Im E-Mail-Text selbst weisen Sie kurz und freundlich auf die Bewerbung im Anhang hin. Als Signatur zum E-Mail-Text sollten Sie stets Ihre komplette Adresse (nicht nur die E-Mail-Adresse) nennen.

Musterformulierungen für die Bewerbungs-E-Mail

Sehr geehrter Herr ... /Sehr geehrte Frau ...,

die von Ihnen ausgeschriebene Stelle als ... interessiert mich sehr und entspricht weitestgehend meinen Qualifikationen. Im Anhang habe ich meine Bewerbungsunterlagen für Sie zusammengestellt.

Sehr geehrter Herr Müller,

mit Interesse habe ich Ihre Stellenausschreibung auf FAZjob.net gelesen. Gern möchte ich bei Ihnen als ... anfangen. Bitte berücksichtigen Sie meine Bewerbung im Anhang zu dieser Mail. Ich freue mich, von Ihnen zu hören.

Sehr geehrte Frau Brenner,

Ihre Stellenanzeige beim Bewerbungsportal www.stepstone.de hat mein Interesse geweckt. Mit dem Dokument im Anhang zu dieser E-Mail bewerbe ich mich auf diese Stelle. Ich würde mich freuen, von Ihnen zu hören.

Alternativ können Sie auch den Text des Anschreibens ins E-Mail-Textfeld kopieren (dass er dann doppelt vorkommt, stört niemanden). Verzichten Sie dabei innerhalb eines Absatzes auf Zeilenumbrüche mit der Returntaste. Lediglich den Beginn eines neuen Absatzes markieren Sie, indem Sie eine Leerzeile vorschalten.

Der Inhalt des Anschreibens

Der Inhalt des Anschreibens unterscheidet sich nicht von dem Brief, den Sie einer Bewerbungsmappe beifügen. Führen Sie auf,

- auf welches Stellenangebot Sie sich beziehen,
- wer Sie sind,
- warum Sie sich für die angestrebte Stelle interessieren,
- welche Erfahrungen und Eigenschaften Sie dafür qualifizieren,
- warum Sie gerade bei diesem Arbeitgeber arbeiten möchten.

Die gängigen Standards zur korrekten Rechtschreibung auch bei einer E-Mail-Bewerbung einhalten

Auch wenn es im elektronischen Schriftverkehr oft weniger formell zugeht als bei Briefen, sollten Sie bei einer E-Mail-Bewerbung auf korrekte Rechtschreibung und Grammatik achten. Verzichten Sie auf durchgängige Kleinschreibung, Anrede mit »Du«, und formulieren Sie vollständige Sätze. Hier kommt es darauf an, Eindruck zu machen: Wenn Sie möchten, dass der Inhalt Ihrer Bewerbung überhaupt zur Kenntnis genommen wird, dann achten Sie darauf, dass auch die Form stimmt.

Verzichten Sie auf ausgefallene Formatierungen, auf Hintergrundbilder oder Zierschriften.

Eine E-Mail-Bewerbung muss schlicht sein. Es kommt vor allem auf den Inhalt an. Gehen Sie nicht davon aus, dass der Empfänger die E-Mail im gleichen Format liest, in dem Sie sie geschrieben haben; das kommt auf die Einstellungen seines E-Mailprogramms an. Für Ihren Text bedeutet das, dass Sie keinen Fettdruck, keine Kursivschrift und keine zweite Schriftart verwenden sollten. Auch eine allzu ungewöhnliche Gestaltung ist nicht gefragt: Hintergrundbilder, Farben oder Logos werden meist sowieso nicht überliefert und blähen eine Mail nur unnötig auf. Bleiben Sie im einfachen Textformat.

Statt der eigenhändigen Unterschrift tippen Sie Ihren Namen unter das Anschreiben. Auch ein Unterschriftenscan ist hier erlaubt.

Bei der E-Mail-Bewerbung reicht es, Ihren Namen in getippter Form unter dem Anschreiben anzufügen. Wenn Sie das Anschreiben nicht in der Mail selbst, sondern in einer separaten Textdatei untergebracht haben, können Sie Ihre eingescannte Unterschrift verwenden. Auch auf dem Lebenslauf empfiehlt sich ein Unterschriftenscan.

Dateianhang: sinnvoller Dateiname wichtig

Packen Sie am besten die ganze Bewerbung in eine einzige PDF-Datei.

Wer eine E-Mail-Bewerbung erhält, möchte nicht mit vielen Dokumenten im Anhang konfrontiert werden, die er alle einzeln öffnen muss. Viele Personalverantwortliche drucken eine E-Mail-Bewerbung aus, um sie zu den per Post eintreffenden Bewerbungsmappen legen und mit diesen vergleichen zu können. Das macht bei mehreren Dokumenten aber sehr viel Mühe, die Sie keinem Personalverantwortlichen zumuten sollten. Besser packen Sie die gesamte Bewerbung in ein einziges PDF-Dokument, das Sie im Anhang Ihrer E-Mail versenden.

Verwenden Sie einen aussagekräftigen Dateinamen.

Geben Sie der angehängten Datei einen aussagekräftigen Namen. Da manche Rechner längere Dateinamen automatisch kürzen, sollten Sie die wichtigste Information – Ihren Namen – am besten an den Anfang des Dateinamens stellen. Nennen Sie das Dokument dann beispielsweise »Peter-Meier-Bewerbung.doc«.

Wenn Sie Ihren Namen (zur Not abgekürzt und ohne Vornamen) nach vorn setzen, sind Ihre Unterlagen auch nach dem Speichern auf der Festplatte zweifelsfrei Ihrer Person zuzuordnen.

Testen Sie vorher, ob die E-Mail in akzeptablem Zustand ankommt

Senden Sie die elektronische Bewerbung zu Testzwecken zunächst an sich selbst.

Es ist unbedingt zu empfehlen, die Bewerbung vorher testweise an sich selbst zu schicken. Das tun Sie am besten, indem Sie sich zur Probe eine kostenlose E-Mail-Adresse bei einem der gängigen Anbieter zulegen. Dann sehen Sie, ob

- die Bewerbung vollständig ist,
- es im E-Mail-Text ein Problem mit Sonderzeichen und Zeilenumbrüchen gibt.

Vier Fehler, die Sie unbedingt vermeiden sollten

Vermeiden Sie folgende vier Fehler bei einer E-Mail-Bewerbung:

1. Fehler: unspezifische Stellenauswahl
2. Fehler: nachlässige und lieblose Gestaltung
3. Fehler: zu große Datenmengen und unleserliche Dateiformate im Anhang
4. Fehler: zu viele Dateien im Anhang

1. Fehler: unspezifische Stellenauswahl

Der Massenversand gleicher E-Mail-Bewerbungen führt selten zum gewünschten Erfolg.

Arbeitgeber, die begehrte Stellen online ausschreiben, bekommen oft eine Datenflut per E-Mail. Denn eine Bewerbung auf elektronischem Weg scheint leicht (Dateien zusammenstellen und mit einem Mausklick wegschicken). Weil das so einfach ist, machen sich viele Bewerber nicht mehr die Mühe,

- nur diejenigen Stellen auszuwählen, die zu ihrem Profil passen,
- sich auf die Firmen, Behörden oder Organisationen zu konzentrieren, an denen sie wirklich Interesse haben,
- die Bewerbung inhaltlich auf die angestrebte Stelle auszurichten.

Es ist aber ein Irrtum, zu glauben, eine Serien-E-Mail führe allein deshalb zum Erfolg, weil sie eine große Zahl von Empfängern erreicht. Dieses Konzept geht schon bei Bewerbungen auf dem Postweg nicht auf – umso weniger funktioniert es mit E-Mails, zumal ebenfalls nur zwei Mausklicks nötig sind, eine offensichtlich schlecht gemachte, nicht individuell gestaltete Bewerbung zu löschen und eine vorformulierte Standardabsage zu verschicken.

Grober Fehler: Serien-E-Mail an viele Adressen
Ein besonders grober Fehler sind Bewerbungen per Serien-E-Mail, denen der Empfänger sogar noch die E-Mail-Adressen der anderen (konkurrierenden) Adressaten entnehmen kann, z. B. weil der Bewerber sie alle in das Feld »An« oder »Cc« (und nicht ins Feld für Blindkopien »Bcc«) eingetragen hat. Das disqualifiziert einen Bewerber ein für alle Mal und ist deshalb tabu.

2. Fehler: nachlässige und lieblose Gestaltung

Eine E-Mail-Bewerbung muss genauso sorgfältig erstellt werden wie eine postalische Bewerbung.

Bei einer E-Mail-Bewerbung kommt es nicht weniger auf Korrektheit und eine sorgfältige Gestaltung an als bei einer Bewerbungsmappe, die Sie per Post versenden. Rechtschreib- und Grammatikfehler oder lässige Ausdrucksweise in Anschreiben und Lebenslauf führen sofort zu einer Absage. Wer auf

- persönliche Anrede,
- individuellen Zuschnitt,
- konkreten Bezug zur angebotenen Stelle oder zum anvisierten Unternehmen,
- korrekte Formulierung von Anschreiben und Lebenslauf

verzichtet, macht sich der Serienbewerbung verdächtig. Damit vertut er die Chance, im weiteren Auswahlverfahren berücksichtigt zu werden, denn letztlich signalisiert eine nachlässige und lieblose Bewerbung dem Empfänger: »Sie sind mir nicht wichtig!«

Beschränken Sie sich auf eine Datenmenge von bis zu drei Megabyte.

3. Fehler: zu große Datenmengen im Anhang

Auch die Technik macht einer gut gemeinten E-Mail-Bewerbung oft einen Strich durch die Rechnung. So spielt zum Beispiel die Größe der mit einer E-Mail versendeten Dateien eine entscheidende Rolle. Zu große E-Mail-Anhänge machen dem Empfänger beim Herunterladen oder Öffnen Probleme. Achten Sie darauf, dass die angehängten Dateien höchstens drei Megabyte groß sind.
Sobald Ihre Bewerbungsdateien die akzeptable Grenze von drei Megabyte überschreiten, sollten Sie sie zum Beispiel mit dem Programm »WinZip« auf eine kleinere Größe komprimieren, bevor Sie sie als E-Mail-Anhang verschicken. Alternativ können Sie auch die Farbtiefe bei Scans verringern oder ein Schwarz-Weiß- statt eines Farbfotos mitschicken.

Die Programme auf Ihrem Rechner müssen noch lange nicht Standard sein. Vorsicht daher mit TIF-, PPT- oder JPG-Dateien im Anhang.

4. Fehler: unleserliche Dateiformate und zu viele Dateien

Oft scheitert eine E-Mail-Bewerbung auch an den technischen Tücken eines ungewöhnlichen Dateiformats. Dabei definiert jeder Empfänger die Eigenschaft »ungewöhnlich« durchaus unterschiedlich – abhängig von den Programmen, die ihm zum Öffnen zur Verfügung stehen: Hüten Sie sich davor, Ihre eigene Softwareausstattung als Standard zu definieren. Gerade wenn Sie sich bei kleinen Firmen, Behörden und Organisationen bewerben, sollten Sie besser nicht davon ausgehen, dass diese über all die Programme verfügen, die Sie als selbstverständlich voraussetzen. So manche Bewerbung scheitert daran, dass die angehängten Dateien in Formaten abgespeichert sind, die der Empfänger nicht lesen kann. Typisch (aber ungeeignet) als Anhang sind zum Beispiel

- mehrere Dateien unterschiedlichster Formate, etwa das Bewerbungsbild als TIF-Datei, diverse eingescannte Nachweise als BMP-, JPG- oder PSD-Dateien,
- ganze PowerPoint-Präsentationen.

Zu viele Dateien im Anhang wirken regelrecht abschreckend.

Schwierig wird es auch, wenn jeder Nachweis in einer einzelnen Datei abgespeichert ist. Selbst wenn es keine unleserlichen Dateiformate sind – so muss doch jede angehängte Datei einzeln geöffnet und gelesen werden. Diese Mühe macht sich längst nicht jeder Arbeitgeber.

Idealerweise packen Sie alle Bewerbungsunterlagen in eine PDF-Datei und versenden nur diese im Anhang.

Ideal für eine E-Mail-Bewerbung ist eine einzige Datei im PDF-Format. Wenn Sie alle Dokumente in einer einzigen PDF-Datei zusammenstellen, hat der Empfänger keine Probleme, sie zu öffnen und zu lesen. Den dafür nötigen Adobe Acrobat Reader können Sie als Standard voraussetzen, zumal er kostenlos online heruntergeladen werden kann. Falls Sie keines der für die Umwandlung nötigen Programme (z. B. Adobe Acrobat) besitzen, helfen einige Anbieter im Internet. Dort können Sie kleinere Datenmengen kostenlos umwandeln. Um zu einem solchen Anbieter zu gelangen, geben Sie in eine Suchmaschine die Begriffe

- »create PDF online«,
- »create your own PDF«,
- »kostenlose Umwandlung in PDF«,
- »Umwandlung in PDF«,
- »PDF-Konverter«

ein.

Die Bewerbung per Onlineformular

Das Internet bietet gleich mehrere Möglichkeiten für Bewerber, potenzielle Arbeitgeber auf sich aufmerksam zu machen – jedenfalls theoretisch. Neben einer E-Mail-Bewerbung haben Sie die Möglichkeit,

- Ihr Bewerberprofil oder ein Stellengesuch auf einem Onlinestellenportal zu hinterlegen und zu hoffen, dass ein potenzieller Arbeitgeber darauf zugreift,
- sich auf vorgefertigten Bewerbungsformularen (E-Recruiting-Systemen) auf den Websites großer Firmen und sonstiger Arbeitgeber zu bewerben,
- eine Bewerbungshomepage zu erstellen und per E-Mail darauf zu verweisen.

Immer mehr Arbeitgeber bieten Bewerbungsformulare online an.

Viele Stellenportale, manche Unternehmen und zunehmend auch Behörden bieten die Möglichkeit, sich direkt auf ihrer Website zu bewerben. Für Personalvermittler und Arbeitgeber bedeutet dies eine Vereinfachung: Die verschiedensten Interessenten haben gleichzeitig Zugriff auf die Bewerberprofile. Zudem lassen sich anhand von Schlüsselwörtern und Suchbegriffen aus der Vielzahl der Bewerber einzelne Kandidaten herausfiltern, die für eine zu besetzende Stelle infrage kommen. Wenn ein Unternehmen Sie zur Onlinebewerbung auffordert, heißt das, Sie müssen Ihre Daten in ein Bewerbungsformular auf einer Firmenwebsite eingeben und dazu Fragen beantworten.

Wann ist die Bewerbung per Onlinebewerbungsformular angebracht?

Verweist ein Unternehmen auf sein Onlineformular, schicken Sie keine Bewerbungsmappe per Post.

Wenn ein Arbeitgeber ausdrücklich auf sein Bewerbungsformular auf seiner Website verweist, wäre eine postalische oder E-Mail-Bewerbung fehl am Platze. Dann wird von Ihnen erwartet, dass Sie die Website besuchen und Ihre Daten in das dort hinterlegte Bewerbungsformular eingeben. Dokumente wie Anschreiben und Lebenslauf sowie die benötigten Nachweise wie Schul- oder Arbeitszeugnisse können Sie dann gescannt auf den Server des potenziellen Arbeitgebers hochladen. Das sollten Sie aber nur tun, wenn die Website eine Verschlüsselung anbietet. Denn Sie möchten Ihre vertraulichen Bewerberdaten ja nicht der Öffentlichkeit zugänglich machen.

Bei großen Konzernen ist die Onlinebewerbung üblich.

Ob ein Arbeitgeber seinen Bewerbern ein Onlinebewerbungsformular zur Verfügung stellt oder nicht, ist vor allem eine Frage seiner Größe und Reichweite. Bei großen Firmen und Organisationen ist dies durchaus üblich, bei kleineren weniger. Auch der öffentliche Dienst verlangt zunehmend die Bewerbung per Onlineformular. Dieses E-Recruiting verdrängt mehr und mehr die klassische Bewerbungsmappe, die per Post verschickt wird, und auch die E-Mail-Bewerbung.

Manchmal sind ausschließlich Bewerbungen auf einem Onlineformular erwünscht.

Der Grund liegt auf der Hand: Arbeitgeber wollen die relevanten Bewerberinformationen gleich in computerlesbarer Form haben. Das Onlineformular ist auf der Firmenwebsite hinterlegt. Manchmal findet sogar der Abgleich zwischen Anforderungsprofil und dem Profil offener Stellen zumindest teilweise computergestützt statt. Wenn ein für Sie interessantes Unternehmen auf der Website oder in der Stellenausschreibung keine Post- oder E-Mail-Adresse für Bewerbungen nennt, bleibt Ihnen nur die Onlinebewerbung.

Bewerbung auf Onlinestellenportalen

Das Prinzip: Sie geben Ihr Bewerberprofil ein, auf das potenzielle Interessenten dann Zugriff haben.

Als Bewerber können Sie – meist kostenlos – in einem Onlinestellenportal

- ein Stellengesuch aufgeben,
- Ihr Profil in ein Formular eingeben,
- Ihren Lebenslauf und Ihre Nachweise für potenzielle Arbeitgeber hinterlegen.

Viele Stellenportale im Internet finanzieren sich dadurch, dass sie Arbeitgebern den Zugriff auf Bewerberdaten ermöglichen und dafür Geld verlangen. Daneben gibt es Portale, die von Stellenvermittlern selbst betrieben werden. Sie werten Ihre Daten aus und vermitteln Sie an mögliche Arbeitgeber – sofern Ihre Qualifikationen gefragt sind.

Geben Sie Ihr Profil nicht auf einem Bewerberportal ein, wenn Sie aktuell noch eine Anstellung haben.

Achtung
Ihr Bewerberprofil mit Namen und Bild in ein Stellenportal einzustellen kommt nicht infrage, wenn Sie aus ungekündigter Stellung heraus eine neue Position suchen. Dann besteht nämlich die Gefahr, dass Ihr bisheriger Arbeitgeber Ihren Eintrag findet. Er wird es Ihnen sicher nicht danken, dass Sie sich anderweitig umschauen.

Wann ist die Bewerbung auf einem Onlineportal angebracht?

Auf Onlineportalen haben Sie am ehesten Chancen, wenn Sie sehr gefragte Qualifikationen mitbringen.

Wer ein Stellengesuch, sein Profil oder seinen Lebenslauf auf ein Bewerberportal stellt in der Hoffnung, bald von einem Personalvermittler oder Arbeitgeber entdeckt zu werden, der hofft meist vergebens. Denn letztlich gleicht dieses Vorgehen einem Ruf in die Menge: »Will mich einer haben?« Für Sie ist es wichtig, zu wissen, dass sich auf Onlinestellenportalen meist Personalberater (»Headhunter«) tummeln, die für ihre Auftraggeber geeignete Kandidaten suchen und damit Geld verdienen.

Die Wahrscheinlichkeit, dass sich die Personalverantwortlichen interessanter Firmen regelmäßig auf einschlägigen Onlinestellenportalen umschauen, ist allerdings geringer als auf Xing oder LinkedIn (dem internationalen Pendant zu Xing). Längst nicht alle Arbeitgeber leisten sich den (meist teuren) Zugriff. Zudem bringen auch diejenigen, die einen Zugriff haben, meist kaum die Zeit für eine intensive Onlinesuche nach Kandidaten auf. Und schließlich sind viele Stellenportale überfrachtet mit Bewerberprofilen, von denen selten eines zum spezifischen Anforderungsprofil eines Arbeitgebers passt. Der Personalverantwortliche sucht dann die sprichwörtliche Nadel im Heuhaufen.

Oft ist ein Eintrag bei Facebook oder Xing die bessere Alternative.

Sinnvoll kann somit die Eingabe Ihres Profils bei sozialen Netzwerken sein – dort suchen Personalverantwortliche und Headhunter immer häufiger nach geeigneten Kandidaten für Stellen, die sie zu vermitteln haben.

Tipp: Machen Sie Eingaben zu Ihren Karrierewünschen

Bei Xing besteht die Möglichkeit, sich unter »Karrierewünsche bearbeiten« als »Aktiv auf Jobsuche« oder »Offen für Stellenangebote« zu erkennen zu geben. Sie können zudem regeln, wer Zugriff haben soll (z. B. »nur Recruiter« oder »alle Mitglieder«), in welchem Postleitzahlenbereich Sie am liebsten arbeiten möchten und welche Gehaltsvorstellungen Sie haben. Nutzen Sie diese Möglichkeiten! Bei internationaler Stellensuche oder einer Ausrichtung auf weltweit agierende Konzerne ist allerdings das soziale Netzwerk LinkedIn die bessere Adresse.

Bewerbung auf Firmenwebsites

Wer ein Bewerbungsformular auf seiner Website anbietet, möchte keine Bewerbung per Post erhalten.

Vor allem große Firmen mit internationaler Ausrichtung, aber auch Unternehmen technik- und IT-naher Branchen, ja sogar manche Behörde, manches Medienunternehmen und manche Werbeagentur bieten auf der eigenen Website die Möglichkeit der Bewerbung. Dafür steht in aller Regel ein Bewerbungsformular zur Verfügung, in das Sie Ihre Daten eintragen können. Bisweilen wird im Onlinebewerbungsformular sogar zusätzlich zu allen Angaben verlangt, die üblichen Unterlagen in Dateiform hochzuladen. Damit ist die Grenze zur E-Mail-Bewerbung fließend, bei der die üblichen Nachweise ja auch als Datei angehängt werden.

Online besser nur auf ausgeschriebene Stellen bewerben.

Grundsätzlich haben Sie die Wahl: Mit den Formularen auf Firmenwebsites können Sie sich in aller Regel auf eine ausgeschriebene Stelle bewerben, aber auch Ihre Initiativbewerbung eingeben. Für den Erfolg Ihrer Bewerbung ist es nicht gleichgültig, welche Möglichkeit Sie wählen. Die größeren Chancen haben Sie, wenn Ihrer Bewerbung ein konkretes Stellenangebot zugrunde liegt. Räumen Sie ihr daher auf jeden Fall Vorrang vor der Initiativbewerbung ein.

Für Ihr Vorgehen bedeutet das: Wenn Sie die Internetseiten von Firmen besuchen, die Sie interessieren, dann wenden Sie sich nicht gleich dem Bewerbungsformular zu. Suchen Sie lieber zunächst nach Stellenangeboten, die zu Ihnen passen. Meist finden Sie solche Stellen unter dem Begriff »Karriere«. Wenn ein Arbeitgeber die passende Besetzung für eine offene Stelle sucht, dann muss er sich zwangsläufig mit den Bewerbungen auseinandersetzen, die er daraufhin erhält.

Initiativbewerbungen per Onlineformular sind nicht empfehlenswert.

Bei einer Initiativbewerbung per Onlineformular ist das dagegen nicht gewährleistet. Hier wird Ihr Profil – zusammen mit dem anderer Bewerber – oft einfach in einer Datenbank abgelegt. Die verschiedenen Abteilungsleiter und Personalverantwortlichen haben darauf zwar jederzeit Zugriff, sie nutzen diese Quelle aber nicht regelmäßig. Dass sich dann wirklich jemand mit Ihrer Bewerbung beschäftigt, ist eher unwahrscheinlich. Wollen Sie es mit einer Initiativbewerbung versuchen, schicken Sie besser eine Bewerbung per E-Mail oder mit der Post.

Datenschutz: Manchmal ist Vorsicht geboten

Achten Sie darauf, was mit Ihren Daten geschieht. Vertrauliche Behandlung muss gewährleistet sein.

Bevor Sie Ihre persönlichen Daten in ein Onlinebewerbungsformular eingeben, sollten Sie unbedingt prüfen, ob Sie dem Anbieter trauen können. Nicht bei allen Stellenportalen ist für eine ausreichende Verschlüsselung gesorgt. Bei Firmen und sonstigen Arbeitgebern dagegen in aller Regel schon – aber auch davon sollten Sie nicht einfach ausgehen. Die folgende Abfrage hilft Ihnen, herauszufinden, ob Sie es mit einem seriösen Anbieter zu tun haben:

Abfrage: Können Sie dem Onlineanbieter Ihre Daten anvertrauen?

- Erklärt der Anbieter, was mit Ihren Daten geschieht? (Wer wertet sie aus? Wie lange bleiben sie im Netz? Wann werden sie gelöscht? Welche Möglichkeit haben Sie, selbst auf die Daten zuzugreifen, sie zu ändern und zu löschen?)
- Macht der Anbieter eindeutige Aussagen dazu, wer auf die Daten Zugriff hat?
- Haben Sie die Möglichkeit, einen Sperrvermerk einzugeben, damit Ihr aktueller Arbeitgeber Sie nicht unter den Bewerbern findet?
- Ist sichergestellt, dass Ihr aktueller Arbeitgeber nicht auf Ihren Lebenslauf stößt, wenn er Ihren Namen oder seinen Firmennamen in ein Suchfeld eingibt?

Erst wenn Sie alle diese Fragen mit »Ja« beantworten können, sollten Sie eine Onlinebewerbung bei dem betreffenden Anbieter überhaupt in Erwägung ziehen.

Ausfüllhilfe: Korrektheit, Vollständigkeit und Aussagekraft

Beantworten Sie die Fragen möglichst vollständig.

Die meisten Bewerbungsformulare, die Sie auf Firmenwebsites oder Stellenportalen finden, sind selbsterklärend. Gefragt wird z. B. nach angestrebten Einsatzbereichen und -orten, nach Lebensdaten, Berufserfahrung und Fachkenntnissen, aber auch nach »weichen« Fähigkeiten wie

Teamfähigkeit oder Führungsqualitäten. Oft sind Felder für die freie Texteingabe vorgesehen, in denen Sie beispielsweise erläutern müssen, warum Sie sich ausgerechnet beim betreffenden Unternehmen bewerben. Einheitliche Standards gibt es nicht. Wenn Sie eine Onlinebewerbung abgeben wollen, dann sollten Sie beim Ausfüllen so sorgfältig vorgehen wie bei der Erstellung einer klassischen Bewerbungsmappe. Wichtig sind auch hier:

- Kürze und Prägnanz
- Korrektheit
- Vollständigkeit
- Aussagekraft Ihrer Angaben

Korrektheit: Vernachlässigen Sie formale Kriterien keinesfalls

Bei der freien Texteingabe sollten Sie Ihre Eingaben noch einmal Korrektur lesen, bevor Sie sie abschicken.

Das Internet ist ein schnelles Medium. Viele nehmen es schon bei E-Mails mit Rechtschreibung und Grammatik nicht so genau. Das dürfen Sie sich aber bei einer Bewerbung über ein Onlineformular auf keinen Fall leisten. Geben Sie sich genauso viel Mühe wie bei einer Bewerbungsmappe, die Sie per E-Mail oder mit der Post verschicken.

Vollständigkeit: das A und O der Onlinebewerbung

Machen Sie umfassende Angaben zu Ihren Kenntnissen und Fähigkeiten. Auch Soft Skills gehören dazu.

Vollständig sollten Ihre Angaben auf jeden Fall sein. Machen Sie wirklich zu jeder Frage Angaben und lassen Sie kein Feld unausgefüllt. Felder, die nicht obligatorisch ausgefüllt werden müssen, sollten Sie nach Möglichkeit trotzdem nicht frei lassen. Das gilt besonders für das Anschreibenfeld, das manchmal kein Pflichtfeld ist. Fassen Sie hier Ihre wichtigsten Qualifikationen zusammen und führen Sie auf, warum Sie sich gerade für diese Stelle und Firma interessieren. Damit gewinnen Sie Punkte.
Bei Feldern, die nach Ihren Qualifikationen, Kenntnissen und Fertigkeiten fragen, sollten Sie nicht vergessen, dass auch »weiche« Fähigkeiten dazu gehören. Haben Sie jahrelang eine Trainingsgruppe im örtlichen Sportverein geleitet, ist das ein klares Indiz für Führungsqualitäten.

Nachweise werden auf den Server hochgeladen.

Werden Nachweise verlangt, ist Vollständigkeit besonders wichtig

Falls Nachweise und Zeugnisse verlangt werden, sollten Sie alles Wichtige in eingescannter Form hochladen. Wichtig sind alle Nachweise, die üblicherweise auch zu einer per Post verschickten Bewerbungsmappe dazugehören. Sie werden dann direkt auf den Firmenserver hochgeladen. Welche Nachweise wichtig sind und welche nicht, lesen Sie im Kapitel »Vollständigkeit und Reihenfolge der Unterlagen«.

Angehängte Nachweise: technische Einschränkungen beachten

Verlangt ein Onlineformular die üblichen Anlagen von Bewerbungen, dann kann die Kapazität auf eine Datei beschränkt sein. Wie bei der E-Mail-Bewerbung ist es daher am besten, die Dokumente entweder in einer ZIP-Datei oder als PDF-Dokument zusammenzufassen. Bei Arbeitsproben sollten Sie auf die Lesbarkeit der Dokumente achten und daran denken, dass der Empfänger nicht unbedingt über die gleiche Software verfügt wie Sie (z. B. arbeiten die meisten Werbeagenturen ausschließlich mit Apple-Rechnern).

Möglich ist aber auch, dass Sie mehrere Dateien hochladen können – dann allerdings ist die Dateigröße beschränkt, z. B. auf ein oder zwei Megabyte. Daran sollten Sie sich unbedingt halten, etwa indem Sie die Farbtiefe Ihrer Scans entsprechend beschränken.

Belegen Sie die Aussagen über Ihre Qualifikationen mit Beispielen.

Aussagekraft Ihrer Angaben: Erklärungen und Kommentare sind angebracht

Wird nach Ihren Erfahrungen gefragt, sollten Sie die Angaben ähnlich ausführlich gestalten wie im Lebenslauf. Erklären Sie, bei welchen Firmen Sie schon tätig waren, und begnügen Sie sich nicht mit der Nennung des – oft nichtssagenden – Firmennamens. Müssen Sie konkrete Projekte benennen, an denen Sie schon (mit)gearbeitet haben, dann beschreiben Sie Ihre Aufgaben sorgfältig. Achten Sie darauf, dass Ihre Angaben mit der Tätigkeitsbeschreibung in Ihren Arbeitszeugnissen übereinstimmen, denn darauf achtet jeder erfahrene Personalverantwortliche. Bringen Sie kleinere Erläuterungen und Ergänzungen an, um Ihre Kenntnisse plausibel zu machen – wenn dazu der Platz irgend reicht.

Beispiel
Sie haben im Feld »Sprachkenntnisse« angegeben, dass Sie fließend Englisch sprechen. Dann bietet sich z. B. die folgende Ergänzung an: »einjähriger USA-Aufenthalt während des Studiums«.

Was Sie sonst noch beachten müssen

Speichern Sie Ihre Angaben

Speichern Sie Ihre Bewerbung für später ab.

Wenn Sie Ihr Bewerbungsformular senden, bekommen Sie in aller Regel die vollständigen Daten noch einmal per E-Mail zugeschickt. Wahlweise können Sie sich Ihre Einträge auch auf dem Bildschirm ansehen. Speichern Sie diese Daten auf jeden Fall ab, denn nicht immer haben Sie als Bewerber später noch Zugriff darauf. Allzu schnell geraten sonst die Details Ihrer Bewerbung in Vergessenheit. Nutzen Sie, wenn vorhanden, die Speicherfunktion des Bewerbungsformulars. Falls keine solche Funktion angeboten wird, kopieren Sie Ihre Angaben vor dem Abschicken in ein Textverarbeitungsdokument.

Rechnen Sie mit Rückfragen

Rückfragen sind möglich – und kommen meist per E-Mail.

Wie bei der E-Mail-Bewerbung müssen Sie auch bei Onlineformularen mit Rückfragen rechnen. Es kann sein, dass noch einzelne Nachweise verlangt werden. Halten Sie die Unterlagen bereit, damit Sie sie nicht erst zu erstellen brauchen, wenn danach gefragt wird. Auch ein spontanes Telefoninterview oder eine ungewöhnlich schnelle Einladung zum Vorstellungsgespräch per E-Mail oder Telefon ist denkbar.

Die Bewerbungshomepage: meistens sinnlos

Eine Bewerbungshomepage empfiehlt sich nicht. Die Handhabung ist für potenzielle Arbeitgeber zu umständlich.

Einige Bewerber geben sich sehr viel Mühe, eine eigene Bewerbungshomepage zu erstellen, um bei Platzmangel im Onlinebewerbungsformular darauf zu verweisen. Meist ist das verschwendete Zeit. Kaum ein Personalverantwortlicher geht dem Link nach, der in einer Bewerbung aufgeführt ist. Es ist zu mühsam, die Daten auszudrucken oder zu speichern – das gilt erst recht, wenn der Link sich erst durch die Eingabe von Zugangsdaten öffnet.
Die Bewerbungshomepage hat noch einen weiteren Nachteil: Sie haben nicht die Möglichkeit, die einzelnen Stationen in Ihrem Lebenslauf so zu gewichten oder zu benennen, dass sie zu jedem potenziellen Arbeitgeber passen. Also können Sie auch nicht deutlich machen, dass Sie genau der richtige Kandidat für die ausgeschriebene Stelle sind.

Nie ohne Verschlüsselung

Bewerben Sie sich aus einer Festanstellung heraus, ohne dass Ihr aktueller Arbeitgeber davon weiß, kann eine Bewerbungshomepage sogar echten Schaden anrichten. Denn es ist durchaus möglich, dass Ihr aktueller Arbeitgeber beim Surfen im Internet darauf stößt, zum Beispiel, indem er seinen Firmennamen in eine Suchmaschine eingibt. Auch andere Menschen, die das nichts angeht, können auf Ihre Daten zugreifen. Aus diesem Grund empfiehlt sich, wenn Sie sich doch für eine Bewerbungshomepage entscheiden, eine Verschlüsselung. Den Schlüssel, sprich die Zugangsdaten zu Ihrer Bewerbungshomepage, schicken Sie dann nur den Empfängern, für die diese gedacht ist. Aber dieser Aufwand rechtfertigt die Mühe meist nicht: Die Chance, so eine Stelle zu finden, ist denkbar gering.

Untätig auf Antwort warten – oder lieber nachhaken?

Nach längerer Zeit ohne Antwort auf Ihre Bewerbung können Sie nachhaken.

Kennen Sie eine der folgenden Situationen?

- Sie haben sich auf eine vielversprechende Stelle beworben, bei der Sie sich gute Chancen ausrechnen. Aber bis jetzt haben Sie keine Antwort (noch nicht einmal einen Zwischenbescheid) auf Ihre Bewerbung bekommen.
- Der Zwischenbescheid ist schon so lange her, dass Sie sich fragen, was aus Ihren Unterlagen geworden ist.
- Sie haben eine Initiativbewerbung verschickt und wissen nicht, was daraus geworden ist.
- Das Vorstellungsgespräch ist gut verlaufen, aber Sie haben ernst zu nehmende Konkurrenz. Jetzt möchten Sie gern nachhelfen, dass die Entscheidung auf Sie fällt.

Wenn Sie in einer dieser Situationen stecken, kann es verlockend sein, nachzuhaken, wie es um Ihre Bewerbung steht. Das geht – sofern Sie es sich zutrauen – ohne Weiteres per Telefon.

Nachfassen zeigt Ihr Interesse.

Andernfalls können Sie auch – sofern Sie über eine entsprechende E-Mail-Adresse verfügen bzw. die E-Mail-Adresse eines konkreten Ansprechpartners herausfinden können – eine E-Mail schreiben. Von einem Nachfassbrief per Post ist abzuraten. Zudem ist ein Brief für den Anlass übertrieben, denn Sie verfolgen in aller Regel lediglich drei Ziele damit:

- Sie wollen erfahren, wie der Stand der Stellenbesetzung ist und ob Sie noch im Rennen sind.
- Sie wollen Initiative und damit Ihr Interesse an der Stelle zeigen, sich und Ihre Bewerbung damit in Erinnerung bringen.
- Sie räumen eventuelle Zweifel aus dem Weg, dass Sie die Stelle möglicherweise gar nicht antreten wollen, wenn die Entscheidung auf Sie fallen sollte (ein entscheidender Faktor bei der Endauswahl).

Inhalt des Nachfassens: Vermeiden Sie Forderungen

Vermeiden Sie alles, was nach Vorwurf klingt.

Auch wenn Sie lange gewartet haben und ärgerlich sind, dass Sie noch keine Antwort auf Ihre Bewerbung haben: Ihr Nachfassen sollte

- weder fordernd sein
- noch den Empfänger zur Eile antreiben (z. B. zu einer schnellen Entscheidung)
- noch Anspielungen auf schlechte Organisation, Trödelei oder Schlamperei enthalten
- noch den Anschein erwecken, Sie hätten die Stelle besonders nötig.

Der richtige Zeitpunkt: Wann Sie nachfassen sollten

Zu früh nachzuhaken schadet nur.

Haken Sie zu früh nach, verärgern Sie damit unter Umständen den Empfänger. Das gilt vor allem, wenn dieser noch mitten in der Vorauswahl steckt. Umgekehrt dürfen Sie aber nicht den Zeitpunkt verpassen, an dem die Vorauswahl (Einladung zum Vorstellungsgespräch) oder die endgültige Auswahl (nach dem Vorstellungsgespräch) getroffen wird. Die folgende Tabelle zeigt Ihnen, mit welchen Lauf- und Prüfzeiten (= Wartezeiten für den Bewerber) Sie normalerweise rechnen müssen.
Solange Sie sich innerhalb der genannten Fristen bewegen, sollten Sie nicht nachhaken. Erst wenn die Frist verstreicht, ohne dass Sie etwas vom Empfänger Ihrer Bewerbung hören, lohnt sich unter Umständen das Nachhaken.

Übersicht: normale Lauf- und Prüfzeiten einer Bewerbung

Nachricht des Arbeitgebers	Lauf- und Prüfzeiten (d. h. Wartezeiten)
Stellenausschreibung	Dauer der Bewerbungsfrist: zwei Wochen (wenn nicht anders angegeben)
Zwischenbescheid (Eingangsbestätigung)	ein bis drei Wochen nach Eingang der Bewerbung
Einladung zum Vorstellungsgespräch	drei bis sechs Wochen nach dem Zwischenbescheid
Zusagen (schriftlich oder mündlich)	spätestens ein bis zwei Wochen nach dem Vorstellungsgespräch (häufig zügiger)
Absagen	später als Zusagen, meist einige Wochen (drei bis vier Wochen) nach dem Vorstellungsgespräch
Alternative: Einladung zum Zweitgespräch	spätestens zwei Wochen nach dem ersten Vorstellungsgespräch
Zusagen (schriftlich oder mündlich)	spätestens zwei Wochen nach dem zweiten Vorstellungsgespräch (häufig zügiger)
Absagen	später als Zusagen, meist einige Wochen (drei bis vier Wochen) nach dem zweiten Vorstellungsgespräch

Beachten Sie: Individuelle Laufzeiten haben Vorrang
Natürlich sind die oben genannten Zeitspannen eine grobe Vereinfachung. Schließlich ist das Verfahren zur Bewerberauswahl nicht standardisiert. Jeder Arbeitgeber handhabt es anders. Rechnen Sie auf jeden Fall mit längeren Lauf- und Prüfzeiten im öffentlichen Dienst (dort müssen oft mehrere Personen eine Bewerbung prüfen, bevor zum Vorstellungsgespräch gebeten wird). Wenn ein potenzieller Arbeitgeber z. B. im Zwischenbescheid oder Vorstellungsgespräch einen Termin nennt, bis zu dem er sich spätestens wieder melden will, hat dieser Vorrang vor den oben genannten Zeiten. Vorher sollten Sie dann auf keinen Fall nachhaken.

Vier Fälle, in denen ein Nachfassen Erfolg verspricht

Der Empfänger darf sich nicht zu einer Entscheidung gedrängt fühlen.

Nicht immer ist die Bitte um eine schnelle Antwort gut für Ihre Chancen. Seien Sie sorgfältig bei der Wahl des richtigen Zeitpunktes. Halten Sie aber auch die vier Fälle auseinander, in denen Sie nachfassen können und sollten:

- Fall 1: Sie haben noch nicht einmal einen Zwischenbescheid bekommen.
- Fall 2: Der Zwischenbescheid ist schon lange her.
- Fall 3: Sie haben eine Initiativbewerbung verschickt.
- Fall 4: Sie haben das Vorstellungsgespräch gerade hinter sich gebracht.

Fall 1: Sie haben noch nicht einmal einen Zwischenbescheid bekommen

Aber Achtung: Kleinere Unternehmen versenden oft gar keinen Zwischenbescheid. Formulieren Sie Ihre Nachfrage entsprechend vorsichtig.

Zwei bis drei Wochen nachdem Sie Ihre Bewerbung verschickt haben, sollten Sie zumindest einen Zwischenbescheid erhalten haben. Wenn nicht, dann können Sie ruhig nachhaken. Am wenigsten Arbeit macht in diesem Fall die Nachfrage per Telefon oder E-Mail. Rufen Sie an. Melden Sie sich mit Namen und informieren Sie Ihren Telefongesprächspartner darüber, dass Sie sich am »Soundsovielten« auf die »Stellenanzeige XY« beworben haben. Dann formulieren Sie freundlich, dass Sie bislang noch keine Eingangsbestätigung erhalten haben und sich erkundigen möchten, ob Ihre Bewerbung eingegangen ist. Alternativ können Sie auch eine E-Mail schreiben.

Inhalt: Nachfrage, ob die Bewerbung angekommen ist

Vorwürfe vermeiden

Formulieren Sie jede Nachfass-E-Mail in freundlichem Ton. Verleihen Sie freundlich Ihrer Verwunderung Ausdruck, dass Sie noch nichts gehört haben. Fragen Sie nach, ob die Bewerbung angekommen ist. Eventuell können Sie auch nochmals Interesse an der offenen Stelle bekunden. Wiederholen Sie aber nichts, was schon im Anschreiben Ihrer Bewerbung steht.

Von einer Nachfassaktion sollten Sie absehen, wenn im Zwischenbescheid steht, man möge auf Nachfragen verzichten.

Fall 2: Der Zwischenbescheid ist schon lange her
»Danke für die Überlassung Ihrer Bewerbung. Die Prüfung der Unterlagen wird einige Zeit beanspruchen. Bitte haben Sie so lange Geduld. Wir werden uns zu gegebener Zeit wieder an Sie wenden.« – Wer kennt sie nicht, die Vertröstungsbriefe, die fast jede Bewerbung nach sich zieht? Als Bewerber steht man ratlos da: Was bedeutet »einige Zeit«? Wie früh ist »zu gegebener Zeit«? Darf man nachhaken, wenn man länger nichts mehr vom Empfänger der Bewerbung hört?
Antwort: Man darf, aber nicht sofort. Wenn Sie ein solches Schreiben bekommen haben, dann sollten Sie mit dem Nachhaken etwas länger warten, also mindestens vier Wochen. Haben Sie dann weder eine Absage noch eine Einladung zum Vorstellungsgespräch bekommen, können Sie durchaus mit einem Anruf oder einer E-Mail an Ihre Bewerbung erinnern. Sie sollten das aber nur in besonders wichtigen und dringenden Fällen tun.

Inhalt: Bezug auf den Zwischenbescheid, Nachfrage
Rufen Sie an, oder schreiben Sie eine E-Mail. Informieren Sie darüber, dass Sie sich am »Soundsovielten« auf die »Stellenanzeige XY« beworben haben. Erwähnen Sie den Zwischenbescheid (mit Datum) und formulieren Sie dann freundlich, dass Sie sich über den aktuellen Stand der Stellenbesetzung informieren möchten.

Bei einer Initiativbewerbung lohnt sich das Nachhaken erst recht.

Fall 3: Sie haben eine Initiativbewerbung verschickt
Auch bei einer Initiativbewerbung sollten Sie nachhaken, wenn Sie nach vier bis sechs Wochen noch keine Antwort haben. Manchmal gibt es auch bei Initiativbewerbungen einen Zwischenbescheid, etwa mit der Aussage, dass Ihre Bewerbung in verschiedenen Abteilungen des Hauses herumgereicht wird, um zu prüfen, ob Bedarf besteht. In einem solchen Fall haken Sie etwa drei Wochen später noch einmal nach.

Inhalt: Nachfrage, ob sich eine Einsatzmöglichkeit gefunden hat
Da Sie die Initiativbewerbung dem Empfänger unaufgefordert zugesandt haben, müssen Sie in Ihrem Nachfassbrief Verständnis signalisieren, wenn er sich mit der Entscheidung Zeit lässt. Am besten fragen Sie, ob sich eine Einsatzmöglichkeit gefunden hat. Bieten Sie dem potenziellen Arbeitgeber an, die Bewerbung zu behalten für den Fall, dass er später darauf zurückkommen will.

Fall 4: Sie haben das Vorstellungsgespräch gerade hinter sich
Sie waren beim Vorstellungsgespräch und sind mit einem Hochgefühl herausgekommen, weil es sehr gut gelaufen ist? Aber Sie wissen auch, dass Sie ernst zu nehmende Konkurrenz unter den anderen Bewerbern haben? In dieser Situation kann eine geschickt formulierte Nachfass-E-Mail das Zünglein an der Waage sein. Sie müssen sich aber damit beeilen, denn die Entscheidung fällt meist schnell: Schicken Sie sie ein oder zwei Tage nach dem Vorstellungsgespräch los, damit sie noch Wirkung zeigt.

Wer nach dem Vorstellungsgespräch noch einmal betont, wie gern er die Stelle hätte, erhöht seine Chancen.

Nach dem Vorstellungsgespräch verspricht eine Nachfass-E-Mail am meisten Erfolg
Kurz bevor die endgültige Entscheidung fällt, hat eine Nachfass-E-Mail die größten Erfolgsaussichten: Schließlich kommt es häufiger vor, dass am Schluss der Bewerberauswahl zwei oder drei gleichermaßen geeignete Kandidaten übrig sind. Ein Personalverantwortlicher sucht dann regelrecht nach Argumenten, die den Ausschlag geben. Eine Nachfass-E-Mail ist hier genau richtig: Sie zeigen Initiative und – vielleicht das wichtigste Argument – räumen die letzten Zweifel aus, ob Sie die Stelle im Fall einer Zusage auch wirklich antreten. Letzteres sollten Sie als Beweggrund für eine Entscheidung zu Ihren Gunsten nicht unterschätzen; denn eine Absage des Bewerbers in letzter Minute kommt gar nicht so selten vor.

Inhalt: Dank für das Gespräch, Bestätigung Ihres Interesses an der Stelle

Bringen Sie in der Nachfass-E-Mail keine neuen Fakten über Ihre Person ins Spiel. Das wäre kontraproduktiv.

In der Nachfass-E-Mail nach dem Vorstellungsgespräch sollten Sie weder Inhalte des Anschreibens aufgreifen noch mit neuen Qualifikationen (z. B. »Übrigens kann ich auch noch ...«) aufwarten. Über Ihre Eignung müsste zu diesem Zeitpunkt längst alles gesagt sein. Stattdessen

- bedanken Sie sich für das (Vorstellungs-)Gespräch,
- erwähnen Sie, dass Sie selbst einen sehr positiven Eindruck gewonnen haben,
- betonen Sie, dass Ihnen wirklich an der Stelle liegt und dass Sie sie im Fall einer Zusage auf jeden Fall antreten.

Wenn Sie zwei Stellen in Aussicht haben ...
Vermeiden Sie es, den Empfänger unter Termindruck zu setzen: *Ich brauche Ihre Entscheidung bis morgen, weil man mir noch eine weitere Stelle angeboten hat.* – Dieser Satz führt ziemlich sicher zu einer Absage. Schließlich will sich der Empfänger seine Entscheidung reiflich überlegen. Wenn Sie ihm signalisieren, dass es sowieso unsicher ist, ob Sie kommen, wird er sich wohl eher für einen anderen Bewerber entscheiden. Wenn Sie wirklich zwei Stellen zur Auswahl haben, dann überlegen Sie sich erst, welche Sie lieber antreten würden. Ist es die Stelle, für die Sie noch keine Zusage haben, dann können Sie dies in Ihrer Nachfass-E-Mail signalisieren und mit der Bitte um eine schnelle telefonische Vorabzusage oder Absage verbinden.

Unterlagen zurückverlangen: Auch das ist manchmal nötig

Bitten Sie höflich um Rückgabe, wenn Sie keine Rückmeldung bekommen, Ihre Bewerbung aber teure Arbeitsproben enthält.

Hin und wieder kommt es vor, dass eine postalisch versendete Bewerbungsmappe weder beantwortet noch zurückgesandt wird. Ärgerlich ist das vor allem bei Bewerbungen im Kreativbereich, wenn der Bewerbungsmappe teure Arbeitsproben beiliegen, zum Beispiel Farbkopien, CDs, Fotoabzüge oder Video-DVDs. Vielleicht haben Sie sogar Originale verschickt, weil deren Reproduktion Ihnen zu aufwendig erschien. In einem solchen Fall machen Sie nichts falsch, wenn Sie den Empfänger darum bitten, die Sachen zurückzuschicken.

Inhalt: höfliche Bitte um Rückgabe
Auch wenn Sie unter Umständen Monate gewartet haben, bleiben Sie freundlich im Ton. Fordern Sie nicht, sondern bitten Sie darum, Ihre Bewerbung zurückzusenden. Signalisieren Sie Ihr Einverständnis für den Fall, dass der Empfänger die Unterlagen weiter benötigt, um gegebenenfalls zu einem späteren Zeitpunkt auf Sie zurückzukommen.

Muster Nachfass-E-Mail »Bewerbung angekommen?«

An: Elisabeth.Wurzer@RSH.de
Cc:
Bcc:
Betreff: Haben Sie meine Bewerbung erhalten?

Sehr geehrte Frau Wurzer,

am 29. Januar 2015 habe ich mich bei Ihnen als Assistentin des Geschäftsführers beworben. Bislang habe ich noch keine Eingangsbestätigung erhalten.

Ist meine Bewerbung bei Ihnen eingegangen?

Ich freue mich auf eine kurze Antwort.

Mit freundlichen Grüßen

Angelika Plessar
Am Fuchsgrund 11
06246 Delitzsch
Tel.: 0351 111222333
E-Mail: a.plessar@webprovider.de

Muster Nachfass-E-Mail »Zwischenbescheid ist schon vor längerer Zeit eingetroffen«

An:	Ludwig.Kruse@svw-woerishofen.de
Cc:	
Bcc:	
Betreff:	Meine Bewerbung / Stand des Bewerbungsverfahrens

Sehr geehrter Herr Kruse,

am 19.2.2015 habe ich mich bei Ihnen als Verkäuferin im Einzelhandel beworben; Anfang März erhielt ich einen Zwischenbescheid.

Heute möchte ich mich über den aktuellen Stand der Stellenausschreibung informieren und mein weiterhin großes Interesse an der ausgeschriebenen Stelle bekräftigen.

Ich freue mich auf eine kurze Antwort.

Mit freundlichen Grüßen

Jana Föhr
Schauinslandweg 18
79256 Buchenbach
E-Mail:j.foehr@fr.web.net

Muster Nachfass-E-Mail »Nach Initiativbewerbung«

An:	C.Merklin@KMM.de
Cc:	
Bcc:	
Betreff:	Meine Initiativbewerbung als Diplom-Ingenieur Maschinenbau

Sehr geehrter Herr Merklin,

knapp zwei Monate ist es her, dass ich Ihnen meine Initiativbewerbung geschickt habe. Laut Ihrem Zwischenbescheid vom 30.09. finden Sie meine Qualifikationen interessant, und Sie haben meine Bewerbung in Ihrer Firma herumgereicht, um festzustellen, ob in einer Ihrer Abteilungen Bedarf besteht.

Heute möchte ich mich nach dem aktuellen Stand erkundigen.

Ist meine Bewerbung noch im hausinternen Umlauf?

Ich freue mich auf eine kurze Antwort und stehe Ihnen für weitere Fragen gern zur Verfügung.

Mit freundlichen Grüßen

Jürgen Breitner
Haselweg 12
73529 Schwäbisch Gmünd
Tel.: 07171 76543
E-Mail: breitner@netweb.com

Muster Nachfass-E-Mail »Nach dem Vorstellungsgespräch«

An: DieterMohn@InvestBank.com
Cc:
Bcc:
Betreff: Dank für das gestrige Gespräch

Sehr geehrter Herr Mohn,

das gestrige Gespräch ist noch lange in mir nachgeklungen – danke dafür! Die Philosophie Ihrer Bank gefällt mir – ebenso die Tatsache, dass Sie die Eigenverantwortlichkeit Ihrer Mitarbeiter stärken und Fortbildungen unterstützen. Auch Ihre Ansichten über den Umgang mit Kunden teile ich voll und ganz.

Ich habe einen durchweg positiven Eindruck von InvestBankCenter Düsseldorf gewonnen und kann mir gut vorstellen, meine Erfahrungen und Fähigkeiten für Sie einzusetzen.

Ich freue mich auf Ihre Entscheidung.

Mit freundlichen Grüßen

Jürgen Wiehlert
Universitätsstraße 11
40215 Düsseldorf
Tel.: 0211 11223344
E-Mail: wiehlert@netwebservices.de

Muster Nachfass-E-Mail »Anderes Angebot liegt vor«

An: AnetteBernauer@Bernauer.de
Cc:
Bcc:
Betreff: Vielen Dank und eine Bitte

Sehr geehrte Frau Bernauer,

haben Sie vielen Dank für den freundlichen Empfang und das konstruktive Vorstellungsgespräch in Ihrem Münchner Stammhaus. Was Ihre letzte Bemerkung angeht, ich solle Ihnen die „spitzfindigen" Fragen nicht übel nehmen – das habe ich zu keiner Zeit getan. Als Personaler weiß ich, dass man nur dann die wirklich guten Kandidaten findet, wenn man die eine oder andere kritische Frage stellt.

Was meinen Eindruck angeht: Ihr Haus passt auch bei näherem Kennenlernen in das Bild, das Sie auf Ihrer Website und in der Presse vermitteln: grundsolide, der traditionellen Unternehmerethik verpflichtet und im Umgang mit den Mitarbeitern manchmal hart, aber immer fair. Mein Wunsch, bei Ihnen als Personalleiter zu arbeiten, hat sich durch unser Gespräch noch verstärkt. Ich hoffe, dass auch Sie einen guten Eindruck von mir haben und sich für mich entscheiden.

Eine Bitte: Mir liegt ein Angebot für eine Personalleiterstelle in Nürnberg vor. Bis Ende dieser Woche muss ich dort zu- oder absagen. Ich will Sie nicht unter Druck setzen, bin Ihnen aber dankbar, wenn Sie mich informieren, sobald Sie Ihre Entscheidung gefällt haben. Das Trachtenhaus Bernauer ist mein Favorit. Die Stelle bei Ihnen ziehe ich jedem anderen Angebot vor.

Mit freundlichen Grüßen

Hans Lehmann
Lindenallee 3
20100 Hamburg
Tel.: 040 123456
E-Mail: lehmann@net.com

Muster Nachfass-E-Mail »Unterlagen zurück«

An: hr@lilac.com
Cc:
Bcc:
Betreff: Ist meine Bewerbung für Sie noch von Interesse?

Sehr geehrte Damen, sehr geehrte Herren,

am 15. Juni dieses Jahres habe ich Ihnen die Unterlagen geschickt, mit denen ich mich auf eine Volontärsstelle im Bereich Fotodokumentation bewerbe. Offen gestanden bin ich etwas verunsichert: Außer einem kurzen Zwischenbescheid vom 20. Juni habe ich nichts mehr von Ihnen gehört.

Nun wollte ich nachfragen: Ist meine Bewerbung für Sie noch von Interesse? Wenn ja, dann freue ich mich, bald zu einem Vorstellungsgespräch kommen zu dürfen. Wenn Sie meine Bewerbung im aktuellen Auswahlverfahren nicht berücksichtigt haben, sie aber für eine spätere Stellenbesetzung behalten möchten – gern! In diesem Fall bitte ich Sie, mich kurz darüber zu informieren (gern auch per Telefon). Sollten Sie aber meine Bewerbungsunterlagen samt der eingereichten Arbeitsproben-CD nicht mehr benötigen, bin ich Ihnen dankbar, wenn Sie sie mir zurückschicken.

Ich freue mich, von Ihnen zu hören.

Mit freundlichen Grüßen

Ahmed Kagan
Ehrenfelder Gürtel 44 c
50826 Köln
Tel.: 0211 543210
E-Mail: AhmedKagan@Colonia.net

Übung macht den Meister

Es klappt wahrscheinlich nicht gleich beim ersten Vorstellungsgespräch. Aber Sie gewinnen schnell Routine.

Dass Sie gleich bei Ihrem ersten Vorstellungsgespräch im Leben alle Unsicherheiten und Fehlerquellen vermeiden können, ist unwahrscheinlich. Erwarten Sie daher von Ihrem ersten Vorstellungstermin nicht zu viel. Aber Sie bekommen schnell Übung, wenn Sie einmal erfahren haben, worauf es ankommt: im Wesentlichen auf Ehrlichkeit und Selbstbewusstsein. Die folgenden elf Tipps helfen Ihnen bei der Vorbereitung.

Tipp 1: Nehmen Sie zwei zusätzliche Bewerbungsmappen mit

Es macht Eindruck, wenn Sie allen Anwesenden eine Bewerbungsmappe vorlegen können.

Sie müssen damit rechnen, dass Sie beim Vorstellungsgespräch nach den Originalen Ihrer Zeugnisse und Nachweise gefragt werden – auch wenn das eher selten vorkommt. Heften Sie sie also in eine Bewerbungsmappe und fügen Sie auch alle Belege und Arbeitsproben bei, die Sie der Bewerbung aus Platzgründen nicht beigelegt haben.

Sinnvoll ist zudem eine zweite Bewerbungsmappe, die deckungsgleich mit derjenigen ist, die Sie der betreffenden Firma geschickt haben. Wenn Sie sich nämlich einer Runde von Leuten vorstellen müssen (z. B. dem Personalverantwortlichen, der Abteilungsleiterin und dem Firmenchef), sammeln Sie damit Punkte, dass Sie sie denjenigen Personen überreichen, denen sie nicht vorliegt.

Tipp 2: Lesen Sie sich vorher Ihre Bewerbungsunterlagen durch

Gehen Sie nie zum Vorstellungsgespräch, ohne noch einmal zu lesen, was Sie in der Bewerbung geschrieben haben. Sonst machen Sie womöglich widersprüchliche Aussagen.

Je unterschiedlicher die Stellenanzeigen, auf die Sie sich bewerben, desto stärker können Ihre Bewerbungen variieren. Das ist zwar gut für Ihre Chancen – hat aber auch Nachteile: Haben Sie viele Bewerbungen losgeschickt, ist der Inhalt einer einzelnen Mappe schnell wieder vergessen. Gefährlich wird das dann, wenn Sie im Vorstellungsgespräch etwas anders darstellen als im Anschreiben oder

Lebenslauf. Damit sind keine Lügen gemeint – Sie werden klugerweise nichts Unrichtiges behaupten. Aber wenn Sie nicht aufpassen, kann es sehr wohl zu Unstimmigkeiten zwischen schriftlicher Bewerbung und Aussagen im Vorstellungsgespräch kommen.

Beispiel
Nicole Roland hat nach aufwendiger Internetrecherche im Anschreiben geschrieben: Von der Ausbildung in Ihrem Betrieb habe ich viel Gutes gehört. Im Vorstellungsgespräch wird sie gefragt: »Was wissen Sie denn über die Ausbildung in unserem Betrieb?« Die Informationen der Firmenwebsite, in denen die Ausbildung beschrieben ist, hat sie zu diesem Zeitpunkt nicht mehr im Kopf. Sie antwortet daher: »Wie es in Ihrem Betrieb genau aussieht, weiß ich nicht« – eine offensichtliche Unstimmigkeit, die unangenehm auffällt.

Lesen Sie vor dem Vorstellungsgespräch noch einmal genau Anschreiben und Lebenslauf durch, die Sie an den betreffenden potenziellen Arbeitgeber geschickt haben. Sorgen Sie auch dafür, dass Ihnen alle Einzelheiten Ihres Lebenslaufs präsent sind.

Tipp 3: Kleiden Sie sich dem Anlass entsprechend

Richten Sie sich bei Ihrer Kleidung ein wenig nach der Branche: Banken und Versicherungen sind sehr konservativ, Werbeagenturen deutlich legerer.

Vor allem unerfahrene Bewerber, die zu einem Vorstellungsgespräch eingeladen sind, halten saloppe Kleidung nicht für einen Fauxpas. »Schließlich soll mich mein künftiger Arbeitgeber so kennenlernen, wie ich wirklich bin«, lautet die weitverbreitete Meinung. Diese Ansicht ist aber falsch. Saloppe Kleidung signalisiert Ihrem Gesprächspartner: »Dieser Anlass ist für mich nicht besonders wichtig.« Genau diesen Eindruck dürfen Sie aber auf keinen Fall erwecken.
Selbst wenn Ihr Gesprächspartner Freizeitkleidung akzeptiert – denken Sie daran: Er ist meist nicht die einzige Person, die über die Vergabe der Stelle entscheidet. Möglicherweise hat er Vorgesetzte, mit denen er seine Auswahl abstimmen muss. Sowie er eine zweite Person, zum Beispiel den zuständigen Abteilungsleiter oder die künftige

Ausbildungschefin, hinzuzieht, muss er seine Wahl gegenüber dieser Person vertreten. Das wird ihm schwerfallen, wenn der Bewerber in unpassender Kleidung daherkommt – auch wenn sich dessen Eignung für die Stelle sowohl anhand der Unterlagen als auch im Gespräch belegen lässt. Kleiden Sie sich also eher zu konservativ als zu nachlässig. Das bringt Ihnen keine Nachteile.

Bewahren Sie Ruhe und zeigen Sie sich selbstbewusst – dann kann Ihnen nichts passieren.

Tipp 4: Bereiten Sie sich auf diese zwölf Fragen vor
Nicht jedes Vorstellungsgespräch ist gleich. Deshalb ist es nicht möglich, für alle Eventualitäten gewappnet zu sein. Dennoch tauchen einige Fragen immer wieder auf. Eine Antwort darauf sollten Sie auf jeden Fall parat haben. Rechnen Sie nicht nur mit wohlwollenden, sondern auch mit provozierenden Fragen. Eine Übersicht über die wichtigsten Fragen im Vorstellungsgespräch finden Sie in der folgenden Tabelle – mitsamt Empfehlungen für die Antwort. Wie Sie damit umgehen, nach Ihren Schwächen und Defiziten gefragt zu werden, lesen Sie im Kapitel »Abweichungen vom Anforderungsprofil«.

Die zwölf wichtigsten Fragen im Vorstellungsgespräch – und wie Sie darauf reagieren sollten

Frage	Empfehlungen für die Antwort
Was wissen Sie über unser Unternehmen?	Informieren Sie sich vorher über die betreffende Firma, z. B. auf der Firmenwebsite. Zeigen Sie aber auch Bereitschaft zum Zuhören.
Können Sie Ihren Lebenslauf kurz für uns zusammenfassen?	Erzählen Sie nicht Ihren ganzen Lebenslauf. Beschränken Sie sich auf die Aspekte, die Sie für die Stelle qualifizieren (Kenntnisse, Erfahrungen, Fähigkeiten). Alternative: Antworten Sie mit einer Rückfrage. *Gibt es etwas, woran Sie besonders interessiert sind?*
Warum bewerben Sie sich ausgerechnet auf diese Stelle?	Sagen Sie, was Sie an der angestrebten Stelle und dem betreffenden Arbeitgeber reizt. Lassen Sie sich nicht zu Klagen über Ihre bisherige Stelle verleiten.

Die zwölf wichtigsten Fragen im Vorstellungsgespräch – und wie Sie darauf reagieren sollten (Fortsetzung)

Frage	Empfehlungen für die Antwort
Was sind Ihre größten Stärken und Schwächen?	Seien Sie selbstbewusst – und weder zu bescheiden noch zu überheblich. Beginnen Sie mit den Schwächen und beschränken Sie sich dabei auf eine. Unseriös wirkt es, auf Schwächen auszuweichen, die überhaupt nichts mit dem Arbeitsleben zu tun haben (z. B.: *Ich kaufe für mein Leben gern Schuhe und kann keinem Schuhgeschäft widerstehen*). Nennen Sie auch keine Pseudoschwächen, die ebenso als Stärken durchgehen können (z. B.: *Ich werde immer so schnell ungeduldig, wenn nichts vorangeht*). Das hören Personalverantwortliche bei fast jedem Gespräch. Ihre Schwächen können Sie abmildern, indem Sie schildern, wie Sie damit umgehen. Zählen Sie dann Ihre Hauptstärken auf – ohne Überheblichkeit, aber auch ohne falsche Bescheidenheit.
Was motiviert Sie?	Sagen Sie ehrlich, was Sie zu guten Leistungen anhält. Ist es das Lob von Vorgesetzten? Zufriedene Kunden? Das Wissen, dass Sie Verantwortung haben? Die Möglichkeit, einiges zu bewirken?
Wie reagieren Sie auf Stress?	Bleiben Sie ruhig. Machen Sie dem Personalverantwortlichen nichts vor. Falls Sie nicht gut mit Stress zurechtkommen, stehen Sie dazu. Auch hier hilft die Beschreibung, wie Sie damit umgehen. Vermeiden Sie Eingeständnisse, die zu viel von Ihrer Persönlichkeit offenbaren (z. B.: *Ich kann dann nachts nicht mehr schlafen*).
Was können Sie partout nicht leiden?	Beziehen Sie sich nicht auf Leute, sondern streng auf Situationen oder Eigenschaften. Erlauben Sie sich keine Lästereien über ehemalige Vorgesetzte oder Mitarbeiter. Bleiben Sie sachlich.
Warum wollen Sie den Arbeitgeber wechseln? *oder*: Warum haben Sie gekündigt?	Bemühen Sie sich um Objektivität. Stellen Sie sachlich Ihre Gründe dar. Auf keinen Fall dürfen Sie etwas Negatives über einen früheren Arbeitgeber sagen.

Die zwölf wichtigsten Fragen im Vorstellungsgespräch – und wie Sie darauf reagieren sollten (Fortsetzung)

Frage	Empfehlungen für die Antwort
Warum haben Sie so häufig die Stelle gewechselt?	Hier kommt es darauf an, nicht wankelmütig und unbeständig zu wirken. Nennen Sie objektive Gründe für den häufigen Wechsel. Zeigen Sie darüber hinaus, dass Sie sich vorstellen können, bei der neuen Firma dauerhaft zu bleiben.
Erklären Sie ...! (Lücken im Lebenslauf, schlechte Zeugnisse, schlechte Schulnoten)	Lassen Sie sich nicht verunsichern. Bleiben Sie ruhig und werten Sie die Frage, auch wenn Sie offensiv geäußert wird, nicht als Angriff. Stehen Sie zu Ihren (vermeintlichen oder tatsächlichen) Defiziten. Aber verwenden Sie nicht zu viel Zeit auf die Beantwortung dieser Fragen.
Wären Sie bereit, für diese Stelle in unsere Gegend zu ziehen?	Wenn Ihnen wirklich an der Stelle liegt, signalisieren Sie Ihre Bereitschaft ohne Zögern. Untermauern Sie Ihre Umzugsbereitschaft, indem Sie ggf. zusätzliche Gründe aufführen, warum Ihnen ein Umzug nichts ausmacht oder sogar gelegen kommt (z. B.: *Meine Frau ist in der Gegend tätig, Ich habe Freunde hier in Hamburg, ...*).
Was sind Ihre Ziele? *oder:* Wo sehen Sie sich in fünf Jahren?	Blicken Sie über Ihre aktuelle Situation hinaus. Zeigen Sie bei Aufstiegspositionen, dass Sie ein ehrgeiziger Mensch sind. Zeigen Sie Ihren Wunsch, Verantwortung zu übernehmen oder fachlich in die Tiefe zu gehen.

Tipp 5: Stehen Sie zu Ihren Schwächen – aber breiten Sie sie nicht aus

Konzentrieren Sie sich vor allem auf Ihre Stärken.

Die Gefahr, sich im Vorstellungsgespräch ausgerechnet über die eigenen Schwächen auszubreiten, besteht durchaus. Das kennen Sie vielleicht auch aus Prüfungen: Sie haben sich gründlich vorbereitet und auch einiges in Angriff genommen, was Sie nur halb verstanden haben. Dadurch konzentrieren Sie sich in der Prüfung nicht auf das, was Sie sicher wissen. Stattdessen fangen Sie – auch bei harmlosen Fragen – mit dem an, was Sie nicht gut beherrschen, statt sich zunächst einmal auf sicherem Terrain zu bewegen. Warum passiert das? Weil sich Ihre Sichtweise durch zu viel Vorbereitung eingeengt hat und Ihnen jetzt nicht weiterhilft. Der Prüfer entdeckt Ihre Wissenslücken, bohrt

garantiert nach, und Sie müssen schließlich zugeben, dass Ihre Kenntnisse beschränkt sind.
Ähnliche Erfahrungen macht so mancher Bewerber, der sich allzu ausgiebig mit den eigenen Schwächen beschäftigt hat. Eine gar zu intensive Vorbereitung auf perfekte Antworten im Vorstellungsgespräch führt oft dazu, sich ausführlichst über die eigenen Schwächen auszulassen und darüber die eigenen Stärken zu vernachlässigen. Anstatt sich also zu viele Gedanken über die eigenen Schwächen und Defizite zu machen, sollten Sie sich Ihrer Stärken bewusst sein. Konzentrieren Sie sich auf das, was Sie können. Die große Lebensbeichte ist im Vorstellungsgespräch ohnehin nicht gefragt. Machen Sie sich klar, dass Sie sich nicht für Ihr bisheriges Leben rechtfertigen müssen. Für alle Schwächen, Defizite und Abweichungen vom idealen Lebenslauf und Anforderungsprofil legen Sie sich eine einfache Antwort zurecht und damit basta!

Tipp 6: Spielen Sie kein Theater und schwindeln Sie nicht

Geben Sie sich authentisch.

Verzichten Sie darauf, Ihrem Gegenüber etwas vorzuspielen oder weiszumachen. Es ist unwahrscheinlich, dass Sie eine Lüge über die gesamte Dauer des Vorstellungsgesprächs aufrechterhalten können, ohne sich in Widersprüche zu verstricken. Erfahrene Personalverantwortliche durchschauen es überdies sehr schnell, wenn man ihnen nicht die Wahrheit sagt.
Wenn Ihnen entscheidende Qualifikationen fehlen, wäre es sinnlos, ihr Vorhandensein vorzuspiegeln. Schließlich müssen Sie Ihrer künftigen Tätigkeit gewachsen sein, damit Sie damit glücklich werden. Ist das nicht der Fall, eignet sich die angestrebte Stelle sowieso nicht für Sie. Sind es dagegen Nebensächlichkeiten, mit denen Sie nicht den Idealvorstellungen Ihres Gegenübers entsprechen, dann stehen Sie dazu. Kein Mensch ist perfekt, auch keiner Ihrer Mitbewerber.

Tipp 7: Vermeiden Sie zu große Offenheit

Geben Sie sich bei persönlichen Themen lieber zurückhaltend als allzu offen.

Hüten Sie sich vor allzu offenen Bekenntnissen. Ihr Privatbereich ist Ihre Sache. Wahren Sie Ihre Privatsphäre. Legen Sie keine ausführliche Rechenschaft über Ihre Herkunft, Familienverhältnisse und persönlichen Ansichten ab. Auch Ihre ganz persönliche Situation oder Ihre Probleme sollten Sie nicht ansprechen. Geben Sie nur das preis, was Ihnen zum Vorteil gereicht und was jeder wissen darf. Zwar brauchen Sie nichts krampfhaft zu verbergen, aber Sie sollten diese Dinge auch nicht zum großen Thema machen. Achten Sie darauf, dass Sie authentisch wirken. Sonst wirkt Ihr Auftritt unprofessionell und womöglich naiv.

Tipp 8: So gehen Sie mit verbotenen Fragen um

Auf verbotene Fragen möglichst diplomatisch reagieren

Nicht jede Frage darf ein potenzieller Arbeitgeber Ihnen im Vorstellungsgespräch stellen. Streng genommen sind nur Fragen zulässig, die in direktem Zusammenhang mit der betreffenden Stelle stehen. Nach deutschem Arbeitsrecht sind insbesondere Fragen verboten nach

- Parteizugehörigkeit,
- Religionszugehörigkeit (außer wenn der Arbeitgeber konfessionell gebunden ist),
- Gewerkschaftszugehörigkeit,
- Heiratsplänen, Familienplanung, Kinderwunsch,
- Schwangerschaft,
- Vorstrafen und laufenden Ermittlungsverfahren,
- Vermögensverhältnissen,
- Krankheit.

Falls Ihnen eine Frage nach solchen Punkten gestellt wird, bleiben Sie ruhig. Seien Sie diplomatisch – zumindest, wenn Ihnen an der Stelle liegt. Es spricht aber nichts dagegen, eine Antwort zu verweigern. Die Rechtslage in Deutschland erlaubt auch, auf solche Fragen ungestraft zu lügen bzw. bestimmte Dinge zu verheimlichen. Auch wenn nicht unbedingt zu einer Lüge zu raten ist: Besonders Frauen, die in naher Zukunft eine Familie gründen wollen,

bleibt oft gar nichts anderes übrig, als ihren Kinderwunsch zu verheimlichen. Auf keinen Fall aber sollten sie ihn offen kundtun.
In anderen Fragen helfen manchmal auch eine gewisse Ehrlichkeit und Offenheit. Wenn Sie also keine großen Nachteile dadurch befürchten, dass Sie die Wahrheit sagen, dann tun Sie dies. Bedenken Sie: Bei den meisten Arbeitsverhältnissen ist eine Probezeit von bis zu sechs Monaten üblich. Während dieser Zeit können Sie als neuer Arbeitnehmer ohne Angabe von Gründen gekündigt werden. Stellt sich also kurz nach Arbeitsbeginn heraus, dass Sie die Unwahrheit gesagt oder wichtige Dinge verschwiegen haben, ist das Vertrauensverhältnis zum Arbeitgeber nachhaltig gestört. Dann müssen Sie damit rechnen, noch in der Probezeit eine Kündigung zu bekommen.

Beispiel
Heiko Randers war mit einem kleinen Malergeschäft selbstständig. Ein Großkunde, für dessen Bürogebäude er die kompletten Malerarbeiten erledigt hatte, war zahlungsunfähig. Weil seine offene Rechnung nicht mehr beglichen wurde, rutschte auch sein Betrieb in die Insolvenz. Nach Auflösung seines Malergeschäfts ist er jetzt immer noch hoch verschuldet. Um die Restschulden zu tilgen, soll sein Einkommen bis zur gesetzlichen Freigrenze gepfändet werden. Sein Problem: Der Pfändungsbescheid geht an den Arbeitgeber. Verschuldung – das ist für jeden Arbeitgeber normalerweise ein Grund, einem Mitarbeiter sofort wieder zu kündigen. Heiko Randers weiß das. Deshalb spricht er seine Vermögensverhältnisse sofort im Vorstellungsgespräch an – und macht klar, dass er nichts dafür kann. So zeigt er, dass er zuverlässig ist und dass ihm obendrein daran liegt, seine Schulden abzuarbeiten. Der Arbeitgeber wertet seinen Willen, die Restschuld abzutragen, als Indiz für Treue und Zuverlässigkeit. Heiko Randers bekommt die Stelle.

Recherchieren Sie vor dem Vorstellungsgespräch im Internet nach dem Gehalt, das für den gewünschten Beruf in der betreffenden Branche üblich ist.

Tipp 9: Gehaltsverhandlung – keine falsche Bescheidenheit

Die Frage nach dem gewünschten Gehalt ist heikel. Für die meisten Bewerber ist es nicht einfach, den Wert ihrer Arbeitskraft realistisch einzuschätzen. Hilfe bietet hier das Internet. Wie Sie herausfinden, welches Gehalt Einsteigern und erfahrenen Mitarbeitern in den einzelnen Berufen gezahlt wird, lesen Sie im Abschnitt »Gehaltsrecherche im Internet« (im Kapitel »Anschreiben«).

Falls Sie die Stelle wechseln, nennen Sie Ihr bisheriges Gehalt. Gehen Sie jedoch nicht automatisch davon aus, dass Sie beim neuen Arbeitgeber gleich viel oder gar mehr Geld geboten bekommen. Ein Arbeitgeber muss das Budget für eine zu besetzende Stelle genau kalkulieren. Selbst wenn er einem interessanten Bewerber gern mehr Geld bieten würde, kann er dies nicht ohne Weiteres tun. Gerade bei Einstiegspositionen, Ausbildungs- oder Traineestellen ist ein gewisser Spielraum nach unten möglich. Ihre Einstellungschancen verbessern Sie aber nicht unbedingt dadurch, dass Sie sich im Vorstellungsgespräch zu einem dauerhaften Verzicht auf angemessene Bezahlung bereit erklären. Erfahrene Personalverantwortliche wissen, dass unterbezahlte Kräfte kündigen, sobald ihnen eine angemessen vergütete Stelle angeboten wird.

Indem Sie Fragen stellen, zeigen Sie Interesse. Fragen Sie aber nichts, was schon ausführlich erläutert wurde.

Tipp 10: Ergreifen Sie die Gelegenheit, selbst Fragen zu stellen

Ihr Interesse an der angestrebten Stelle bekunden Sie auch, indem Sie selbst Fragen stellen. Während des Vorstellungsgesprächs sollten Sie nicht nur auf die Fragen Ihres Gegenübers antworten, sondern darüber hinaus aktiv zuhören, das heißt auch Rückfragen stellen. Die wichtigste Gelegenheit, Ihre Fragen anzubringen, ergibt sich meist am Schluss. Auf »Haben Sie noch Fragen?« sollten Sie nicht mit »Nein« antworten. Sie sollten sich auch nicht auf Organisatorisches beschränken (»Wann höre ich wieder von Ihnen?«, »Wie rechne ich meine Reisekosten ab?«). Stellen Sie lieber Fragen zur Firma, zu den Arbeitsabläufen, zu Produkten, zu laufenden Projekten oder Tätigkeitsbereichen. Vielleicht ergibt sich sogar aus dem Gespräch selbst ein Punkt, an den Sie Ihre Fragen anknüpfen können.

Wer sich am Schluss lächelnd für das Gespräch bedankt, verschafft sich einen souveränen Abgang.

Tipp 11: Abschied ohne Fettnäpfchen

Das Gespräch ist vorüber, und es ist auch gut verlaufen. Lassen Sie die Erleichterung darüber nicht zum Fettnäpfchen werden. Denn es passiert so manchem Bewerber, dass er sich an der Tür noch einmal umdreht und bei einer abschließenden Frage oder Bemerkung einen allzu vertraulichen Ton anschlägt. Sofort verschwindet der professionelle Eindruck, den er bisher gemacht hat. Fettnäpfchenfrei ist Ihr Abschied, wenn Sie sich für das Gespräch bedanken und – falls das noch nicht angesprochen wurde – nachfragen, bis wann Sie mit einer Entscheidung rechnen können.

In diesen Fällen bekommen Sie die Reisekosten erstattet

In der Regel können Sie mit einer Erstattung der Reisekosten rechnen.

Quer durch die Republik zu einem Vorstellungsgespräch zu fahren geht ganz schön ins Geld. Benzin, Fahrkarten, Übernachtungskosten – scheuen Sie sich nicht, nach dem Vorstellungsgespräch eine Erstattung dieser Auslagen beim potenziellen Arbeitgeber zu beantragen. In den meisten Fällen ist das ohne Weiteres möglich.

Es ist keineswegs unverschämt, den Arbeitgeber um Erstattung der Reisekosten zu bitten.

Regelfall: Verlangen Sie eine Erstattung der Reisekosten

Bei Fahrt- und Übernachtungskosten können Sie davon ausgehen, dass sie Ihnen erstattet werden. Das ist längst Usus. Der potenzielle Arbeitgeber ist dazu sogar gesetzlich verpflichtet, sofern er Sie nicht bei der Einladung darauf hinweist, dass er die Reisekosten nicht übernimmt. Bei größeren Firmen erhalten Sie üblicherweise schon am Ende des Vorstellungsgesprächs Informationen darüber, wie Sie Ihre Reise- und gegebenenfalls die Übernachtungskosten abrechnen. Manchmal bekommen Sie hierfür gleich das passende Formular in die Hand gedrückt.
Ist das Vorstellungsgespräch beendet und hat der potenzielle Arbeitgeber noch keine Angaben zur Reisekostenerstattung gemacht, sollten Sie diesen Punkt zunächst nicht ansprechen. Warten Sie erst einmal den weiteren Verlauf der Stellenbesetzung ab. Erhalten Sie eine Absage, können Sie Ihre Reisekosten umgehend einfordern. Erhalten Sie eine Zusage, sollten Sie abwägen. Wenn Sie einen geringen Betrag in Rechnung stellen, kann das kleinlich wirken.

Wer Sie nicht einlädt, hat auch nicht die Pflicht, Ihre Reisekosten zu zahlen.

Wann eine Erstattung nicht infrage kommt

Hat der potenzielle Arbeitgeber Sie nicht eingeladen, dann haben Sie auch kein Recht, eine Reisekostenerstattung von ihm zu verlangen. Dies bezieht sich hauptsächlich auf Fälle, in denen ein Bewerber von sich aus anreist, um seine Bewerbungsmappe persönlich zu übergeben oder sich spontan vorzustellen.

Wenn Sie sich ganz in der Nähe Ihres Wohnorts vorgestellt haben, verzichten Sie lieber darauf, Ihre Reisekostenabrechnung einzureichen. Das wirkt sonst gar zu knauserig.

Eine Reisekostenerstattung können Sie selbst dann verlangen, wenn Sie selbst eine angebotene Stelle ausschlagen.

Sie selbst sagen die Stelle ab: Die Reisekosten können Sie trotzdem zurückverlangen

Schwieriger ist der folgende Fall: Angenommen, Sie bekommen eine Zusage, sind aber beim Vorstellungsgespräch zu dem Schluss gekommen, dass Sie die Stelle lieber nicht antreten wollen. Wie sieht es jetzt mit der Reisekostenerstattung aus?
Rechtlich gesehen haben Sie trotzdem Anspruch darauf. Berücksichtigen Sie aber auch die psychologische Seite: Es erscheint fast unhöflich, trotz Absage eine Erstattung der Fahrt- und Unterbringungskosten zu verlangen. Dennoch sollten Sie nicht zu viele Skrupel haben – zumindest nicht bei großen Unternehmen, Behörden oder Verbänden. Denn es ist auch in einem solchen Fall durchaus legitim, die Erstattung der Kosten zu verlangen.

Falls Sie vom potenziellen Arbeitgeber kein Geld bekommen, reichen Sie den Erstattungsantrag bei der Arbeitsagentur ein oder machen Sie die Kosten steuerlich geltend.

Falls der potenzielle Arbeitgeber Ihnen gleich in der Einladung zum Vorstellungsgespräch mitgeteilt hat, er werde Ihre Reisekosten nicht übernehmen, sollten Sie schon im Voraus von der Bundesagentur für Arbeit prüfen lassen, ob nicht diese Ihnen Ihre Auslagen erstatten kann. Bis zu einem bestimmten Höchstbetrag ist das in der Regel möglich, vorausgesetzt, Sie sind als arbeitssuchend gemeldet. Wenn Sie im laufenden Jahr ein eigenes Einkommen haben, bietet sich aber eine Alternative an: Machen Sie die Reisekosten auch in der nächsten Steuererklärung als Werbungskosten geltend. Auf diese Weise bekommen Sie zwar nicht den ganzen Aufwand heraus, aber dafür brauchen Sie sich keine weiteren Gedanken über die abgesagte Stelle zu machen.

Der richtige Zeitpunkt für die Abrechnung

Erst nach Abschluss des Auswahlverfahrens die Reisekosten abrechnen

Nichts spricht dagegen, Ihre Reisekostenabrechnung gleich nach dem Vorstellungsgespräch an den potenziellen Arbeitgeber zu schicken. Das ist besonders dann empfehlenswert, wenn Sie größere Summen vorgestreckt haben und nicht lange auf das Geld verzichten können. Einfühlsamer handeln Sie aber, wenn Sie das Ende des Auswahlverfahrens abwarten. Denn mit der Abrechnung signalisieren Sie: »Der Fall ist für mich erledigt.« Manche Personalverantwortlichen, hauptsächlich aber Inhaber kleinerer Betriebe oder Behördenchefs, könnten sonst den Schluss ziehen, dass Sie Ihre Bewerbung gedanklich schon abgeschlossen und ad acta gelegt haben. Am besten warten Sie also, bis Sie eine Zu- oder Absage erhalten haben.

Wenn Sie zweimal anreisen mussten, reichen Sie am Schluss zwei Reisekostenabrechnungen ein.

Falls es eine zweite Auswahlrunde gibt, Sie also noch einmal zu einem Vorstellungsgespräch, einem Assessment-Center oder einem Auswahlverfahren erscheinen müssen, warten Sie, bis dieser Termin ebenfalls verstrichen und die endgültige Entscheidung gefallen ist. Dann fassen Sie die Reisekosten beider Termine zusammen. Für den Arbeitgeber, bei dem Sie sich beworben haben, bedeutet dies eine Kostenersparnis: Ihre Unterlagen müssen nur einmal bearbeitet werden, und es reicht eine Überweisung des Gesamtbetrags auf Ihr Konto. Vergessen Sie aber nicht, das Datum jedes Vorstellungstermins einzeln aufzuführen. Falls Sie einen größeren Betrag ausgelegt haben, brauchen Sie sich nicht zu genieren, in zwei getrennten Abrechnungen um Erstattung der Reisekosten für jedes einzelne Vorstellungsgespräch zu bitten.

Wie Sie den Antrag auf Reisekostenerstattung formulieren

Schreiben Sie eine Rechnung über Ihre Reisekosten.

Formulieren Sie Ihre Reisekostenerstattung als Bitte. Bleiben Sie freundlich und sachlich im Ton. Folgende Angaben sollten Sie machen, damit die Erstattung reibungslos und ohne Rückfragen klappt:

- Ihr Name
- Ihre vollständige Adresse
- vollständige Anschrift des Arbeitgebers, bei dem Sie sich vorgestellt haben *(aus steuerlichen Gründen unerlässlich)*
- Gesamtbetrag der Reisekosten (*ggf. Belege beifügen*)
- Ihre Bankverbindung (Name des Kreditinstituts, IBAN und BIC)

In der Reisekostenabrechnung kurz auf den Stand des Auswahlverfahrens eingehen

Schlussformulierung: Hier können Sie auf den Stand des Auswahlverfahrens eingehen
Falls Sie auf das Ergebnis der Auswahl eingehen möchten, dann bieten sich – je nach Stand – folgende Schlussformulierungen an:

Textbausteine für die Reisekostenabrechnung

Stand des Auswahlverfahrens	Textbaustein
Sie warten noch auf das Ergebnis.	Ich freue mich, bald wieder von Ihnen zu hören, und bin auf Ihre Entscheidung gespannt!
Sie sollen zu einem zweiten Vorstellungsgespräch eingeladen werden.	Ich freue mich, in der engeren Wahl zu sein und bald zu einem zweiten Gespräch zu Ihnen zu kommen. Bis dahin freundliche Grüße.
Sie haben eine Absage bekommen.	Schade, dass es mit der Stelle nicht geklappt hat. Trotzdem vielen Dank!
Sie haben eine Zusage bekommen.	Ich freue mich sehr, dass Ihre Wahl auf mich gefallen ist. Vielen Dank!
Sie haben nach einer Zusage die Stelle selbst abgesagt.	(Keine weitere Erklärung nötig. Hier bleibt es bei einem einfachen:) Vielen Dank!

Muster Brief »Erstattung der Reisekosten«

Dr. Christine Nolke
Kirchzartener Talweg 14
79104 Freiburg im Breisgau
Tel.: 0761 1234567

Stadtverwaltung Bad Wörishofen
Herrn Ludwig Kruse
Rathausplatz 7
87654 Bad Wörishofen

Freiburg, 11.02.2015

Bitte um Erstattung meiner Reisekosten

Sehr geehrter Herr Kruse,

haben Sie herzlichen Dank für die Einladung zum Vorstellungsgespräch am … und die freundliche Aufnahme in Ihrem Hause. Mit diesem Schreiben bitte ich Sie um Erstattung meiner Reisekosten in Höhe von … Euro.

Die Belege für meine Aufwendungen liegen diesem Schreiben bei.
Meine Bankverbindung:
Kreditinstitut: …
IBAN: …
BIC: …

Vielen Dank!

Mit freundlichen Grüßen

Christine Nolke

Muster Brief »Erstattung der Reisekosten«

Peter Raat
Elektrotechnikermeister
Buchenweg 2, 38723 Seesen, Tel.: 05381 44332211, E-Mail: p.raat@netline.de

Fixa Hausgeräte GmbH
Frau Sabine Lothgeber
Pillauer Landstr. 34
10245 Berlin

Seesen, 23.02.2015

Danke für das Gespräch – Bitte um Erstattung der Reisekosten

Sehr geehrte Frau Lothgeber,

es war ein interessantes und anregendes Vorstellungsgespräch bei Ihrer Firma in Berlin. Ich freue mich, dass Sie mich in die engere Wahl ziehen und dass ich bald zu einer zweiten Auswahlrunde erneut nach Berlin reisen darf.

Nun bitte ich Sie, mir die Reisekosten meiner Berlinfahrt (Bahnfahrt zweiter Klasse und Anfahrt mit dem Taxi) zu ersetzen. Fahrschein und Taxiquittung habe ich diesem Schreiben beigelegt. Meine Kontoverbindung:
Name der Bank: …
IBAN: …
BIC: …

Für Ihre Mühe vielen Dank!

Auf unser nächstes Treffen in Berlin freut sich

Peter Raat

ab
aber
abgesehen davon
abhalten
Abhilfe
Abiturient
Absolvent
abwägen
abwenden
abzüglich
AG
ähnlich
allgemein
als
als dass
am Montag dem/den
Amt
Amtmännin/Amtfrau
an die
analog
anbei
anderer, andere, anderes
anderes als
Anfang/anfangs
Angebot
Angestellte
anhand
Anlage
anlässlich
anliegend
anscheinend/scheinbar
anstatt
anstelle
Antrag
Anwesende
Anzahl
Apposition
Architekt
Art
Assistent
auch wenn
auf
auffallend
auf Grund
aufgrund/durch/wegen
Aufnahmeprüfung
aufwenden
aus
aus aller Herren Länder

Sprachtipps

A

ab

1. Beugung nach *ab*: Bei einer Raumangabe steht nach *ab* nur der Wemfall: *ab unserem Werk; ab allen deutschen Flughäfen.* Bei einer Zeitangabe oder Mengenangabe kann nach *ab* auch der Wenfall stehen: *ab erstem Mai* oder: *ab ersten Mai; ab Mittwoch, dem 3. April* oder: *ab Mittwoch, den 3. April; ab 50 Exemplaren* oder: *ab 50 Exemplare; ab 12 Jahren* oder: *ab 12 Jahre.* Steht bei einer solchen Zeit- oder Mengenangabe ein Geschlechtswort oder ein Fürwort, dann ist nur der Wemfall richtig: *ab dem 15. Mai; ab meinem 18. Geburtstag.*

2. ab / von – an: Das Verhältniswort (die Präposition) *ab* ist besonders in der Kaufmanns- und Verwaltungssprache gebräuchlich: *ab Hannover; ab 50 Kisten; ab 1. September.* Stilistisch neutral ist *von – an: von Hannover an; von 50 Kisten an; vom 1. September an.*

aber

Vor dem Bindewort *aber* steht **immer** ein Komma, gleichgültig ob es Sätze oder nur Satzteile miteinander verknüpft: *Es war gut, aber teuer. Ich habe davon gehört, aber ich glaube es nicht.*

abgesehen davon

Nach *abgesehen davon* oder *davon abgesehen* **kann** ein Komma stehen, um die Gliederung des Satzes deutlich zu machen: *Abgesehen davon[,] gab es keine weiteren Störungen. Davon abgesehen[,] gab es keine weiteren Störungen.* Folgt ein *dass*, dann steht zwischen *abgesehen davon* und *dass* ein Komma: *Abgesehen davon, dass uns einmal das Benzin ausging, verlief alles gut. Davon abgesehen, dass uns einmal das Benzin ausging, verlief alles gut.*

abhalten

Weil das Zeitwort *abhalten* schon verneinenden Sinn hat (= nicht tun lassen), darf man einen von ihm abhängenden Satz nicht zusätzlich verneinen. Also **nicht:** *Sie hielt ihn davon ab, nicht noch mehr zu trinken.* **Richtig** heißt es: *Sie hielt ihn davon ab, noch mehr zu trinken.*

Abhilfe

An das Hauptwort *Abhilfe* (das zu dem Zeitwort *abhelfen* gehört) kann man die Sache, der abgeholfen werden soll, nicht im Wesfall anschließen. Also **nicht richtig:** *die Abhilfe eines Mangels, eines Fehlers* o. Ä. Man muss ausweichen auf eine andere Formulierung, etwa: *einem Mangel, einem Fehler abhelfen* oder: *die Beseitigung eines Mangels, eines Fehlers, eines Übelstandes.*

Abiturient

Das Hauptwort *Abiturient* erhält – außer im Werfall – die Endung *-en: der Abiturient, des Abiturienten* (**nicht:** *des Abiturients*), *dem Abiturienten* (**nicht:** *dem Abiturient*), *den Abiturienten* (**nicht:** *den Abiturient*), Mehrzahl: *die Abiturienten.*

Absolvent

Das Hauptwort *Absolvent* erhält – außer im Werfall – die Endung *-en: der Absolvent, des Absolventen* (**nicht:** *des Absolvents*), *dem Absolventen* (**nicht:** *dem Absolvent*), *den Absolventen* (**nicht:** *den Absolvent*), Mehrzahl: *die Absolventen.*

abwägen

Die Formen der Vergangenheit lauten: *wog ab, hat abgewogen.* Seltener, aber auch richtig sind die Formen: *wägte ab, hat abgewägt.*

abwenden

Die Formen der Vergangenheit lauten sowohl *wendete ab, hat abgewendet* als auch *wandte ab, hat abgewandt.*

abzüglich
Nach *abzüglich* steht üblicherweise der Wesfall: *abzüglich des gewährten Rabatts, abzüglich der genannten Getränke.* Steht aber das Hauptwort, das von *abzüglich* abhängt, allein, also ohne ein Begleitwort, dann bleibt es in der Einzahl im Allgemeinen ungebeugt: *abzüglich Rabatt; die Kosten abzüglich Porto.* In der Mehrzahl aber weicht man bei allein stehenden Hauptwörtern auf den Wemfall aus, wenn der Wesfall nicht erkennbar ist: *abzüglich Getränken.*

AG
Kommasetzung: Tritt die Abkürzung *AG* in Firmennamen auf, dann ist sie Bestandteil des Namens und wird nicht durch Komma abgetrennt: *Badenwerk AG, Vereinigte Stahlwerke AG.* **Geschlecht:** Steht bei einem solchen Firmennamen ein Geschlechtswort (Artikel), dann richtet sich dieses meistens nicht nach dem Namensbestandteil *AG.* Es heißt also z. B.: *das Badenwerk AG* (**nicht:** *die Badenwerk AG*). Dagegen heißt es *Bilanz der Deutschen Milchhof AG,* weil hier *AG* das Grundwort des Firmennamens bildet. Allerdings sollte man dann die Abkürzung ausschreiben: *die Produktion der Dichtungsring-Aktiengesellschaft.*

ähnlich
1. **Rechtschreibung:** Man schreibt das Eigenschaftswort immer dann **groß,** wenn es als Hauptwort gebraucht wird, z. B.: *Ähnliches und Verschiedenes; etwas/nichts Ähnliches; das/alles Ähnliche; er hat Ähnliches erlebt; Zeitschriften und Ähnliches.*

2. **Beugung nach *ähnlich:*** Ein Eigenschaftswort oder Mittelwort, das auf *ähnlich* folgt, erhält (auch wenn es als Hauptwort gebraucht wird) die gleichen Endungen wie *ähnlich* selbst: *ähnliche schöne Bilder, ein ähnliches gestelltes Foto, mit ähnlichen alten Bildern; mit ähnlichem Gescheitem; ähnliche Bekannte.*

allgemein
Steht *allgemein* in Verbindung mit einem Hauptwort, wird es **kleingeschrieben:** *die allgemeine Hochschulreife; allgemeine Hinweise.* Nur als Bestandteil eines Namens wird es **großgeschrieben:** *Frankfurter Allgemeine Zeitung; Allgemeiner Deutscher Automobil-Club.* Man schreibt es aber auch dann **groß,** wenn es als Hauptwort gebraucht wird, z. B. *etwas Allgemeines sagen; er bewegt sich stets im Allgemeinen* (= ohne das Besondere zu beachten). Im Sinne von »ganz gewöhnlich« schreibt man *im Allgemeinen* ebenfalls **groß:** *Im Allgemeinen verhält es sich so.*

als
Vor dem Bindewort (der Konjunktion) *als* steht ein Komma, wenn es einen Nebensatz einleitet: *Er kam erst, als die anderen schon gegangen waren. Es dauerte länger, als man erwartet hatte. Er war noch zu klein, als dass er es hätte wissen können. Er tut, als ob er nichts von der Sache wüsste. Hans ist größer, als Andreas im gleichen Alter war.* Vor *als* muss ein Komma gesetzt werden, wenn es vor einer Wortgruppe mit der Grundform eines Zeitworts (Infinitivgruppe) steht: *Es ist besser, zu gehen, als noch länger zu warten.* Kein Komma steht vor *als* in den folgenden Fällen: *Hans ist größer als Andreas. Das ist mehr als genug. Hier hilft nichts als geduldiges Warten.* Mit oder ohne Komma kann ein Beisatz (eine Apposition) mit *als* stehen: *Herr Müller als Vertreter der Firma sprach über die Geschäftsentwicklung. Herr Müller, als Vertreter der Firma, sprach über die Geschäftsentwicklung.*

als oder **wie**
Nach der ersten Steigerungsstufe eines Eigenschaftswortes steht immer *als,* nicht *wie.* **Richtig** heißt es: *Er ist größer als du. Die Schwierigkeiten waren größer, als wir angenommen hatten.* **Nicht richtig** ist:

Er ist größer wie du. Die Schwierigkeiten waren größer, wie wir angenommen hatten.

Auch nach *anders, niemand, keiner, nichts* und *umgekehrt* steht *als: Es kam anders als erwartet. Niemand als er kann mir helfen. Das verursacht nichts als Unruhe. Es war umgekehrt, als man es dargestellt hatte.*

als dass

Vor *als dass* steht immer ein Komma: *Das Wetter war zu schlecht, als dass man hätte spazieren gehen können.*

am Montag (Dienstag, Mittwoch usw.), dem/den

Beide Formen sind richtig. Man kann sagen: *Die Konferenz findet am Montag, dem 1. März 2006[,] statt* oder: *Die Konferenz findet am Montag, den 1. März 2006 statt.* Zu beachten ist aber, dass im ersten Beispielsatz *dem 1. März 2006* ein Beisatz (eine Apposition) ist, der üblicherweise in Kommas eingeschlossen wird. Im zweiten Beispielsatz dagegen ist *den 1. März 2006* eine Aufzählung im Wenfall, nach der in der Regel kein Komma steht (es ist aber nicht falsch). Wird der Satz noch um die Angabe der Uhrzeit erweitert, wird diese jedoch in beiden Fällen durch Komma abgetrennt: *Wir treffen uns am Montag, dem* oder *den 4. Mai 2006, um 16 Uhr.* Hinter der Uhrzeitangabe kann ein Komma stehen, wenn der Satz danach weitergeht: *Die Konferenz findet am Montag, dem 1. März, [um] 11 Uhr[,] statt.*

Amt

Es heißt richtig: *von Amts wegen.*

Amtmännin/Amtfrau

Die weibliche Entsprechung zu *Amtmann* lautet entweder *Amtmännin* oder *Amtfrau.*

an die

Wenn *an die* so viel bedeutet wie »etwa, ungefähr«, hat es keinen Einfluss auf die Beugung des folgenden Hauptworts. Dies kann man erkennen, wenn man *an die* zur Probe weglässt: *Sie half 50 Kindern,* deshalb: *Sie half an die 50 Kindern. Gemeinden von 10 000 Einwohnern,* deshalb: *Gemeinden von an die 10 000 Einwohnern. Er bereiste 50 Städte,* deshalb: *Er bereiste an die 50 Städte.*

analog

Nach *analog* kann das Verhältniswort (die Präposition) *zu* stehen: *analog zu diesem Fall.* Genauso richtig ist der Anschluss ohne Verhältniswort, nur mit dem Wemfall: *analog diesem Fall.*

anbei

Ein Hauptwort in Verbindung mit *anbei* kann im Werfall stehen: *Anbei gewünschter Verrechnungsscheck* oder im Wenfall: *Anbei gewünschten Verrechnungsscheck.* Das zuletzt genannte Beispiel könnte vollständiger lauten: *Anbei übersenden wir Ihnen den gewünschten Verrechnungsscheck.* Beide Ausdrucksweisen treten besonders im geschäftlichen Briefwechsel und in der Amtssprache auf.

anderer, andere, anderes

1. Rechtschreibung: Das Wort *anderer* usw. schreibt man im Allgemeinen **klein:** *der andere, eine andere, alles andere, nichts anderes, kein anderer, zum einen – zum andern.* Wird *anderer* wie ein Hauptwort verwendet, kann es auch großgeschrieben werden: *der, die, das Andere.*

2. Beugung nach *andere*: Ein Eigenschaftswort oder Mittelwort (Partizip), das auf *anderer* usw. folgt, beugt man (auch wenn es als Hauptwort gebraucht wird) in gleicher Weise wie *anderer* usw. selbst: *anderes gedrucktes Material, bei anderer seelischer Verfassung, eine Menge anderer wertvoller Gegenstände; ein anderer Abgeordneter, die anderen Beamten, die Forderungen anderer Betroffener.* Eine Abweichung gibt es im Wemfall, wenn es z. B. für *aus anderem wertvollem Material* oder *mit anderem Neuem* häufig auch heißt: *aus anderem* *wertvollen Material* oder *mit anderem Neuen.*

3. jemand anders / jemand anderer: In Verbindung mit den Wörtern *jemand, niemand* und *wer* gebraucht man üblicherweise die Form *anders: es war jemand anders; wer anders, mit wem anders; sie kennt hier niemand anders.* Daneben tritt besonders im Süddeutschen und im Österreichischen auch die Form *anderer* mit den entsprechenden Beugungsformen auf: *jemand anderer, mit jemand anderem, ich meine wen anderen, ich kenne hier niemand anderen.*

4. nicht viel anders: Nach *nicht viel* wird immer die Form *anders* verwendet: *das ist heute nicht viel anders.*

5. Vergleich: Bei einem Vergleich steht nach *anderer* usw. das Wort *als* (**nicht:** *wie*): *Er war alles andere als schön. Es war ganz anders als beim ersten Mal.*

anderes als

Wenn die Angabe nach *anderes als* in der Mehrzahl steht, dann kann das zugehörige Zeitwort in der Einzahl oder in der Mehrzahl stehen, die Mehrzahl wird im Allgemeinen bevorzugt: *Anderes als leere Kartons fand sich nicht,* häufiger: *fanden sich nicht in dem Verschlag.*

Anfang/anfangs

Bei dem Hauptwort *Anfang* kann ein Monatsname, eine Jahreszahl oder eine Zeitangabe wie *Jahr, Monat, Woche* stehen: *Anfang Februar, Anfang 2001, Anfang des Jahres.* Das Umstandswort (Adverb) *anfangs* dagegen steht ohne weitere zeitliche Angabe: *Anfangs war alles noch in Ordnung.* Nicht richtig ist die Verbindung von *anfangs* mit einer Zeitangabe, wie sie bisweilen in der Umgangssprache vorkommt (etwa: *Anfangs des Jahres besucht Sie unser Vertreter*).

Angebot

Das Wort hat mehrere Bedeutungen, nach denen jeweils andere Verhältniswörter (Präpositionen) folgen. In der Bedeutung »angebotene Warenmenge« verbindet man es mit *von* oder *an: Das Angebot von Gemüse* oder *an Gemüse war gering.* Hat es die Bedeutung »Offerte, Kaufangebot«, dann kann es mit *über* oder *für* stehen: *Wir bitten Sie um Ihr Angebot über die Lieferung von ...* oder *für die Lieferung von ...* Im Sinne von »Anerbieten, Preisvorschlag« schließlich kann *Angebot* die Verhältniswörter *auf* oder *für* nach sich haben: *Er hat ein günstiges Angebot auf das Haus* oder auch *für das Haus erhalten.*

Angestellte, der und die

Man beugt das Wort in folgender Weise: *der Angestellte, ein Angestellter, zwei Angestellte, die Angestellten, einige Angestellte, alle Angestellten, solche Angestellte* und *solche Angestellten, beide Angestellten* und seltener auch *beide Angestellte; besagtem Angestellten, die Aufgabe leitender Angestellter.*

Als Beisatz (Apposition): *mir (dir, ihm) als Angestellten* und *mir (dir, ihm) als Angestelltem; ihr als Angestellten* und *ihr als Angestellter.*

anhand

1. Rechtschreibung: Nur die Zusammenschreibung ist richtig: *Er prüfte anhand Ihrer Unterlagen.*

2. Beugung: Neben dem Wesfall ist auch der Anschluss mit *von* möglich: *anhand der Unterlagen* oder aber *anhand von Unterlagen.*

Anlage

Anlage 1 und 2 enthält/enthalten alles Wichtige: Bei Formulierungen dieser Art kann das Zeitwort in der Einzahl oder in der Mehrzahl stehen, beides ist richtig. Entsprechend also auch: *Anlage 1 bis 3* (oder *Anlage 1 bis Anlage 3*) *enthält* oder *enthal-*

ten alles Wichtige. Dagegen aber: *Die Anlagen 1 und 2 enthalten alles Wichtige.* In diesem Fall ist nur die Mehrzahl möglich, weil *Anlagen* auch in der Mehrzahl steht.

anlässlich

Das Verhältniswort (die Präposition) *anlässlich* ist besonders in der Amts- und Verwaltungssprache gebräuchlich und steht mit dem Wesfall: *anlässlich seines Besuches, anlässlich des Jahrestages, anlässlich ihres Jubiläums.* Andere Möglichkeiten, die stilistisch oft besser sind, sind *bei, zu* und *aus Anlass,* die je nach Zusammenhang an die Stelle von *anlässlich* treten können: *Er sprach bei seinem Besuch auch mit dem Oppositionsführer. Zum Jahrestag der Befreiung waren alle Gebäude beflaggt. Aus Anlass ihres Jubiläums erhielt sie ein Geschenk.*

Nicht richtig ist eine Vermischung: *die uns anlässlich zu unserer Hochzeit übermittelten Glückwünsche.* **Richtig** ist nur: *anlässlich unserer Hochzeit* oder besser noch: *zu unserer Hochzeit.*

anliegend

Die Formel *Anliegend übersenden wir Ihnen ...* ist besonders im geschäftlichen Briefwechsel üblich. Man kann sie leicht missverstehen. Daher weicht man besser auf die eindeutigeren Formulierungen *als Anlage* oder *anbei* aus.

Das Gleiche gilt für *beiliegend.*

anscheinend/scheinbar

Auf den Bedeutungsunterschied zwischen den beiden Wörtern achten viele Sprecher in der Umgangssprache oft nicht und gebrauchen *scheinbar* fälschlich im Sinne von *anscheinend.* Das Eigenschaftswort *scheinbar* sagt aus, dass etwas nur dem äußeren Eindruck nach, nicht aber in Wirklichkeit so ist, wie es sich darstellt: *Die Zeit stand scheinbar still. Der Widerspruch ist nur scheinbar.* Mit *anscheinend* hingegen drückt man die Vermutung aus, dass etwas so ist, wie es erscheint: *Er ist anscheinend krank. Anscheinend ist niemand im Haus.* Will man eine Vermutung zum Ausdruck bringen, dann ist der Gebrauch von *scheinbar* falsch: *Du hast mich scheinbar* (statt richtig: *anscheinend*) *vergessen. In diesem Gehege sind scheinbar* (statt richtig: *anscheinend*) *Mufflons.*

anstatt

1. Beugung: Das Wort *anstatt* kann entweder Verhältniswort (Präposition) oder Bindewort (Konjunktion) sein. Als Verhältniswort bedeutet es so viel wie »anstelle« und hat nach sich den Wesfall: *Anstatt des Geldes gab sie ihm ihren Schmuck. Anstatt einer Krawatte trug er eine Fliege.* Eine Ausnahme macht man jedoch bei den Hauptwörtern, die im Wesfall genauso aussehen wie im Werfall *([die] Worte – [der] Worte).* Statt des Wesfalles verwendet man dann den Wemfall: *Anstatt Worten will ich Taten sehen.*

Anstatt lässt sich jedoch auch als Bindewort verwenden. Es hat dann die Bedeutung »und nicht«. In dieser Bedeutung hat *anstatt* **keinen** Einfluss auf das folgende Wort und seine Beugung: *Er half ihr anstatt ihrem Begleiter* (= und nicht ihrem Begleiter). *Man zeichnete sie anstatt ihn* (= und nicht ihn) *aus.*

In manchen Sätzen kann man *anstatt* sowohl als Verhältniswort wie auch als Bindewort verwenden. Deshalb sind im folgenden Beispielsatz beide Formen richtig: *Er traf den Pfahl anstatt der Konservendose* (= anstelle der Konservendose). *Er traf den Pfahl anstatt die Konservendose* (= und nicht die Konservendose).

2. Komma: Einen mit *anstatt dass* eingeleiteten Satz trennt man immer durch Komma ab: *Sie lobte ihn, anstatt dass sie ihn tadelte. Anstatt dass der Minister kam, erschien sein Staatssekretär.* Eine Fügung mit *anstatt zu* muss ebenfalls durch ein Komma abgetrennt werden: *Er spielte, an-*

statt zu arbeiten. Anstatt sich zu beeilen, bummelte sie.

anstelle oder an Stelle

1. **Rechtschreibung:** Beide Schreibungen sind richtig: *Sie machte anstelle* oder *an Stelle des Gemüses einen Salat.*

2. **Beugung:** Neben dem Wesfall ist auch der Anschluss mit *von* möglich: *anstelle / an Stelle des Gemüses* oder aber *anstelle / an Stelle von Gemüse.*

Antrag

Das Hauptwort *Antrag* steht mit dem Verhältniswort (der Präposition) *auf* (**nicht** mit *um* oder *nach*): *Er stellte einen Antrag auf Fahrpreisermäßigung.*

Anwesende, der und die

Man beugt das Wort in folgender Weise: *der Anwesende, ein Anwesender, zwei Anwesende, die Anwesenden, einige Anwesende, alle Anwesenden, solche Anwesende* und *solche Anwesenden, beide Anwesenden* und seltener auch *beide Anwesende; besagtem Anwesenden, die Mehrheit stimmberechtigter Anwesender.*

Als Beisatz (Apposition): *mir (dir, ihm) als Anwesenden* und *mir (dir, ihm) als Anwesendem; ihr als Anwesenden* und *ihr als Anwesender.* In der Anrede: *Verehrte Anwesende!* (nicht: *Anwesenden*), aber: *Meine verehrten Anwesenden!*

Anzahl

1. **Bedeutung:** *Zahl* bedeutete früher die Gesamtzahl, die Gesamtmenge, *Anzahl* dagegen einen Teil davon: *Eine größere Anzahl Mitglieder ist ausgetreten. Die Zahl der verbliebenen Mitglieder beträgt 3497.*

2. **Eine Anzahl Tippfehler fand/fanden sich in dem Brief:** Im Allgemeinen bezieht man das Zeitwort auf *Anzahl* und setzt es in die Einzahl: *Eine Anzahl Tippfehler fand sich in dem Brief. Bei dem Einbruch wurde eine Anzahl kostbarer Gemälde gestohlen. Eine Anzahl Studenten demonstrierte vor dem Gebäude.* Gelegentlich bezieht man das Zeitwort aber nicht auf *Anzahl,* sondern auf das Gezählte und setzt es in die Mehrzahl (d. h., man konstruiert nach dem Sinn): *Eine Anzahl Tippfehler fanden sich in dem Brief. Bei dem Einbruch wurden eine Anzahl kostbarer Gemälde gestohlen. Eine Anzahl Studenten demonstrierten vor dem Gebäude.* Beides ist richtig.

Das Gleiche gilt auch für *Mehrzahl* und für *Mehrheit: Die Mehrzahl/Mehrheit der Abgeordneten stimmte/stimmten zu* sowie für *Menge* und für *Reihe: Eine Menge/Reihe Äpfel war/waren faul.* Beide Formen sind jeweils richtig.

3. **eine Anzahl hübscher/hübsche Sachen:** Üblicherweise steht nach *Anzahl* die folgende Angabe im Wesfall: *eine Anzahl hübscher Sachen; für eine Anzahl Abgeordneter; mit einer Anzahl Schafe, kleiner Kinder.* Es ist jedoch auch möglich, die Angabe, die dem Mengenbegriff *Anzahl* folgt, in den gleichen Fall zu setzen wie *Anzahl: eine Anzahl hübsche Sachen; für eine Anzahl Abgeordnete; mit einer Anzahl Schafen, kleinen Kindern.* Beides ist richtig.

Apposition

Siehe »Beisatz«

Architekt

Das Hauptwort *Architekt* erhält – außer im Werfall – die Endung *-en: der Architekt, des Architekten* (**nicht:** *des Architekts*), *dem Architekten* (**nicht:** *dem Architekt*), *den Architekten* (**nicht:** *den Architekt*), Mehrzahl: *die Architekten.* In der Anschrift ist auch die ungebeugte Form *Architekt* zulässig: *[An] Herrn Architekt Meyer* neben *[An] Herrn Architekten Meyer.*

Art

1. **eine Art Salats / Salat / von Salat:** Eine Ergänzung, die sich der Fügung *eine Art ...* anschließt, kann folgendermaßen aussehen: *eine Art Salats, eine Art Salat, eine Art von Salat.* Alle drei Formen sind richtig. Die

erste Form klingt allerdings gehoben und tritt selten auf. Steht bei dem Hauptwort (hier: *Salat*) eine Beifügung, heißt es: *eine Art italienischen Salats, eine Art italienischer Salat, eine Art von italienischem Salat.* Im Wemfall: *Der Wirt kam mit einer Art italienischen Salats, mit einer Art italienischem Salat, mit einer Art von italienischem Salat.* Ist die Ergänzung jedoch nicht (wie *der Salat*) männlich oder sächlich, sondern weiblich (z. B. *die Glasur*), lauten die Formen: *eine Art Glasur, eine Art von Glasur.* Mit Beifügung: *eine Art blauer Glasur, eine Art von blauer Glasur.* Im Wemfall: *mit einer Art blauer Glasur, mit einer Art von blauer Glasur.* Neben *mit einer Art blauer Glasur* ist auch *mit einer Art blauen Glasur* richtig.

2. Diese Art Übungen ist/sind zu absolvieren: Im Allgemeinen bezieht man das Zeitwort auf *Art* und setzt es in die Einzahl: *Diese Art Übungen ist zu absolvieren. Welche Art Übungen wird absolviert?* Gelegentlich wird das Zeitwort aber nicht auf *Art*, sondern auf das Gezählte bezogen und in die Mehrzahl gesetzt (d. h., man konstruiert nach dem Sinn): *Diese Art Übungen sind zu absolvieren. Welche Art Übungen werden absolviert?* Beides ist richtig.

Assistent

Das Hauptwort *Assistent* erhält – außer im Werfall – die Endung *-en: der Assistent, des Assistenten* (**nicht:** *des Assistents*), *dem Assistenten* (**nicht:** *dem Assistent*), *den Assistenten* (**nicht:** *den Assistent*), Mehrzahl: *die Assistenten.*

auch wenn

Einen mit *auch wenn* eingeleiteten Satz trennt man immer durch Komma ab: *Er freut sich über jede Nachricht, auch wenn du ihm nur eine Karte schreibst. Auch wenn sie hervorragende Zeugnisse gehabt hätte, hätte sie die Stelle nicht bekommen.* Bildet jedoch *auch wenn* keine Einheit, sondern leitet nur *wenn* den Nebensatz ein, während *auch* zum Hauptsatz gehört, steht das Komma zwischen *auch* und *wenn: Er freut sich auch, wenn du ihm nur eine Karte schreibst.*

auf

Richtig ist *auf und ab gehen,* aber: *auf- und absteigen.* Im ersten Beispiel ist *auf und ab* ein zusammengehörendes Wortpaar in der Bedeutung »ohne bestimmtes Ziel«. Im zweiten Beispiel handelt es sich um zwei unabhängige Zusammensetzungen, nämlich *aufsteigen* und *absteigen.* Beim ersten Wort ersetzt nun der Bindestrich *-steigen: auf-* (= aufsteigen). Die Zusammensetzung *absteigen* schließt sich an.

auffallend oder auffällig

Das Eigenschaftswort *auffällig* wird meist dann verwendet, wenn man etwas Ungünstiges, Unerfreuliches, Negatives ausdrücken möchte. *Sie trug auffällige* (d. h. kräftige, grelle) *Farben. Er benimmt sich auffällig* (d. h. merkwürdig).

Dagegen lässt sich *auffallend* gut mit Günstigem, Erfreulichem, Positivem verbinden: *eine Frau von auffallender Schönheit; ein auffallend intelligentes Kind.* Man sagt aber auch: *auffallend hässlich sein.*

aufgrund oder auf Grund

1. Rechtschreibung: Beide Schreibungen sind richtig: *Er wurde aufgrund/ auf Grund der Indizien verurteilt.*

2. Beugung: Neben dem Wesfall ist auch der Anschluss mit *von* möglich: *aufgrund / auf Grund der Indizien* oder aber *aufgrund / auf Grund von Indizien.*

aufgrund/durch/wegen

Diese Wörter werden oft falsch angewendet oder verwechselt. *Aufgrund* gibt den Ausgangspunkt oder die Grundlage für ein bestimmtes Handeln an: *Aufgrund bestimmter Aussagen wurde er verhaftet. Sie wurde aufgrund meines Vorschlags beauftragt.* Dagegen nennt *durch* das Mittel oder Werkzeug: *Durch den Blitzschlag wurde das Haus zerstört* (**nicht:** *Aufgrund des Blitzschlags ...*). *Wir haben durch die Zeitung von dem Unglück erfahren.* Jedoch **nicht:** *Durch den Kälteeinbruch haben sich die Arbeiten verschoben.* Sondern: *Wegen des Kälteeinbruchs haben sich die Arbeiten verschoben.* Denn hier fragt man nicht nach dem Mittel, sondern nach der Ursache, und *wegen* drückt diese Ursache aus: *Wegen Umbau ist das Geschäft geschlossen. Sie fehlte wegen Krankheit.*

Aufnahmeprüfung
Bei Formulierungen wie *die Aufnahmeprüfung in die Schauspielschule* macht man fälschlicherweise *in die Schauspielschule* von *-prüfung* abhängig statt von *Aufnahme.* Richtig muss es heißen: *die Prüfung zur Aufnahme in die Schauspielschule* oder *die Aufnahmeprüfung für die Schauspielschule.*

aufwenden
Die Formen der Vergangenheit lauten sowohl *wendete auf, hat aufgewendet* als auch *wandte auf, hat aufgewandt.*

aus oder **von**
Länder- und Städtenamen stehen mit dem Verhältniswort (der Präposition) *aus,* wenn sie der Angabe des Lebensbereiches oder des Geburtsortes eines Menschen dienen: *Ich komme aus Berlin, die Familie stammt aus Ostpreußen, er ist aus Schwaben.* Das Verhältniswort *von* anstelle von *aus* ist nicht standardsprachlich, sondern nur landschaftlich üblich. Nennt man jedoch eine Stadt oder ein Land als Ausgangspunkt einer Reise o. Ä., dann kann man den Orts- oder Ländernamen sowohl mit *aus* als auch mit *von* verbinden: *Die Maschine kommt aus Stuttgart. Wir kommen gerade von Stuttgart.*

aus aller Herren Länder oder **Ländern**
Die heute gebräuchliche Form lautet: *aus aller Herren Länder.*

Ausbildungsplatz
Will man dieses Wort z. B. in einem Bewerbungsschreiben verwenden, dann kann man auf verschiedene Weise formulieren: *Ich bewerbe mich um / suche einen Ausbildungsplatz zur Erlernung des Friseurhandwerks, ... einen Ausbildungsplatz für den Beruf des Friseurs.*

ausführen oder **durchführen**
Die beiden Zeitwörter sind in ihrer Bedeutung zwar ähnlich, doch nicht gleich. Sie sind in den meisten Fällen nicht gegeneinander austauschbar. Das Zeitwort *ausführen* bedeutet »etwas (nach Plan, nach einer Weisung) in die Tat umsetzen, verwirklichen«. Man kann beispielsweise *Reparaturen, bestimmte Arbeiten, einen Befehl, eine Bestellung, einen Auftrag ausführen.* Das Zeitwort *durchführen* bedeutet ebenfalls »etwas in die Tat umsetzen«. Im Gegensatz zu *ausführen* betont *durchführen* den Vorgang, den Ablauf oder das Organisatorische bei der Handlung, die in die Tat umgesetzt wird / werden soll. Man kann beispielsweise *Wahlen, eine Volkszählung, eine Werbeaktion, eine Messung durchführen.* Das Zeitwort *ausführen* spricht dagegen nur an, dass tatsächlich eine Handlung in die Tat umgesetzt wird.

ausgenommen
Das Hauptwort oder Fürwort (Pronomen) vor *ausgenommen* steht meist im Wenfall: *Ich muss dem ganzen Buch widersprechen, den Schluss ausgenommen.* Es steht im Werfall, wenn das Wort, auf das es sich bezieht, ebenfalls im Werfall steht: *Alle waren gekommen, ihr Bruder ausgenommen.* (Das Bezugswort ist hier *alle.*) Steht ein Hauptwort oder Fürwort hinter *ausgenommen,* hängt seine Beugung von dem Zeitwort des Satzes ab: *Seinen Freunden hatte er nichts davon gesagt, ausgenommen einem einzigen.* (Das Zeitwort *sagen* hat den Wemfall bei sich: *jemandem etwas sagen.* Nach *ausgenommen* steht darum hier der Wemfall:

einem einzigen.) *Er hatte alle Teilnehmer begrüßt, ausgenommen einen, der zu spät gekommen war.* (Das Zeitwort *begrüßen* hat den Wenfall bei sich. Nach *ausgenommen* steht darum hier der Wenfall: *ausgenommen einen.*)

ausschließlich

1. Falsche Steigerung: Das Eigenschaftswort *ausschließlich* (=alleinig) ist nicht steigerbar. **Nicht richtig** ist also: *das ausschließlichste Recht, die ausschließlichste Verwendung.*

2. Beugung: Das Verhältniswort (die Präposition) *ausschließlich* (=ohne) steht mit dem Wesfall, wenn vor dem Hauptwort, das auf *ausschließlich* folgt, noch ein weiteres Wort steht. Es heißt also: *die Kosten ausschließlich des genannten Betrages, die Miete ausschließlich der Heizungskosten.* Steht das Hauptwort, das auf *ausschließlich* folgt, in der Einzahl allein, dann hat es keine Beugungsendung. Es heißt dann: *der Preis ausschließlich Porto.* Steht das Hauptwort, das auf *ausschließlich* folgt, in der Mehrzahl allein, dann muss es im Wemfall stehen. Es heißt dann: *der Preis ausschließlich Getränken.*

Außenstehende, der und die

Man beugt das Wort in folgender Weise: *der Außenstehende, ein Außenstehender, zwei Außenstehende, die Außenstehenden, einige Außenstehende, alle Außenstehenden, solche Außenstehende* und *solche Außenstehenden, beide Außenstehenden* und seltener auch *beide Außenstehende; besagtem Außenstehenden, die Meinung unabhängiger Außenstehender.*

Als Beisatz (Apposition): *mir (dir, ihm) als Außenstehenden* und *mir (dir, ihm) als Außenstehendem; ihr als Außenstehenden* und *ihr als Außenstehender.*

außer

1. Verhältniswort oder Bindewort: Man kann *außer* in der Bedeutung »ausgenommen« als Verhältniswort (Präposition) oder als Bindewort (Konjunktion) auffassen. Sieht man es als Verhältniswort an, dann steht danach der Wemfall: *Er besaß nichts mehr außer einem Koffer mit Kleidern. Niemand konnte es wissen außer mir.* Sieht man *außer* dagegen als Bindewort an, dann steht danach immer derjenige Fall, den das Bezugswort hat. Es kann also auch heißen: Wenfall: *Er besaß nichts mehr außer einen Koffer mit Kleidern.* Werfall: *Niemand konnte es wissen außer ich.* Und im Wesfall: *Ich entsinne mich all dieser Vorfälle nicht mehr außer eines einzigen.*

2. Ich geriet außer mir / außer mich: In der Fügung *außer sich geraten* kann das Fürwort (Pronomen) im Wemfall oder im Wenfall stehen: *Ich geriet außer mir vor Freude.* Oder: *Ich geriet außer mich vor Freude.* Beides ist richtig.

3. Komma: Wenn *außer* eine (nachgetragene) Einschränkung anschließt, trennt man diese durch ein Komma ab: *Niemand kann mir helfen, außer ich selbst.* Ohne Komma wird der Ausdruck mit *außer* in den Satz einbezogen: *Niemand außer mir selbst kann mir helfen.* Manchmal ist beides möglich: *Sie können mich[,] außer in der Mittagszeit[,] immer erreichen.*

Auszubildende, der und die

Man beugt das Wort in folgender Weise: *der Auszubildende, ein Auszubildender, zwei Auszubildende, die Auszubildenden, einige Auszubildende, alle Auszubildenden, solche Auszubildende* und *solche Auszubildenden, beide Auszubildenden* und seltener auch *beide Auszubildende; besagtem Auszubildenden, die Einstellung junger Auszubildender.*

Als Beisatz (Apposition): *mir (dir, ihm) als Auszubildenden* und *mir (dir, ihm) als Auszubildendem; ihr als Auszubildenden* und *ihr als Auszubildender.*

B

Bad

Die von Ortsnamen mit *Bad* (z. B. *Bad Hersfeld*) gebildeten Formen auf *-er* kann man mit oder ohne Bindestrich schreiben: *Bad Hersfelder Festspiele* oder *Bad-Hersfelder Festspiele*. Bei Benennungen wie *Bad-Ems-Straße* wird mit Bindestrichen durchgekoppelt.

bald

1. **Steigerung:** Das Umstandswort (Adverb) *bald* lässt sich steigern. Die Formen sind unregelmäßig und lauten: *bald – eher – am ehesten*.

2. **Komma:** Bei *bald ... bald ...* (das Satzteile oder Sätze verbindet) steht vor dem zweiten *bald* (und auch vor jedem weiteren) immer ein Komma: *Bald ist er hier, bald dort. Bald lachte das Kind, bald weinte es, bald schrie es erbärmlich.*

baldmöglichst

Dieses Wort, das aus der Fügung *so bald wie möglich* zusammengezogen ist, wird hauptsächlich in der Amtssprache verwendet. Stilistisch besser ist *möglichst bald: Antworten Sie bitte möglichst bald.*

bayerisch, bayrisch oder bairisch

Das Eigenschaftswort zu *Bayern* lautet *bayerisch* oder *bayrisch*. Die Form mit *-e-* kommt standardsprachlich häufiger vor: *der Bayerische Wald; Bayerisch Eisenstein;* Ausnahme: *Bayrischzell*. Das Eigenschaftswort schreibt man mit *-i- (bairisch)*, wenn man damit die Sprache des Dialektraumes in Bayern und Österreich bezeichnet.

Beamte

Man beugt das Wort in folgender Weise: *der Beamte, ein Beamter, zwei Beamte, die Beamten, einige Beamte, alle Beamten, solche Beamte* und *solche Beamten, beide Beamten* und seltener auch *beide Beamte; genanntem Beamten, die Versorgung ausscheidender Beamter.*

Als Beisatz (Apposition): *mir (dir, ihm) als Beamten* und: *mir (dir, ihm) als Beamtem.*

Beantwortung

Im amtlichen und kaufmännischen Bereich steht am Briefanfang häufig die Formulierung *in Beantwortung Ihres Schreibens.* Dieser Ausdruck ist stilistisch unschön und meist auch überflüssig, denn der Bezug ist ja bei solchen Schreiben in der Regel bereits angegeben. Will man trotzdem noch einen Bezug formulieren, dann besser in der Form: *Auf Ihr Schreiben ...* oder: *Zu Ihrem Schreiben vom ...*

Bedarf

Es heißt richtig *Bedarf an* (**nicht:** *für*) *etwas: Der Bedarf an Arbeitskräften ist gestiegen. Wir haben keinen Bedarf an Getränken.* Fachsprachlich kann das Wort auch in der Mehrzahl gebraucht werden: *die Bedarfe.*

befindlich

Das Eigenschaftswort *befindlich* gehört zwar zu *sich befinden*, man darf es aber nicht mit *sich* verbinden: *der in der Auslage befindliche Schmuck* oder (stilistisch weniger schön): *der sich in der Auslage befindende Schmuck.* **Nicht richtig** ist die Vermischung: *der sich in der Auslage befindliche Schmuck.*

beginnen

1. **Gebrauch des Mittelworts:** Das Mittelwort der Vergangenheit (2. Partizip) von *beginnen* (es lautet *begonnen*) lässt sich nur unter bestimmten Voraussetzungen als Beifügung eines Hauptwortes verwenden. **Richtig** ist: *Sie hat die begonnene Arbeit fortgesetzt.* **Falsch** dagegen ist: *Der im April begonnene Konjunkturaufschwung hat sich nicht fortgesetzt.* Das erste Beispiel ist richtig, denn man kann auflösen: *die begonnene Arbeit = Arbeit, die begonnen worden*

ist. Wendet man dieses Schema im zweiten Beispiel an *(der begonnene Konjunkturaufschwung = der Konjunkturaufschwung, der begonnen worden ist)*, wird der inhaltliche Fehler deutlich: Der *Konjunkturaufschwung* ist nämlich nicht begonnen worden, sondern er hat begonnen. Deshalb kann es nur heißen: *Der Konjunkturaufschwung, der im April begonnen hat, hat sich nicht fortgesetzt.* Richtig ist auch: *Der im April beginnende Konjunkturaufschwung hat sich nicht fortgesetzt.*

2. Komma: Wenn das Zeitwort *beginnen* mit einer Wortgruppe, die die Grundform eines anderen Zeitworts enthält, verbunden ist (Infinitivgruppe), dann kann man ein Komma setzen, um die Gliederung des Satzes deutlich zu machen oder um Missverständnisse auszuschließen: *Er begann sofort[,] ein Loch zu bohren* oder *Er begann[,] sofort ein Loch zu bohren.* Beides ist richtig.

beharren
Nach *beharren auf* steht der Wemfall. Es muss also heißen: *Ich beharre auf meinem* (**nicht:** *auf meinen*) *Anspruch.*

behindern/hindern/verhindern
Das Zeitwort *behindern* bedeutet »hemmen; störend aufhalten«; es drückt aus, dass etwas erschwert wird, aber nicht, dass es unmöglich gemacht wird: *Der Betrunkene behinderte den Verkehr. Die Spielerinnen behinderten sich gegenseitig.* Das Wort *verhindern* bedeutet dagegen »bewirken, dass etwas nicht geschieht oder getan wird«. Wer etwas verhindert, macht es unmöglich: *Sie verhinderte ein Unglück. Der Torwart verhinderte einen Rückstand.* Das einfache *hindern* schließlich kann sowohl im Sinne von »behindern« als auch im Sinne von »verhindern« stehen: *Der Verband hinderte sie sehr bei der Hausarbeit. Der Nebel hinderte ihn, schneller zu fahren.* In Verbindung mit *an* hat *hindern* immer die Bedeutung »verhindern«: *Der Lärm hinderte mich am Einschlafen. Niemand kann mich daran hindern, abzureisen.* Weil die Zeitwörter *hindern* und *verhindern* schon verneinenden Sinn haben, dürfen die von ihnen abhängigen Sätze nicht verneint werden, also nicht: *Ich hindere ihn daran, nicht noch mehr zu trinken,* sondern richtig: *Ich hindere ihn daran, noch mehr zu trinken.*

behindert
Die Formen des Eigenschaftswortes, die eine körperliche oder geistige Behinderung als einen medizinischen Tatbestand ausdrücken, werden unterschiedlich geschrieben. *Geistig behindert* und *körperlich behindert* schreibt man immer getrennt. *Schwerbehindert* wird meist zusammengeschrieben, wenn es die Bedeutung »durch schwere körperliche Behinderung dauernd geschädigt« hat und *schwer* nicht gesteigert oder erweitert ist: *Seit dem Unfall ist sie schwerbehindert.* Aber: *Besonders schwer behinderte Kinder bedürfen einer individuellen Förderung.* Immer zusammen schreibt man dagegen *körperbehindert* und *mehrfachbehindert.* In Verbindung mit *nicht* wird in der Regel getrennt geschrieben: *ein nicht behindertes Kind; diese Kinder sind nicht behindert.* Die Zusammenschreibung ist aber auch zulässig: *ein nichtbehindertes Kind.*

bei
Nach *bei* steht der Wemfall: *Bei dir fühle ich mich wohl. Sie beschwerte sich bei der Geschäftsführerin.* Standardsprachlich **nicht richtig** sind Formen (mit dem Wenfall) wie: *Die Fliegen gehen bei die Wurst. Heute gehen wir bei Oma.* Statt *bei* muss hier *an* beziehungsweise *zu* stehen: *Die Fliegen gehen an die Wurst. Heute gehen wir zu Oma.*

beide
1. Rechtschreibung: Das Wort *beide* wird immer und in allen seinen Formen kleinge-

schrieben: *Einer von den beiden war es. Es kamen beide.*

2. a) beide oder die beiden: Sowohl *beide* als auch *die beiden* bezieht sich auf zwei schon bekannte oder genannte Wesen oder Dinge. Die Form *beide* ist im Satz besonders betont und drückt aus, dass die Aussage die zwei Wesen oder Dinge in gleicher Weise betrifft: *Beide Brüder* (= nicht nur einer) *sind gefasst worden.* Die Form *die beiden* ist weniger betont: *Die beiden Brüder sind gefasst worden* (= sie sind nicht mehr frei). **b) die zwei beiden:** Da *zwei* und *beide* das Gleiche bedeuten, sind Fügungen wie *die zwei beiden* und *wir zwei beide* (oder *wir zwei beiden*) nicht standardsprachlich.

3. beide oder beides: Statt *beide* kann in bestimmten Fällen auch *beides* stehen, wenn es allein steht und sich auf Dinge und nicht auf Personen bezieht: *Das Werk und die Aufführung, beides gab den Kritikern Rätsel auf* neben: ... *beide gaben den Kritikern Rätsel auf.*

4. die beiden Ersten oder die ersten beiden: Die Fügung *die beiden Ersten* bezieht sich jeweils auf das erste Glied zweier verschiedener Größen: *Die beiden Ersten der zwei Vorläufe liefen die gleiche Zeit.* Im Gegensatz dazu bezieht sich *die ersten beiden* auf das erste und das zweite Glied einer einzigen Größe: *Die ersten beiden jedes Vorlaufs kommen weiter.*

beigefügt

Die im geschäftlichen Briefwechsel häufig verwendete Formulierung *Beigefügt erhalten Sie ...* ist zwar vom grammatischen Standpunkt aus nicht eindeutig. Es ist jedoch klar, dass hier nicht der Empfänger »beigefügt« ist. Wem dieses *beigefügt* jedoch missverständlich oder unschön vorkommt, kann es weglassen oder auf *hiermit, anbei* oder auf *als Anlage* ausweichen.

Beisatz (Apposition)

Ein Beisatz ist ein Hauptwort oder eine Wortgruppe, die einem anderen Hauptwort erklärend beigefügt ist.

1. Komma: Der Beisatz wird meist nachgestellt und in Kommas eingeschlossen: *Klaus, dem besten Schüler, wurde ein Buchpreis überreicht. Der Tod dieses Gelehrten, des Begründers der Strahlenheilkunde, ist ein großer Verlust für die Wissenschaft.* Nach dem letzten Bestandteil eines Beisatzes (wenn der Text danach weitergeht) ist das Komma freigestellt, da man mehrteilige Angaben als Aufzählung oder Beisatz verstehen kann. Dies gilt in den folgenden Fällen: nach einer mehrteiligen Wohnungsangabe *(Herr Meier ist von Bonn, Königstr. 20[,] nach Köln umgezogen)*, nach mehrteiligen Stellenangaben aus Büchern o. Ä. *(Die Regeln sind im Duden, Rechtschreibung, S. 10[,] erschienen)*, nach mehrteiligen Datums- oder Zeitangaben *(Sie kommt am Samstag, dem 10. Oktober, 15 Uhr[,] in Bonn an)*. Wenn der Name dem Beisatz folgt, können beide Kommas entfallen: *Dem besten Schüler[,] Klaus[,] wurde ein Buchpreis überreicht.*

2. Beugung: Üblicherweise stehen der Beisatz und das Hauptwort, zu dem er gehört, im gleichen Fall. Es gibt aber auch Fälle, in denen der Beisatz im Werfall steht, obwohl das Bezugswort im Wesfall steht: *das Wirken dieses Mannes, Vorkämpfer* (selten: *Vorkämpfers*) *für die Rassengleichheit; der Tod dieses Gelehrten, Begründer* (selten: *Begründers*) *der Strahlenheilkunde.*

Falsch hingegen ist es, den Beisatz in den Wemfall zu setzen, obwohl das Bezugswort in einem anderen Fall steht. Richtig muss es heißen: *Der Preis für Brot, das* (**nicht:** *dem*) *Grundnahrungsmittel der Bevölkerung, ist gestiegen. Dies lässt sich am besten am Beispiel Brasiliens, des größten Landes* (**nicht:** *dem größten Land*) *Südamerikas, zeigen.*

3. **Anschluss mit *als/wie:*** Beisätze kann man auch mit *als* oder *wie* anschließen: *Unternehmungen wie einen Ausflug oder eine Wanderung schätzt er nicht besonders. Ihm als dem Leiter dieser Schule war so etwas noch nicht begegnet. Für Sie als leitenden Angestellten kommt das nicht in Betracht.*

Steht das Bezugswort im Werfall, Wemfall oder Wenfall, dann müssen diese Beisätze im Fall übereinstimmen, also: *ihm als Verantwortlichem* (**nicht:** *als Verantwortlicher*).

Nur bei einem Bezugswort im Wesfall kann der Beisatz unter bestimmten Umständen auch im Werfall stehen: *Die Bedeutung des Passes als wichtige* (auch: *wichtiger*) *Handelsstraße hat sich abgeschwächt.* **Aber nur:** *die Würdigung Georges als eines großen Schauspielers. Das schadete dem Ansehen des Kunsterziehers als des beliebtesten Lehrers der Schule.*

bekannt wegen/für/durch

Nach *bekannt* kann man mit den Verhältniswörtern *wegen, für* oder *durch* anschließen: *Das Restaurant ist wegen seiner guten Küche bekannt. Sie ist für ihre Freigebigkeit bekannt. Er ist durch seine Auftritte im Fernsehen bekannt geworden.* Zu beachten ist, dass *durch* nur dann stehen darf, wenn ein Vorgang, nicht wenn ein Zustand angesprochen ist. **Nicht:** *Das Restaurant ist durch seine gute Küche bekannt.*

benutzen oder benützen

Die beiden Zeitwörter sind gleichbedeutend. Während *benutzen* häufiger in Norddeutschland gebraucht wird, ist *benützen* im süddeutschen Raum gebräuchlicher: *Er benutzt nur Seife* oder: *Er benützt nur Seife.*

Berufstätige, der und die

Man beugt das Wort in folgender Weise: *der Berufstätige, ein Berufstätiger, zwei Berufstätige, die Berufstätigen, einige Berufstätige, alle Berufstätigen, solche Berufstätige* und *solche Berufstätigen, beide Berufstätigen* und seltener auch *beide Berufstätige; besagtem Berufstätigen, die Erfassung pflichtversicherter Berufstätiger.*

Als Beisatz (Apposition): *mir (dir, ihm) als Berufstätigen* und *mir (dir, ihm) als Berufstätigem; ihr als Berufstätigen* und *ihr als Berufstätiger.*

berühmt wegen/für/durch

Nach *berühmt* können die Verhältniswörter (Präpositionen) *wegen, für* oder *durch* stehen: *Das Restaurant ist wegen seiner guten Küche berühmt. Er war für seine Schlagfertigkeit berühmt. Sie ist durch ihre Moderationen im Fernsehen berühmt geworden.* Zu beachten ist, dass *durch* nur dann stehen darf, wenn man einen Vorgang, nicht wenn man einen Zustand anspricht. **Nicht möglich:** *Das Restaurant ist durch seine gute Küche berühmt.*

besagt

Das Wort *besagt* ist wie ein gewöhnliches Eigenschaftswort zu behandeln. Folgt auf *besagt* ein weiteres Eigenschaftswort, dann erhalten beide Wörter die gleichen Endungen, z. B.: *die besagten neuen Bücher; die Umschläge besagter neuer* (**nicht:** *neuen*) *Bücher; besagtes neues* (**nicht:** *neue*) *Buch; besagtem neuem* (aus lautlichen Gründen auch noch: *neuen*) *Buch.*

Beschäftigte, der und die

Man beugt das Wort in folgender Weise: *der Beschäftigte, ein Beschäftigter, zwei Beschäftigte, die Beschäftigten, einige Beschäftigte, alle Beschäftigten, solche Beschäftigten, beide Beschäftigten* und seltener auch *beide Beschäftigte; ausscheidendem Beschäftigten, die Belange ausländischer Beschäftigter.*

Als Beisatz (Apposition): *mir (dir, ihm) als Beschäftigten* und *mir (dir, ihm) als Beschäftigtem; ihr als Beschäftigten* und *ihr als Beschäftigter.*

Bescheid
Das Wort *Bescheid* wird **immer** großgeschrieben, auch in Verbindungen wie *Bescheid wissen, Bescheid sagen, Bescheid geben, Bescheid tun* usw.

besitzen
1. Gebrauch des Mittelworts: Das Mittelwort der Vergangenheit (2. Partizip) von *besitzen* (es lautet *besessen*) ist nicht als Beifügung eines Hauptwortes zu verwenden. Also **nicht:** *Er verkaufte das zwanzig Jahre besessene Haus,* sondern: *Er verkaufte das Haus, das er zwanzig Jahre lang besessen hatte.*

2. besitzen oder haben: Das Zeitwort *besitzen* bezieht sich auf alles, was man als materiellen oder geistigen Besitz erwerben und worüber man mehr oder minder frei verfügen kann. Dazu gehören auch Eigenschaften meist positiver, aber auch negativer Art, sofern sie nur fest mit dem betreffenden Menschen verbunden sind und ihn auf Dauer oder wenigstens für eine gewisse Zeit charakterisieren: *viele Bücher, ein Auto, die Mittel besitzen, Talent, Fantasie, jemandes Vertrauen, die Frechheit besitzen.* Das Zeitwort *haben* stellt zunächst nur ein Vorhandensein fest und sagt über den Besitz als solchen nichts aus: *Er hat Geld bei sich* (= dabei), aber: *Er besitzt viel Geld* (= er ist reich). Es tritt überall dort auf, wo die Vorstellung eines Besitzes (gleich welcher Art) nicht zutreffend ist. So sagt man **nicht:** *Er besitzt einen guten Posten,* sondern: *Er hat einen guten Posten.* **Nicht:** *Er besitzt eine nette Frau,* sondern: *Er hat eine nette Frau.* Nicht richtig ist es, *besitzen* statt *haben* zu verwenden, wenn die Vorstellung des Besitzes offensichtlich sinnwidrig erscheint oder wo nur ein zufälliges oder einmaliges Vorhandensein ausgedrückt werden soll, das nicht wesensmäßig zur Person oder Sache gehört. Man kann also **nicht** sagen: *Er besaß Schulden. Er besitzt blaue Augen. Er besitzt Feinde,* sondern: *Er hat Schulden. Er hat blaue Augen. Er hat Feinde.*

besondere
Man schreibt das Eigenschaftswort **groß,** wenn es als Hauptwort gebraucht wird, z. B.: *Sie liebt das Besondere. Sie hat etwas Besonderes.* Dies gilt auch für *im Besonderen: Im Besonderen interessiere ich mich für Sport.*

besonders
Vor *besonders* steht ein Komma, wenn es einen Zusatz einleitet. *Äpfel und Nüsse, besonders aber Feigen isst er gern.* Der Zusatz *besonders aber Feigen* ist ein Aufzählungsglied. Als Zusatz kann jedoch auch eine nähere Erläuterung zum Vorangehenden stehen: *Alkohol, besonders aber Rotwein, verträgt er nicht.* Hier ist der Zusatz *besonders aber Rotwein* kein Aufzählungsglied, sondern eine nähere Bestimmung, ein Beisatz von *Alkohol.* Diese Bestimmung ist ein Einschub, der durch Kommas vom übrigen Satz abgetrennt wird. (**Ausnahme:** *Ausländische, besonders aber holländische und belgische Firmen traten als Bewerber auf.* Man setzt kein schließendes Komma, um den Zusammenhang der Fügung nicht zu stören.) Tritt zu diesem *besonders* noch ein *wenn* (*als, weil* o. Ä.), dann kann zwischen *besonders* und *wenn* ein Komma stehen: *Er geht gern spazieren, besonders[,] wenn die Sonne scheint.*

Bestätigung
Nach Formulierungen wie *die Bestätigung des Fraktionsführers; die Bestätigung von Fraktionsführer Müller* steht gelegentlich eine Ergänzung mit *als: die Bestätigung des Fraktionsführers als Präsident; die Bestätigung von Fraktionsführer Müller als Präsident.* Dabei ist Folgendes zu beachten: *Die Bestätigung des Fraktionsführers als …:* Folgt nach *als* eine Ergänzung mit *der, die, das, ein, eine* usw., setzt man diese üblicherweise in den gleichen Fall wie das Wort, auf das sie sich be-

zieht (hier: *des Fraktionsführers;* Wesfall): *Er konnte die Bestätigung des Fraktionsführers als des neuen Präsidenten nicht verhindern.* Folgt jedoch die Ergänzung nach *als* ohne *der, die* usw., ist es heute üblich, den Werfall zu verwenden: *Er konnte die Bestätigung des Fraktionsführers als neuer Präsident nicht verhindern.* Das Gleiche gilt für Beispiele mit Fürwort (Pronomen): *Er konnte dessen Bestätigung als neuer Präsident nicht verhindern.*

Die Bestätigung von Fraktionsführer Müller als ...: In solchen Sätzen bezieht man die Ergänzung, die auf *als* folgt, üblicherweise auf *von* und setzt sie deshalb in den Wemfall (Frage: von **wem?**): *die Bestätigung von Fraktionsführer Müller als dem neuen Präsidenten / als neuem Präsidenten.* Möglich ist auch, die Ergänzung in den Werfall zu setzen: *die Bestätigung von Fraktionsführer Müller als neuer Präsident.*

bestbezahlt

Da das Eigenschaftswort *bestbezahlt* bereits eine höchste Steigerungsstufe *(best...)* enthält, ist es nicht mehr steigerbar: *der bestbezahlte* (**nicht:** *bestbezahlteste*) *Job.*

beste

Man schreibt das Eigenschaftswort, wenn es als Hauptwort gebraucht wird, **groß,** z. B.: *das Beste in seiner Art, der Beste in seiner Klasse; das Beste aus etwas machen.* Dies gilt auch für die folgenden Wendungen: *jemanden zum Besten haben/halten; etwas zum Besten geben; nicht zum Besten stehen.* Man schreibt ebenfalls **groß,** wenn man *das Beste* durch »am besten« ersetzen kann. *Es ist das Beste, du schweigst!* Im folgenden Fall kann man groß- oder kleinschreiben: *Ich bin aufs beste/Beste vorbereitet.*

bestehen

Das Mittelwort der Vergangenheit (2. Partizip) von *bestehen* (es lautet *bestanden*) kann man nur unter bestimmten Voraussetzungen als Beifügung eines Hauptwortes verwenden.

1. die bestandene Prüfung: Richtig ist: *Wir feierten die bestandene Prüfung.* **Falsch** dagegen ist: *der bestandene Prüfling* oder *der 50 Jahre bestandene Verein.* Das erste Beispiel ist richtig, denn man kann auflösen: *die bestandene Prüfung = die Prüfung, die bestanden worden ist.* Wendet man dieses Muster bei den anderen beiden Beispielen an *(der bestandene Prüfling = der Prüfling, der bestanden worden ist; der 50 Jahre bestandene Verein = der Verein, der 50 Jahre bestanden worden ist)*, wird der inhaltliche Fehler deutlich. Hier kann es nur heißen: *der Prüfling, der bestanden hat; der Verein, der 50 Jahre lang bestanden hat.*

2. der bestandene Platz: Richtig sind auch Formen wie *der mit Bäumen bestandene Platz; das mit Schilf bestandene Ufer.* Hier gehört *bestanden* zu einer sonst nicht mehr gebräuchlichen Verwendungsweise von *bestehen.*

Bestellung

Das Wort *Bestellung* steht mit *auf, über, von,* seltener mit *für. Für* darf man nicht verwenden, wenn vor dem Bestellten eine Zahlenangabe steht: *Wir bestätigen Ihre Bestellung von 5 000 Exemplaren. Wir haben eine Bestellung auf* oder *über 3 000 Liter Heizöl erhalten* (**nicht:** *für 3 000 Liter*). Aber ohne Zahlenangabe: *Es sind viele Bestellungen für Bücher eingegangen.*

bestmöglich

Da das Eigenschaftswort *bestmöglich* bereits eine höchste Steigerungsstufe *(best...)* enthält, ist es nicht mehr steigerbar: *die bestmögliche* (**nicht:** *bestmöglichste*) *Methode.*

Beteiligte, der und die

Man beugt das Wort in folgender Weise: *der Beteiligte, ein Beteiligter, zwei Beteiligte, die Beteiligten, einige Beteiligte, alle Beteiligten, solche Beteiligte* und *solche Beteilig-*

ten, beide Beteiligten und seltener auch *beide Beteiligte; genanntem Beteiligten, die Vernehmung besagter Beteiligter.*

Als Beisatz (Apposition): *mir (dir, ihm) als Beteiligten* und: *mir (dir, ihm) als Beteiligtem; ihr als Beteiligten* und: *ihr als Beteiligter.*

Betrag

Es heißt richtig *ein Betrag von* (**nicht:** *über*) 200 €. Wohl aber kann man sagen *ein Scheck über 200 €.*

betreffend

1. Wortstellung: Das Wort, das von *betreffend* abhängt, steht im Wenfall. Es kann *betreffend* vorangestellt sein, aber auch folgen: *Unser letztes Schreiben den Vertragsbruch betreffend* ... oder: *Unser letztes Schreiben betreffend den Vertragsbruch* ...

2. Komma: Diese Fügungen mit *betreffend* **kann** man durch Komma abtrennen, um die Gliederung des Satzes deutlich zu machen: *Unser letztes Schreiben[,] den Vertragsbruch betreffend[,] ist* ... und: *Unser letztes Schreiben[,] betreffend den Vertragsbruch[,] ist* ...

betreffs

Dieses Wort der Verwaltungs- und Kaufmannssprache steht mit dem Wesfall: *Betreffs Ihrer Forderung* ... Stilistisch besser ist: *Was Ihre Forderung [an]betrifft,* ... oder: *Wegen Ihrer Forderung* ...

Bevollmächtigte, der und die

Man beugt das Wort in folgender Weise: *der Bevollmächtigte, ein Bevollmächtigter, zwei Bevollmächtigte, die Bevollmächtigten, einige Bevollmächtigte, alle Bevollmächtigten, solche Bevollmächtigte* und *solche Bevollmächtigten, beide Bevollmächtigten* und seltener auch *beide Bevollmächtigte; besagtem Bevollmächtigten, die Maßnahmen erfahrener Bevollmächtigter.*

Als Beisatz (Apposition): *mir (dir, ihm) als Bevollmächtigten* und: *mir (dir, ihm) als Bevollmächtigtem; ihr als Bevollmächtigten* und: *ihr als Bevollmächtigter.*

bewahren

Weil das Zeitwort *bewahren* schon verneinenden Sinn hat (=nicht zulassen), darf man einen von ihm abhängenden Satz nicht zusätzlich verneinen. **Nicht richtig** ist darum: *Sie bewahrte ihn davor, keinen falschen Schritt zu tun.* **Richtig** ist: *Sie bewahrte ihn davor, einen falschen Schritt zu tun.*

bewähren, sich

Bei *sich bewähren als* steht das Hauptwort, das dem *als* folgt, heute im Werfall: *Er hat sich als treuer Gefährte bewährt.* Der Wenfall *(Er hat sich als treuen Gefährten bewährt)* ist veraltet.

bezüglich

Dieses Wort ist besonders in der Amtssprache üblich. Man kann es oft durch *wegen, in, über, nach, von* usw. ersetzen. Falls man es verwenden will, steht es in der Regel mit dem Wesfall: *Ihre Anfrage bezüglich der Bücher. Bezüglich dieser Angelegenheit können wir nichts sagen.* In der Mehrzahl weicht man jedoch auf den Wemfall aus, wenn der Wesfall nicht eindeutig erkennbar ist (sondern mit dem Werfall und dem Wenfall übereinstimmt): *bezüglich Geschäften* (**nicht:** *Geschäfte*), *bezüglich fünf Büchern* (**nicht:** *Bücher*).

binnen

Nach *binnen* steht gewöhnlich der Wemfall: *binnen wenigen Augenblicken, binnen drei Jahren, binnen kurzem/Kurzem.* In gehobener Ausdrucksweise verwendet man den Wesfall: *binnen knapper zwei Stunden, binnen eines Jahres.*

bis

1. Zeitangaben: Gewöhnlich stehen Zeitangaben im Wenfall: *bis kommenden Sonntag, bis nächste Woche, bis dritten April; bis*

Dienstag, den dritten April; vom 1. (ersten) bis 15. (fünfzehnten) April.

2. von 1 000 bis 5 000 Einwohnern: Keinerlei Einfluss übt *bis* auf die Wahl des Falles aus in Beispielen wie: *Gemeinden von 1 000 bis 5 000 Einwohnern; in zwei bis drei Stunden; mit 20 bis 30 Jahren.* Der Wemfall ist hier abhängig von *von, in, mit.* Auch in Beispielen wie *Dichter des 17. bis 19. Jahrhunderts; Artikel 22, erster bis dritter Absatz* ist *bis* ohne Einfluss auf die Beugung der nachfolgenden Wörter.

3. bis zu: Nach der Verbindung *bis zu* und einer Zahlenangabe steht das folgende Hauptwort gewöhnlich im Wemfall, der von *zu* abhängig ist: *Dies gilt für Gemeinden bis zu 10 000 Einwohnern. Jugendlichen bis zu 18 Jahren ist der Zutritt verboten. Darauf steht Gefängnis bis zu zehn Jahren.* Lässt man das *zu* weg – was besonders in der gesprochenen Sprache häufig vorkommt –, steht nach *bis* der Wenfall: *Kinder bis 12 Jahre zahlen die Hälfte.* Es kommen jedoch auch Sätze vor, in denen *bis zu* keinen Einfluss auf die Beugung des folgenden Wortes ausübt; allein das Zeitwort bestimmt dann den Fall: *Der Vorstand kann bis zu 8 Mitglieder umfassen.* Dass *bis zu* hier keinen Einfluss hat, erkennt man daran, dass man es ohne Weiteres weglassen könnte; der Satz bliebe trotzdem vollständig erhalten: *Der Vorstand kann 8 Mitglieder umfassen.* Weiteres Beispiel: *(Bis zu) sechs Kinder schlafen in einem Zimmer.*

4. bis [einschließlich] 19. Juli: Bei Zeitangaben ist es heute allgemein üblich, *bis* einschließend zu verstehen: *Urlaub bis [zum] 19. Juli* (der 19. Juli ist der letzte Urlaubstag). *Die Ausstellung ist noch bis Oktober geöffnet* (im Oktober ist sie noch geöffnet). Man kann hier mit einem zusätzlichen *einschließlich* den Sachverhalt verdeutlichen: *Urlaub bis einschließlich 19. Juli.*

bitte

1. Komma: Das Wort *bitte* trennt man durch ein Komma ab oder schließt es in Kommas ein, wenn man ihm Nachdruck verleihen möchte: *Bitte, kommen Sie einmal herüber. Legen Sie, bitte, einige Entwürfe vor. Unterschreiben Sie, bitte!* Gebraucht man *bitte* aber als reine Höflichkeitsform, dann steht es ohne Komma: *Bitte kommen Sie einmal herüber. Legen Sie bitte einige Entwürfe vor. Unterschreiben Sie bitte!* Beides ist möglich.

2. Bitte Tür schließen: In Sätzen dieser Art, in denen *bitte* formelhaft in Verbindung mit der Grundform (dem Infinitiv) eines Zeitworts steht, setzt man kein *zu.* (Also **nicht:** *Bitte Tür zu schließen.* Dagegen aber: *Ich bitte Sie, die Tür zu schließen.*) Weitere Beispiele für die richtige Form ohne *zu: Bitte Rückseite beachten. Bitte nicht rauchen. Beim Verlassen der Kabine bitte die Tür offen lassen.*

bitten

1. Komma: Wenn das Zeitwort *bitten* mit einer Wortgruppe, die die Grundform eines anderen Zeitwortes enthält, (Infinitivgruppe), verbunden ist, dann kann man ein Komma setzen, um die Gliederung des Satzes deutlich zu machen oder um Missverständnisse auszuschließen: *Er bittet sie die Türen zu schließen* oder *Er bittet sie, die Türen zu schließen.* Beides ist richtig.

2. Alle werden gebeten, pünktlich zu erscheinen: In einem solchen Satz darf man *werden* nicht durch *sind* ersetzen (also **nicht:** *Alle sind gebeten ...*).

Bogen

Die Mehrzahl von *Bogen* lautet *die Bogen* oder *die Bögen.* Vor allem in Süddeutschland, Österreich und der Schweiz ist *die Bögen* gebräuchlich.

brauchen

1. Du brauchst nicht zu kommen: In Sätzen dieser Art lassen die Sprecher das *zu* häufig weg: *Du brauchst nicht kommen.* Sie verhalten sich dabei, als hätten sie statt *brauchen* Wörter wie *müssen, sollen, können* oder *dürfen* verwendet, die in entsprechenden Fällen ohne *zu* stehen: *Du musst nicht kommen, sollst nicht kommen, kannst nicht kommen, darfst nicht kommen.* Im Gegensatz zu der gesprochenen Alltagssprache, wo die Verwendung von *brauchen* ohne *zu* sehr verbreitet ist (und in gewisser Weise auch als gerechtfertigt erscheint), wird in der geschriebenen Sprache *brauchen* jedoch noch mit *zu* verwendet. Also: *Du brauchst nicht zu kommen. Er braucht erst morgen anzufangen.*

2. brauchen oder gebraucht: Das Mittelwort der Vergangenheit (2. Partizip) von *brauchen* heißt *gebraucht: Sie haben das Geld nicht gebraucht. Ich habe dazu zwei Stunden gebraucht.* Steht aber vor *brauchen* noch ein weiteres Zeitwort in der Grundform (im Infinitiv), so steht nicht *gebraucht,* sondern *brauchen.* Es stehen dann beide Zeitwörter in der Grundform, also **nicht:** *Das hätte er nicht zu tun gebraucht,* sondern richtig nur: *Das hätte er nicht zu tun brauchen.*

3. ich brauchte, du brauchtest, er brauchte: Die Möglichkeitsform (der Konjunktiv) von *brauchen* in Sätzen wie *Er tat, als ob er sie nicht brauchte* hat keinen Umlaut (also **nicht:** *ich bräuchte, du bräuchtest* usw.

Bruchzahlen

1. ein Viertel des Weges / ein viertel Zentner: Groß schreibt man, wenn man die Bruchzahl als Hauptwort gebraucht: *ein Drittel, drei Fünftel, ein Zwanzigstel, drei Hundertstel, ein Achtel des Betrages, ein Viertel des Weges, drei Tausendstel von dieser Summe* usw. **Klein** schreibt man, wenn die Bruchzahl vor Maß- und Gewichtsbezeichnungen als Beifügung gebraucht wird: *ein viertel Zentner Mehl, ein achtel Kilo, drei tausendstel Gramm* usw.

2. drei achtel Liter / drei Achtelliter: Zusammen schreibt man, wenn Bruchzahlen vor allgemein gebräuchliche feste Maßbezeichnungen getreten sind: *ein Viertelpfund, drei Achtelliter, eine Viertelstunde, drei Zehntelsekunden* usw. Die Getrenntschreibung bleibt trotzdem immer möglich, wenn man einzelne Bruchteile zählen will: *drei achtel Liter; zwei viertel Zentner.*

3. drei Viertel der Einwohner sind katholisch: Folgt auf die Bruchzahl ein Hauptwort im Wesfall (*der Einwohner, der Bevölkerung, des Weges* usw.), steht das Zeitwort gewöhnlich in der Mehrzahl: *Abgestimmt haben drei Viertel der Bevölkerung. Drei Viertel der Bauern sind unzufrieden. In diesem Monat werden drei Viertel der Autobahn fertig. Drei Viertel aller Mitglieder erschienen.* Steht das Hauptwort nach *drei Viertel* in der Einzahl, ist manchmal auch das Zeitwort in der Einzahl: *Drei Viertel des Weges ist zurückgelegt.*

C

Cent

1. Mehrzahl: In Verbindung mit Zahlwörtern bleibt *Cent* häufig ungebeugt, d. h. unverändert: *Das kostet 20 Cent.* Es wird aber gebeugt, wenn die einzelnen Münzen gemeint sind: *Es sind nur dreißig einzelne Cents im Sparschwein.*

2. Achtzig Cent reicht/reichen nicht: Von diesen beiden Formen ist standardsprachlich die Mehrzahl vorzuziehen: *Achtzig Cent reichen nicht, sind zu wenig, wurden noch abgezogen.* (In der Umgangssprache besteht allerdings die Neigung, das Zeitwort in die Einzahl zu setzen: *Achtzig Cent reicht nicht.*)

chic/schick
In den ungebeugten Formen sind beide Schreibungen möglich: *Der Mantel ist sehr chic* oder *ist sehr schick.* In den gebeugten Formen *(ein schicker Mantel, die Farbe eines schicken Kleides)* ist jedoch die Schreibung *chic* nicht möglich.

D

da
1. Komma: Einen mit *da* eingeleiteten Nebensatz muss man **immer** durch Komma abtrennen: *Er konnte nicht laufen, da er sich verletzt hatte. Jetzt, da er alles verloren hat, kümmert sich niemand um ihn. Da er schon älter war, wollte ihn niemand einstellen.* Das Bindewort *da* tritt auch in Fügungen wie *besonders da* auf. Hier kann man auch zwischen *besonders* und *da* ein Komma setzen, wenn *besonders* und *da* nicht als Einheit empfunden werden: *Er konnte nicht laufen, besonders[,] da er sich verletzt hatte.*

2. Abtrennung von *da* bei zusammengesetzten Wörtern wie *dabei, dafür, davon* usw.: Besonders in der norddeutschen Umgangssprache kommt diese Trennung häufig vor. Sie ist standardsprachlich nicht richtig. Es muss also heißen: *Dabei habe ich mir nichts gedacht* (**nicht:** *Da habe ich mir nichts bei gedacht*). *Dafür kann ich nichts* (**nicht:** *Da kann ich nichts für*). *Davon habe ich noch nichts gehört* (**nicht:** *Da habe ich noch nichts von gehört*). *Dagegen habe ich nichts* (**nicht:** *Da habe ich nichts gegen*).

3. da oder weil: Die beiden Wörter stimmen in ihrer Bedeutung weitgehend überein. Ein feiner Unterschied im Gebrauch ergibt sich jedoch aus der unterschiedlichen Aussagekräftigkeit. Man gebraucht eher *da,* wenn in dem Nebensatz, den es einleitet, etwas weniger Wichtiges, etwas bereits Bekanntes steht (dieser Nebensatz steht dann meist auch **vor** dem Hauptsatz): *Da heute ja Freitag ist, können wir früher nach Hause gehen. Da du ohnehin zur Post gehst, kannst du auch meinen Brief einwerfen.* Wenn in dem Nebensatz etwas verhältnismäßig Wichtiges, etwas Neues steht, dann verwendet man überwiegend *weil* (der Nebensatz steht dann meist **nach** dem Hauptsatz): *Mein Sohn konnte gestern nicht am Unterricht teilnehmen, weil er eine Magenverstimmung hatte.* Wenn im Hauptsatz durch Wörter wie *deswegen, deshalb, darum, besonders* o. Ä. verstärkt auf die Bedeutung des Grundes hingewiesen wird, dann steht nur *weil: Wir können deshalb früher nach Hause gehen, weil heute Freitag ist.*

dahin gehend / dahingehend
Diese Verbindung schreibt man getrennt oder zusammen: *Er äußerte sich dahin gehend / dahingehend, dass ...*

dank
Das Verhältniswort (die Präposition) *dank* kann den Wemfall oder den Wesfall nach sich haben: *dank seinem Fleiß* oder *dank seines Fleißes.* In der Mehrzahl steht jedoch überwiegend der Wesfall: *dank besonderer Verfahren; dank der Fortschritte moderner Hygiene.* In der Mehrzahl weicht man dann auf den Wemfall aus, wenn der Wesfall nicht eindeutig erkennbar ist, sondern mit dem Werfall und dem Wenfall übereinstimmt. Dies ist immer dann der Fall, wenn vor dem Hauptwort kein Begleitwort steht: *Dank Regalen habe ich mehr Platz,* aber *Dank neuer Regale habe ich mehr Platz.*

danke/Danke schön oder **Dankeschön**
Man schreibt die Dankesformel getrennt in Sätzen wie: *Du musst danke schön,* (auch möglich:) *Danke schön sagen. Ich möchte ihr nur danke schön,* (auch möglich:) *Danke schön sagen. Er sagte: »Danke schön!«* Groß und zusammen schreibt man, wenn die Formel zu einem Hauptwort geworden ist

in Fällen wie: *Er sagte ein herzliches Dankeschön. Richte an deinen Bruder ein Dankeschön für seine Hilfe aus.*

darüber hinaus

Die Fügung *darüber hinaus* schreibt man immer getrennt: *Sie haben darüber hinaus noch manches erlebt.* Getrennt- und Zusammenschreibung ist im folgenden Fall möglich: *darüber hinausgehende* oder *darüberhinausgehende Informationen.*

darunter

Ein mit *darunter* gebildeter Satz kann lauten: *Dies geschah in vielen Ländern, darunter der Bundesrepublik* (Wemfall) oder *darunter die Bundesrepublik* (Werfall). Welchen Fall man wählt, hängt nicht von *darunter* ab, sondern davon, ob und wie man den Satz im Stillen ergänzt. Wiederholt man nach *darunter* im Stillen ein *in,* dann lautet der Satz: *Dies geschah in vielen Ländern, darunter [in] der Bundesrepublik.* Ergänzt man aber nach *darunter* etwa *befindet sich,* dann heißt es: *Dies geschah in vielen Ländern, darunter [befindet sich] die Bundesrepublik.* Beide Satzbildungen sind richtig. Ähnlich ist es in folgenden Fällen: *Er suchte mehrere Läden auf, darunter einen Antiquitätenladen* oder *darunter [war auch] ein Antiquitätenladen. Mehreren Schülern, darunter zwei Zehnjährigen* oder *darunter [befanden sich auch] zwei Zehnjährige, wurden Buchpreise verliehen.*

das oder dass

Viele verwechseln die beiden Wörter *das* und *dass.* Wer unsicher ist, der sollte sich eine einfache Regel merken: Lässt sich für das Wort auch *dieses* oder *welches* einsetzen, dann handelt es sich um das nur mit einem »s« zu schreibende *das.* Ergibt diese Einsetzprobe keinen Sinn, so muss es sich um das mit Doppel-s zu schreibende *dass* handeln. Auf diese Weise lässt sich beispielsweise eindeutig feststellen, dass in Sätzen wie *Was glaubst du, dass sie gesagt hat? Was ratet ihr, dass ich tun soll?* nur *dass* richtig sein kann. Ähnlich verhält es sich bei der Redensart: *Was du nicht willst, dass (!) man dir tu, das* (=dieses) *füg auch keinem andern zu.*

das oder was

Es heißt richtig: *Das Boot, das* (**nicht:** *was*) *gekentert ist. Das Kleine, das* (**nicht:** *was*) *ich im Arm hielt. Das Hoheitsvolle, das* (**nicht:** *was*) *von ihrer Gestalt ausging.* Dagegen aber heißt es: *All das Schöne, was* (**nicht:** *das*) *wir gesehen haben. Es ist das Tollste, was* (**nicht:** *das*) *ich je erlebt habe. Es gibt vieles, was* (**nicht:** *das*) *mich interessiert.* Man gebraucht also *das,* wenn es sich auf eine bestimmte Person oder Sache, auf etwas Einzelnes bezieht, hingegen gebraucht man *was,* wenn es sich auf eine Gesamtheit, auf etwas Allgemeines, Unbestimmtes bezieht.

das gleiche / dasselbe

Siehe »der gleiche/derselbe«

das heißt (d. h.)

Vor *das heißt* steht **immer** ein Komma: *Es war nur ein schwacher, d. h. untauglicher Versuch. Wir werden den Vorfall nicht weitermelden, d. h. keine Strafanzeige erstatten.* Unmittelbar **nach** *das heißt* steht ein zweites Komma, wenn ein ganzer Satz folgt: *Am frühen Abend, d. h., sobald die Büros geschlossen haben, ist der Verkehr am stärksten. Wir werden den Fall nicht weitermelden, d. h., wir haben kein Interesse an einer Strafanzeige.* Das zweite Komma **kann** auch stehen, wenn anstelle des ganzen Satzes nach *das heißt* eine Wortgruppe mit der Grundform eines Zeitwortes (Infinitivgruppe) steht: *Er versuchte den Ball zu passen, d. h.[,] ihn seinem Nebenmann zuzuspielen.*

dasjenige, was

Einen Nebensatz, der mit dem hinweisenden Wort *dasjenige* angekündigt ist, leitet man mit *was* ein (**nicht** mit *das*): *Dasjenige, was sie am liebsten tun, ist ihnen verboten.*

dass
Ein mit *dass* eingeleiteter Nebensatz muss **immer** durch Komma abgetrennt werden: *Die Hauptsache ist, dass du kommst. Die Nachricht, dass er zugestimmt hat, kam schon gestern. Dass du so schnell kommst, hätte ich nicht gedacht.*

Vor Fügungen mit *dass* (z. B. *auch dass, sodass, als dass*) muss ein Komma stehen: *Ich bin zu müde, als dass ich dies noch erledigen könnte.* Werden die Teile solcher Fügungen nicht als feste Einheit gesehen, kann vor dem *dass* ein zusätzliches Komma stehen: *Morgen wird es regnen, vorausgesetzt[,] dass der Wetterbericht stimmt.* Siehe auch »das oder dass«

dasselbe
Siehe »derselbe, dieselbe, dasselbe«

davon, dass
Bei der Verbindung *davon, dass* steht nach *davon* immer ein Komma: *Das hast du nun davon, dass du so lange weggeblieben bist. Davon, dass du schreist, wird es auch nicht besser.* Zu dem Ausdruck *abgesehen davon, dass* lesen Sie bitte unter »abgesehen davon« nach.

de
Diesen Namenszusatz (z. B. in *de Gaulle, de Sica*) schreibt man am Satzanfang und in Aneinanderreihungen wie *De-Gaulle-Rede, De-Sica-Film* groß.

dein, deine
Das besitzanzeigende Fürwort (Possessivpronomen) *dein, deine* schreibt man üblicherweise klein: *dein Buch, deine Geigen.* In Briefen kann *dein* groß- oder kleingeschrieben werden: *Vielen Dank für Deine/deine Nachricht.*

Immer groß schreibt man *dein* in Fällen wie: *das Dein und das Mein, Mein und Dein verwechseln, ein Streit über Mein und Dein.* Sonst kann man *deine* (entsprechend auch *deinige*), wenn es zum Hauptwort geworden ist, groß- oder kleinschreiben: *Du musst das dein[ig]e* oder *das Dein[ig]e tun; Grüße die dein[ig]en* oder *die Dein[ig]en.* Immer klein schreibt man dagegen, wenn sich *dein, deine* auf ein vorangehendes Hauptwort bezieht: *Wessen Bücher sind das? Sind es die deinen?*

dem oder **den**
Man kann sowohl sagen *Die Konferenz findet am Montag, dem 1. März 2006, statt* als auch: *Die Konferenz findet am Montag, den 1. März 2006 statt.* Bei der Fügung mit *dem* kann das zweite Komma entfallen: *Die Konferenz findet am Montag, dem 1. März 2006[,] statt,* während bei dem zweiten Beispiel in der Regel kein zweites Komma steht (es ist aber nicht falsch). Wird der Satz noch um eine Angabe der Uhrzeit erweitert, wird diese jedoch in beiden Fällen durch Komma abgetrennt: *Die Konferenz findet am Montag, dem* oder *den 1. März 2006, um 11 Uhr[,] statt.* Hinter der Uhrzeit kann ebenfalls ein Komma stehen.

der gleiche / derselbe
Besonders in der Umgangssprache verwechseln viele Sprecher *der gleiche (die gleiche, das gleiche)* mit *derselbe (dieselbe, dasselbe).* Zwischen beiden Ausdrücken besteht aber ein feiner Unterschied. *Derselbe* (entsprechend auch *dieselbe, dasselbe*) bedeutet *der nämliche* und zeigt eine völlige Übereinstimmung an: *Er trägt denselben Anzug wie gestern,* d. h., er trägt diesen einen und keinen anderen Anzug. Andere typische Beispiele für *derselbe (dieselbe, dasselbe)* sind: *Sie stammt aus demselben Dorf wie ich. Es war ein und derselbe Schauspieler. Es war dieselbe Stadt wie damals.*

Der gleiche (die gleiche, das gleiche) bedeutet eine Übereinstimmung in allen Merkmalen oder eine Vergleichbarkeit: *Er fordert das gleiche Recht für alle,* d. h. ein merkmalsgleiches Recht für alle. Als Beispiel für die Bedeutung der Vergleichbarkeit kann folgender Satz dienen: *Sie hat die gleiche Figur wie ihre Schwester,* d. h., sie hat eine vergleichbare Figur. Ein anderes typisches Beispiel für *der gleiche (die gleiche, das gleiche)* ist: *Sie trug beim Ball das gleiche Kleid wie ihre Freundin.*

Um Missverständnisse zu vermeiden, sollte man den Unterschied berücksichtigen: *Die Monteure der Firma fahren den gleichen Wagen* bedeutet, dass sie einen Wagen desselben Fabrikats benutzen. *Die Monteure der Firma fahren denselben Wagen* bedeutet, dass sie den einen Firmenwagen gemeinsam bzw. abwechselnd benutzen. Oft ergibt sich allerdings auch aus dem Zusammenhang, wie eine Aussage gemeint ist.

derartig

Ein Eigenschaftswort oder Mittelwort (Partizip), das auf *derartig* folgt, beugt man (auch wenn es als Hauptwort gebraucht wird) in gleicher Weise wie *derartig* selbst: *derartiges gedrucktes Material, bei derartiger seelischer Verfassung, mit derartigem frechem Betragen* (die Form *mit derartigem frechen Betragen* ist heute nicht mehr üblich), *derartige schlimme Fehler, die Vermeidung derartiger persönlicher Beschuldigungen; ein derartiger Abgeordneter, derartige Kranke, die Meinung derartiger Betroffener.*

Oft steht *derartig* auch unverändert vor einem Eigenschaftswort: *mit einem derartig frechen Betragen.* Diese Form ist ebenfalls richtig.

deren

1. Beugung nach *deren:* Ein Eigenschaftswort oder Mittelwort (Partizip), das auf *deren* folgt, beugt man (auch wenn es als Hauptwort gebraucht wird) stark: *Ich sprach mit Maria und deren nettem* (**nicht:** *netten*) *Mann. Das ist nur für Mitglieder und deren Angehörige* (**nicht:** *Angehörigen*). *Mit Ausnahme unserer Mitarbeiter und deren Angehöriger* (**nicht:** *Angehörigen*) ...

2. Falsch gebildete Form *derem:* Eine Form, die *derem* lautet, gibt es nicht. Es heißt also **richtig** nur: *Sie sprach mit Maria und deren* (**nicht:** *derem*) *Mann. In Bezug auf die Wirtschaft, in deren* (**nicht:** *derem*) *Rahmen ...*

3. deren oder derer: Die Formen *deren* und *derer* sind nicht immer austauschbar. Bei Rückweisung und ohne direkt folgendes Hauptwort sind sowohl *deren* als auch *derer* korrekt: *Die Frau, deren* oder *derer er sich annahm. Die Beweise, aufgrund deren* oder *derer er verurteilt wurde. Punkte, anhand deren* oder *derer er sich orientierte.* Nur die Form *derer* kommt dagegen auch als Hinweis auf etwas Folgendes und nur noch als Form der Mehrzahl vor: *Sie erinnerte sich derer* (**nicht:** *deren*), *die ihr früher so nahegestanden hatten.*

derselbe, dieselbe, dasselbe

1. Anstelle von *er, sie, es:* Es ist stilistisch unschön, *derselbe* usw. anstelle des persönlichen Fürworts (Personalpronomens) zu gebrauchen, also etwa: *Nachdem die Äpfel geerntet worden waren, wurden dieselben auf Horden gelagert.* Dafür **besser:** ... *wurden sie auf Horden gelagert.*

2. anstelle von *sein, ihr:* Ebenso unschön ist es, *derselbe* usw. anstelle von *sein, ihr* zu gebrauchen: *Das höchste Bauwerk in der Gegend ist ein alter Turm. Die Höhe desselben ist etwa 100 Meter.* Dafür **besser:** ... *Seine Höhe ist etwa 100 Meter.*

dessen

1. Beugung nach *dessen:* Ein Eigenschaftswort oder Mittelwort (Partizip), das auf *dessen* folgt, beugt man (auch wenn es als Hauptwort gebraucht wird) stark: *Ich sprach mit Hans und dessen nettem* (**nicht:** *netten*) *Freund. Vor dem Denkmal und dessen breitem* (**nicht:** *breiten*) *Sockel ... Für den Kranken und dessen Angehörige* (**nicht:**

Angehörigen) … Mit Ausnahme des Kranken und dessen Angehöriger (**nicht:** *Angehörigen*) …

2. Falsch gebildete Form *dessem:* Eine Form, die *dessem* lautet, gibt es nicht, denn man kann *dessen* nicht in den Wemfall setzen. Es heißt also **richtig** nur: *Sie sprach mit Hans und dessen* (**nicht:** *dessem*) *Freund. Im Hinblick auf den Wirtschaftsplan, in dessen* (**nicht:** *dessem*) *Rahmen …*

deutsch/Deutsch
Man schreibt *deutsch* in Verbindung mit einem Zeitwort dann **klein,** wenn es mit »wie?« erfragt werden kann. *Er denkt und fühlt deutsch. Sie wollen sich deutsch unterhalten. Redet sie jetzt deutsch oder holländisch?* Ebenfalls **klein** schreibt man in der festen Verbindung *mit jemandem deutsch reden* (= jemandem deutlich die Meinung sagen).

Man schreibt jedoch **groß,** wenn *Deutsch* im Sinne von »deutsche Sprache« verwendet wird und mit »was?« erfragt werden kann: *Sein Deutsch ist schlecht. Sie spricht kein Wort / nur gebrochen Deutsch. Im älteren Deutsch …; aus dem Deutschen ins Englische übersetzen. Er hat eine Vier in Deutsch. Sie kann/lernt/versteht Deutsch. Jetzt spricht sie zwar englisch* (wie?), *aber ihre Muttersprache ist Deutsch* (was?). *Eine Zusammenfassung in Deutsch* (= in der Sprache Deutsch) … *Der Prospekt erscheint in Deutsch und Englisch.* In den folgenden Fällen schreibt man ebenfalls **groß:** *auf gut Deutsch* (= unverblümt, ohne Beschönigung). *Sie hat ihren Aufsatz auf Deutsch geschrieben. Der Brief ist in Deutsch geschrieben.*

Dezernent
Das Hauptwort *Dezernent* erhält – außer im Werfall – die Endung *-en: der Dezernent, des Dezernenten* (**nicht:** *des Dezernents*), *dem Dezernenten* (**nicht:** *dem Dezernent*), *den Dezernenten* (**nicht:** *den Dezernent*), Mehrzahl: *die Dezernenten.*

die oder **sie**
Es gilt als umgangssprachlich, gelegentlich auch als unhöflich, wenn man in bestimmten Zusammenhängen in Bezug auf eine weibliche Person *die* gebraucht und nicht *sie,* wie es standardsprachlich wäre: **Richtig** also: *Das muss sie doch selber wissen.* **Nicht:** *Das muss die doch selber wissen.* **Richtig:** *Meine Mutter ist sehr altmodisch, mit ihr kann ich nicht darüber sprechen.* **Nicht:** *… mit der kann ich nicht darüber sprechen.*

die gleiche / dieselbe
Siehe »der gleiche / derselbe«

dieser, diese, dieses
1. Anfang dieses Jahres: Es heißt richtig: *Anfang dieses* (**nicht:** *diesen*) *Jahres; am 10. dieses Monats; ein Gerät dieses Typs.*

2. dies/dieses: Anstatt *dieses* kann man auch das ungebeugte *dies* in gleicher Bedeutung gebrauchen, vor allem wenn man es allein stehend verwendet: *Dies ist richtig. Dies alberne Geschwätz widert mich an.*

3. mit diesem seinem Buch: Folgt auf *dieser* usw. ein besitzanzeigendes Fürwort (*mein, dein, sein* usw.), erhält es die gleiche Endung wie *dieser* usw.: *mit diesem seinem Buch, von diesem deinem Freund, von dieser seiner Schöpfung.*

Andere Endungen haben jedoch Eigenschaftswörter, die zusätzlich hinzugefügt werden: *von dieser seiner neuesten Schöpfung; von diesem deinem engen Freund; mit diesem seinem besten Buch.*

Diplomat
Das Hauptwort *Diplomat* erhält – außer im Werfall – die Endung *-en: der Diplomat, des Diplomaten* (**nicht:** *des Diplomats*), *dem Diplomaten* (**nicht:** *dem Diplomat*), *den Di-*

plomaten (**nicht:** *den Diplomat*), Mehrzahl: *die Diplomaten.*

Doktor

Steht das Wort *Doktor* (oder die Abkürzung *Dr.*) in Verbindung mit einem Familiennamen, dann bleibt es – im Gegensatz zum Namen – ungebeugt, d. h., es wird nicht verändert: *der Bericht [Herrn] Doktor Schulzes; die Praxis Dr. Müllers; die Villa des Doktor Meier.*

Dozent

Das Hauptwort *Dozent* erhält – außer im Werfall – die Endung *-en: der Dozent, des Dozenten* (**nicht:** *des Dozents*), *dem Dozenten* (**nicht:** *dem Dozent*), *den Dozenten* (**nicht:** *den Dozent*), Mehrzahl: *die Dozenten.* In der Anschrift ist jedoch auch die ungebeugte Form *Dozent* zulässig: *[An] Herrn Dozent Meyer* neben *[An] Herrn Dozenten Meyer.*

du

Das persönliche Fürwort *du* (und auch *deiner, dir, dich*) wird üblicherweise **kleingeschrieben.** In Briefen kann man groß- oder kleinschreiben: *Wie geht es Dir/dir? Ich harre Deiner/deiner.*

dürfen

1. dürfen oder gedurft: Das Mittelwort der Vergangenheit (2. Partizip) von *dürfen* heißt *gedurft: Er hat es nicht gedurft.* Steht aber vor dem Zeitwort *dürfen* noch ein zweites Zeitwort, und zwar in der Grundform (im Infinitiv), dann steht nicht *gedurft,* sondern *dürfen: Sie hat mitkommen dürfen.*

E

ebenso

Es heißt **richtig:** *Das Buch ist ebenso spannend wie lehrreich.* **Nicht richtig** ist: ... *als lehrreich.*

ebensolcher, ebensolche, ebensolches

Ein Eigenschaftswort oder Mittelwort (Partizip), das auf *ebensolcher* usw. folgt, beugt man (auch wenn es als Hauptwort gebraucht wird) im Allgemeinen in gleicher Weise wie *ebensolcher* usw. selbst, d. h., es erhält die gleichen Endungen: *mit ebensolchem verbogenem Fahrrad, nach ebensolcher exakter Zeitnahme, zu ebensolchem Schönem; ebensolche Beamte; ebensolche schöne Dinge.*

Eigenschaft

In der Fügung *in seiner Eigenschaft als* steht nach *als* immer der Werfall: *Ich sprach mit ihm in seiner Eigenschaft als Vorsitzender* (**nicht:** *als Vorsitzendem*).

einander oder gegenseitig

Es kann entweder heißen *Sie schaden einander* oder *Sie schaden sich gegenseitig* (aber **nicht:** *Sie schaden einander gegenseitig*).

einbegriffen

1. der/den Attentäter einbegriffen: Das Wort *einbegriffen* (auch *inbegriffen*) steht nach dem Wort, das die Person oder Sache, die eingeschlossen werden soll, bezeichnet. Dieses Wort steht im Werfall (z. B. *der Attentäter*), wenn es an ein Wort anschließt, das ebenfalls im Werfall steht: *Alle Menschen, der Attentäter einbegriffen, kamen ums Leben.* In allen übrigen Fällen steht *einbegriffen* mit dem Wenfall: *Er nahm sich der Verletzten an, den Attentäter einbegriffen. Er misstraute der Mannschaft, den späteren Attentäter einbegriffen. Er kannte alle, den Attentäter einbegriffen.*

2. einbegriffen in: Nach *einbegriffen in* ist sowohl der Wemfall als auch der Wenfall richtig: *Alle Extras sind in diesem Preis* oder *in diesen Preis einbegriffen.* Häufiger ist allerdings der Wemfall: *Bedienung ist im Preis einbegriffen.*

einem oder **einen**
Da man das unbestimmte Fürwort (Indefinitpronomen) *man* nicht beugen kann, wird es im Wemfall durch *einem*, im Wenfall durch *einen* ersetzt: *Je älter man ist, umso rätselhafter ist einem das Leben. Das kann einen doch ärgern!* **Nicht richtig** ist, im Wenfall statt *einen* die Form *einem* zu verwenden. Es heißt also: *Das kann einen* (**nicht:** *einem*) *doch ärgern!*

einer, eine, eines
1. der Besuch eines unserer Vertreter: Der Wesfall heißt *eines* bei Bezug auf ein männliches (oder sächliches) Hauptwort: *der Besuch eines unserer Vertreter* (**nicht:** *einer unserer Vertreter*); *die Rückkehr eines meiner Mitarbeiter* (**nicht:** *einer meiner Mitarbeiter*); *durch den Ausfall des Abteilungsleiters sowie eines von drei Sachbearbeitern. Ein neuer Bestseller steht auf dem Programm eines der erfolgreichsten Verleger der Welt.* Es heißt aber *einer* bei Bezug auf ein weibliches Hauptwort: *der Besuch einer unserer Vertreterinnen; die Rückkehr einer meiner Mitarbeiterinnen* usw.

2. durch den Ausfall des Abteilungsleiters sowie eines von drei Sachbearbeitern: Fälschlicherweise verwenden einige Sprecher hier statt der Fortführung des Wesfalls *(sowie eines)* den Wemfall *(sowie einem)*. Dies ist **nicht richtig.**

3. einer der schönsten Filme, die ...: Wird ein Einzelner oder ein Einzelnes in dieser Weise aus einer Gesamtheit herausgehoben, dann steht im nachfolgenden Nebensatz das Fürwort (Pronomen) in der Mehrzahl, nicht in der Einzahl: *Es ist einer der schönsten Filme, die ich gesehen habe* (**nicht:** ..., *den ich gesehen habe*). *Er ist einer der ersten Menschen, die im Weltraum waren* (**nicht:** ..., *der im Weltraum war*). *Frankfurt ist eine der wenigen Großstädte, in denen es eine solche Einrichtung gibt* (**nicht:** ..., *in der es eine solche Einrichtung gibt*).

einerseits – andererseits
Die Entsprechung von *einerseits* ist *andererseits* (auch richtig: *andrerseits, anderseits*), aber **nicht:** *im anderen Fall.* Das Wort *einerseits* kann allerdings auch fehlen. Zwischen *einerseits – andererseits* steht immer ein Komma, gleichgültig ob nur Satzglieder oder ob vollständige Sätze miteinander verbunden werden: *Er war [einerseits] sehr fleißig, andererseits auch verspielt. Sie wollte sich einerseits nicht binden, hatte aber andererseits großes Interesse an einem schnellen Abschluss der Verhandlungen.* Vollständige Sätze kann man auch durch einen Punkt trennen: *Einerseits wollte sie sich nicht binden. Andererseits aber hatte sie großes Interesse an ...*

eingeschlossen
Nach *eingeschlossen in* ist sowohl der Wemfall als auch der Wenfall richtig: *Alle Extras sind in diesem Preis* oder *in diesen Preis eingeschlossen.* Häufiger ist der Wemfall.

einladen
Richtig sind die Formen *du lädst ein, er lädt ein* (**nicht:** *du ladest ein, er ladet ein*).

einschließlich
1. Beugung nach *einschließlich:* Nach *einschließlich* steht der Wesfall, wenn das Hauptwort, das von *einschließlich* abhängt, ein Begleitwort aufweist: *die Aufwendungen einschließlich aller Reparaturen; einschließlich des Portos; einschließlich täglicher Spesen.* Das gilt auch, wenn Orts- oder Ländernamen folgen: *Europa einschließlich Englands.* Steht das abhängige Hauptwort jedoch ohne Begleitwort, bleibt es in der Einzahl im Allgemeinen ungebeugt, d.h. unverändert: *einschließlich Porto; einschließlich Helga; einschließlich Auf- und Abladen. Das Buch hat 700 Seiten, einschließlich Vorwort.* In der Mehrzahl weicht man dagegen auf den Wemfall aus: *einschließlich Tischen und Stühlen; einschließ-*

lich Gläsern. Die Verbindung von *einschließlich* mit einem persönlichen Fürwort (z. B. *einschließlich deiner*) kann man vermeiden; z. B.: *Alle meine Freunde, du eingeschlossen, waren verreist.* Oder: *Alle meine Freunde, auch du, waren verreist.*

2. einschließlich oder zuzüglich: Die zwei Wörter stehen sich insofern nahe, als beide etwas anschließen, was nicht als selbstverständliches Zubehör empfunden wird. Deshalb sind Sätze denkbar, in denen beide Wörter gegeneinander austauschbar sind, ohne dass sich der Sinn des Satzes ändert: *Er beansprucht den Ersatz seiner Aufwendungen, einschließlich* oder *zuzüglich der Fahrtkosten.* Ein Beispiel wie *eine Summe von 10 Euro zuzüglich Portokosten* zeigt aber, dass bei bestimmten festgelegten Beträgen und Leistungen die beiden Wörter nicht austauschbar sind. Denn bei *zuzüglich* muss man noch einen Betrag hinzurechnen, während er bei *einschließlich* bereits enthalten ist.

einstellen
Nach *einstellen in* kann sowohl der Wenfall (Frage: wohin?) als auch der Wemfall (Frage: wo?) stehen: *Wir müssen die Bücher in dieses* oder *in diesem Regal einstellen. Wir stellen Sie ab 1. September 2006 in unserem* (seltener: *in unseren*) *Betrieb ein.*

einstufen
Nach *einstufen in* kann sowohl der Wenfall (Frage: wohin?) als auch der Wemfall (Frage: wo?) stehen. Der Wenfall ist häufiger: *Er wurde in eine,* seltener auch: *in einer anderen Gehaltsklasse eingestuft.*

einzeln
Ein Eigenschaftswort oder Mittelwort (Partizip), das auf *einzeln* folgt, erhält (auch wenn es als Hauptwort gebraucht wird) die gleichen Endungen wie *einzeln* selbst: *einzelnes gedrucktes Material, bei einzelnem geglücktem Versuch, einzelne mittlere Betriebe; die Anstrengungen einzelner mittlerer Betriebe; einzelnes Gutes, die einzelnen Abgeordneten, die Forderungen einzelner Abgeordneter.*

empfähle oder **empfehle**
Beide Formen sind Möglichkeitsformen (Konjunktive). Die Form *empfehle* steht vor allem in der indirekten Rede: *Sie fragte ihn, welchen Wein er ihr empfehle.* Auch *empfähle* kann in der indirekten Rede auftreten, z. B. wenn die Form *empfehle* nicht eindeutig als Möglichkeitsform erkennbar ist: *Sie sagten, sie empfählen* (für nicht eindeutiges *empfehlen*) *mir diesen Wein nicht.* Auch in bestimmten Vergleichssätzen kann *empfähle* gebraucht werden: *Sie erweckte den Anschein, als empfähle sie uns zu warten.* Sonst steht *empfähle* vor allem in Bedingungssätzen: *Ich würde sofort fahren, wenn er mir das Klima empfähle.*

empfehlen
Bei *sich empfehlen als* steht das Hauptwort, das dem *als* folgt, gewöhnlich im Werfall: *Er empfahl sich als geeigneter Mann, ... als der geeignete Mann.* Der Wenfall *(Er empfahl sich als geeigneten Mann, ... als den geeigneten Mann)* ist seltener, aber auch richtig.

Entgelt
Das Hauptwort *Entgelt* hat weder etwas mit *Ende* noch mit *Geld* zu tun, es hängt vielmehr mit dem Wort *entgelten* (= vergüten, entschädigen) zusammen und wird daher wie dieses zweimal mit *t* geschrieben.

enthalten, sich
Wenn man *sich enthalten* in der verneinten Verbindung *sich nicht enthalten können* gebraucht, darf man die davon abhängende Aussage nicht auch noch verneinen. Also **nicht richtig:** *Sie konnte sich nicht enthalten, nicht darüber zu spotten.* Sondern **richtig** nur: *Sie konnte sich nicht enthalten, darüber zu spotten.*

entlang
Das Verhältniswort (die Präposition) *entlang* kann vor oder nach dem abhängigen Hauptwort stehen. Wenn es vor dem Hauptwort steht, so hat es gewöhnlich den Wesfall, gelegentlich auch den Wemfall nach sich: *entlang des Ufers, entlang der Hecken* (seltener: *entlang dem Ufer, entlang den Hecken*). Wenn *entlang* nach dem Hauptwort steht, so wird es gewöhnlich mit dem Wenfall, nur noch gelegentlich mit dem Wemfall verbunden: *das Ufer entlang, die Hecken entlang* (selten: *dem Ufer entlang, den Hecken entlang*).

entnehmen
Es kann entweder heißen: *einer Sache etwas entnehmen* oder: *aus einer Sache etwas entnehmen.* Beide Formulierungen sind richtig. Also: *Er entnahm ihren Worten, dass ...* oder: *Er entnahm aus ihren Worten, dass ... Ihrem Schreiben entnehmen wir ...* oder: *Aus Ihrem Schreiben entnehmen wir ...*

entschuldigen
Die Formel *Entschuldigen Sie vielmals* ist unsinnig. Man kann zwar jemanden vielmals bitten, etwas zu entschuldigen, aber man kann nicht von ihm verlangen, dass er etwas vielmals (also mehr als nur einmal) entschuldigt. Also richtig: *Ich bitte vielmals um Entschuldigung.*

entsprechend
Das Verhältniswort (die Präposition) *entsprechend* kann vor oder nach dem abhängigen Hauptwort stehen. Es wird aber immer mit dem Wemfall (**nicht** mit dem Wesfall) verbunden: *entsprechend unseren* (**nicht:** *unserer*) *Anordnungen* oder *unseren Anordnungen entsprechend.*

entstehen
In der zweiten Möglichkeitsform (dem Konjunktiv II) kann man *entstünde* oder *entstände* gebrauchen. Die Form *entstände* ist seltener.

entweder – oder
1. Entweder er oder sie hat Schuld: In solchen mit *entweder – oder* gebildeten Sätzen steht das Zeitwort in der Einzahl, nicht in der Mehrzahl. (Also **nicht richtig:** *Entweder er oder sie haben Schuld.*) In der Person richtet sich das Zeitwort dabei nach der Person des Satzgegenstandes, die ihm am nächsten steht. Also: *Entweder er oder ich gebe* (**nicht:** *gibt*) *klein bei. Entweder gehst du oder wir zuerst* (**nicht:** *gehen du oder wir zuerst*).

2. Komma: Wenn *entweder – oder* ganze Sätze verbindet, dann **kann** vor *oder* ein Komma stehen, muss aber nicht: *Entweder schläft er schon[,] oder er ist ausgegangen. Sie liest entweder ein Buch[,] oder sie hört Musik[,] oder sie träumt.* Kein Komma steht dagegen, wenn *entweder – oder* nur Satzteile verbindet: *Er sagt jetzt entweder Ja oder Nein. Sie liest entweder ein Buch oder eine Zeitschrift.*

erachten
Nach *erachten* kann mit *als* oder mit *für* angeschlossen werden: *Ich erachte dies als,* auch: *für notwendig. Er erachtete es als,* auch: *für seine Pflicht.*

erklären, sich
Bei *sich erklären als* steht das Hauptwort, das dem *als* folgt, gewöhnlich im Werfall: *Er erklärte sich als der eigentliche Schuldige.* Der Wenfall *(Er erklärte sich als den eigentlichen Schuldigen)* ist seltener, aber auch richtig.

ernst oder **Ernst**
Klein schreibt man das Eigenschaftswort, zum Beispiel: *Sie nimmt die Sache nicht ernst. Die Lage wird ernst. Das ist das ernsteste ihrer Bücher.* Das Hauptwort *der Ernst* steht in Fällen wie: *Er machte Ernst, nahm Scherz für Ernst. Es ist mir [vollkommener] Ernst damit. Aus dem Spiel wurde Ernst. Er sagte es allen Ernstes, im Ernst.* **Groß** schreibt man auch das zum Hauptwort

gewordene Eigenschaftswort in Fällen wie: *Heiteres und Ernstes; etwas/nichts/viel/wenig Ernstes; alles Ernste; das Ernsteste, was ihm je begegnet ist.*

erscheinen oder scheinen

Die beiden Wörter haben unterschiedliche Bedeutung. Nur in einem ganz bestimmten Anwendungsbereich stimmen sie inhaltlich überein, und zwar dann, wenn sie im Sinne von »einen bestimmten Eindruck erwecken, sich in bestimmter Weise darstellen« gebraucht werden. Die beiden Wörter sind austauschbar in Sätzen wie: *Dies erschien/schien ihr unmöglich* oder: *Die Lage erscheint/scheint aussichtslos.* Es gibt aber auch in diesem Anwendungsbereich Sätze, in denen man nur *scheinen* verwenden kann, z. B.: *Das scheint* (**nicht:** *erscheint*) *mir richtig zu sein.* In Zweifelsfällen ist stets das einfache *scheinen* vorzuziehen.

erste

1. **Rechtschreibung:** Man schreibt *erste* in allen folgenden Fällen **groß:** *Er war der Erste im Ziel. Sie war die Erste, die es erwähnte. Das ist das Erste, was ich höre. Die beiden Ersten kommen weiter. In Berlin war dies mein Erstes.* Dies gilt auch für Verbindungen wie *als Erstes* (= zuerst), *fürs Erste* (= vorerst) oder *zum Ersten* (= erstens). **Groß** schreibt man ebenso in den folgenden Verwendungen: *Sie ist die Erste in der Klasse* (= der Leistung nach). *Er wurde Erster* (= Sieger). *Heute ist der Erste* (= Monatstag). *Die Ersten werden die Letzten sein.*

2. **Beugung nach *erste:*** Ein Eigenschaftswort oder Mittelwort (Partizip), das auf *erste* folgt, erhält (auch wenn es als Hauptwort gebraucht wird) die gleichen Endungen wie *erste* selbst: *erstes gedrucktes Material, nach erstem geglücktem Versuch, erste zaghafte Versuche; erstes Geglücktes, die ersten Gefangenen, die Forderungen erster Betroffener.*

ersterer – letzterer, erstere – letztere,ersteres – letzteres

Das Wortpaar *ersterer – letzterer* usw. kann man inhaltlich nur auf zwei Personen oder Sachen beziehen (ähnlich wie bei dem Wortpaar *dieser – jener* usw.). Es kann, wie Eigenschaftswörter, bei zwei Hauptwörtern stehen, dann schreibt man klein: *Die erstere Bedeutung des Wortes ist allgemein bekannt, die letztere Bedeutung nicht.*

Man schreibt *ersterer* usw. bzw. *letzterer* usw. groß, wenn sie wie ein Hauptwort verwendet werden: *Er sagte, er sei zu Hause gewesen und habe keinen Alkohol getrunken. Ersteres konnte ich bezeugen, Letzteres leider nicht.*

Nicht richtig ist es, *letzterer* usw. einfach im Sinne von *dieser* usw. zu verwenden: *Die lange vermissten Akten waren in einem zugestaubten Schrank eingeschlossen; Letzterer* (**richtig:** *dieser*) *stand in einem kleinen, dunklen Raum.*

erstklassig

Da *erstklassig* bereits einen höchsten Grad ausdrückt, ist es nicht mehr steigerbar. Also **nicht:** *erstklassigste,* sondern **nur:** *erstklassige Ausführung.*

es

Nach Verhältniswörtern (Präpositionen) wie *auf, über, durch, neben* usw. sollte nicht *es* stehen. Besser ist, stattdessen *darauf, darüber, dadurch, daneben* usw. zu verwenden: *Das Unglück ist jetzt passiert. Ich habe schon lange darauf* (**nicht:** *auf es*) *gewartet.* Es können jedoch Sätze vorkommen, in denen man die Konstruktion Verhältniswort + *es* nicht auf diese Weise umgehen kann – z. B., wenn *es* eine Person vertritt oder bei *es* in Verbindung mit *ohne.* Hier sollte man versuchen, die unschöne Konstruktion auf andere Weise zu umgehen: *Ein Kind saß auf der Bank; eine Frau setzte sich neben das Kind* (**statt:** *neben es*). *Sie wartete immer noch auf das Mädchen; sie wollte nicht* *ohne die Kleine* oder *ohne das Kind* (**statt:** *ohne es*) *gehen.*

Es ist/sind zwei Jahre her
Beide Formen sind richtig. Häufiger ist heute: *Es ist zwei Jahre her, dass er geschrieben hat.*

etlicher, etliche, etliches
In der Mehrzahl erhält das Wort, das auf *etlicher* usw. folgt, in der Regel die gleichen Endungen wie *etlicher* usw. selbst: *etliche erfolgreiche Abschlüsse, mit etlichen Verletzten.* Im Wesfall gibt es zwei Formen: *die Behebung etlicher kleiner Mängel* oder selten: ... *etlicher kleinen Mängel.* Auch in der Einzahl gilt meist gleiche Beugung: *etlicher politischer Zündstoff.*

euer
1. Rechtschreibung: Das besitzanzeigende Fürwort *euer* wird üblicherweise kleingeschrieben: *Achtet auf eure Fahrräder! Wann beendet ihr endlich euren Streit?* In Briefen kann groß- oder kleingeschrieben werden: *Mit herzlichen Grüßen Eure/eure Tina.*

Groß schreibt man *euer* in Titeln: *Euer Hochwürden, Euer (Ew.) Exzellenz.* Groß oder klein schreibt man *euer* (entsprechend auch *eurig*), wenn es zum Hauptwort geworden ist in Fällen wie: *Ihr müsst das Eure* (oder: *das eure*) oder *das Eurige* (oder: *das eurige*) *tun. Grüßt die Euern/Euren* (oder: *die euern / die euren*) oder *die Eurigen* (oder: *die eurigen*) (= eure Angehörigen)! Jedoch schreibt man immer klein, wenn es sich auf ein Hauptwort bezieht: *Wessen Bücher sind das? Sind es die euren?*

2. Beugung: Nach *euer* erhält das folgende Eigenschaftswort oder Mittelwort (Partizip) in der Regel die gleichen Endungen wie *euer* selbst: *euer netter* (**nicht:** *nette*) *Brief; für euren von mir selbst abgeschickten Bericht.*

F

f oder ph
Die eindeutschende *f-/F-*Schreibung für *ph-/Ph-* ist besonders in allgemein gebräuchlichen Wörtern mit den Wortbestandteilen »fon«, »fot« und »graf« zulässig: *Mikrofon, Fotograf, Geografie.* Auch in einigen anderen Wörtern ist die eingedeutschte Schreibung neben der nicht eingedeutschten möglich wie z. B. bei *Delfin* (auch *Delphin*).

Farbbezeichnungen
1. Beugung: Neben den Bezeichnungen für die Grundfarben (*rot, grün* usw.) gibt es mehrere Farbbezeichnungen, die fast alle aus Substantiven hervorgegangen sind und aus anderen Sprachen stammen: *rosa, lila, orange, beige, bleu, creme, chamois, oliv, ocker, pensee, reseda, cognac, türkis* usw. Diese Adjektive können nicht gesteigert werden und werden in der Regel nicht gebeugt: *ein rosa Kleid, die lila Hüte, ein orange* (auch schon: *oranges*) *Chiffontuch, die beige* (auch schon: *beigen*) *Schuhe* usw. In der Umgangssprache werden jedoch häufig Formen mit eingeschobenem *-n-* verwendet: *ein rosanes Kleid, die lilanen Hüte.* Wer diese Formen nicht verwenden will, kann ausweichen auf die Zusammensetzung mit *-farben* oder *-farbig: ein orange[n]farbenes/orange[n]farbiges Kleid, die cremefarbigen/cremefarbenen Hüte, ein beigefarbenes Kleid* usw.

2. blaurot oder blau-rot: Farbbezeichnungen dieser Art kann man mit oder ohne Bindestrich schreiben. Die Schreibung ist in diesen Fällen unabhängig von der Bedeutung der Farbbezeichnung: *ein blaugrünes Kleid* (»ein Kleid in den Farben Blau und Grün« oder »ein Kleid, das einen grünen Farbton besitzt, der ins Blaue spielt«). Meist zeigt aber der Bindestrich das Nebeneinander der Farben an, während die Zusammenschreibung bei der Farbmischung bevorzugt wird.

3. Groß- und Kleinschreibung: Klein schreibt man die Farbbezeichnung, wenn sie als Eigenschaftswort verwendet wird: *ein blaues/grünes/rotes Kleid, den Stoff blau/rot färben, der Stoff ist rot gestreift, der Stoff ist rot/blau/grün, Augenfarbe: blau, grau in grau, schwarz auf weiß, er ist mir nicht grün* (= nicht gewogen). **Groß** schreibt man als Hauptwörter verwendete Substantive und solche, die Teil eines Namens sind: *ins Blaue reden, Fahrt ins Blaue, die Farbe Blau, mit Blau bemalt, Stoffe in Blau, das Blau des Himmels, die/der Blonde* (= Person), *die Farben Gelb und Rot, bei Gelb ist die Kreuzung zu räumen, dasselbe in Grün, ins Grüne fahren, bei Grün darf man die Straße überqueren, die Ampel steht auf/zeigt Grün/Gelb/Rot, das erste Grün, bei Rot ist das Überqueren der Straße verboten, aus Schwarz Weiß machen wollen; die Blaue Grotte von Capri, das Rote Kreuz, das Schwarze Meer.* In einigen Fällen ist **sowohl Groß- als auch Kleinschreibung** möglich: *Seine Lieblingsfarbe ist Gelb/gelb.*

farbig oder farblich
Das Eigenschaftswort *farblich* lässt sich im Sinne von »die Farbe betreffend« verwenden: *Die Dekorationen müssen farblich aufeinander abgestimmt werden. Die Sachen passen farblich nicht zusammen.* Dagegen bedeutet *farbig* sowohl »bunt« als auch »Farbe aufweisend, nicht schwarz-weiß«: *farbige Abbildungen, farbige Flecke; ein farbiger Einband.* An den zuletzt genannten Wortgebrauch schließt sich die Verwendung von *-farbig* in Zusammensetzungen an: *orangefarbig, cremefarbig* usw. Für Zusammensetzungen wird heute aber im Allgemeinen *-farben* gewählt: *orangefarben, beigefarben, fliederfarben* usw.

fehlschlagen
Die zusammengesetzten Vergangenheitsformen von *fehlschlagen* werden mit *sein* gebildet: *Der Versuch ist* (**nicht:** *hat*) *fehlgeschlagen.*

fern
Das Verhältniswort (die Präposition) *fern* hat den Wesfall nach sich, seltener den Wemfall: *fern des Heimathauses* (seltener: *dem Heimathaus*).

folgend
1. Rechtschreibung: Man schreibt *folgend* nur dann klein, wenn es als Eigenschaftswort auftritt: *die folgenden Seiten, folgendes politisches Bekenntnis.* In allen anderen Fällen schreibt man groß: *Wir möchten Ihnen Folgendes mitteilen. Mit Folgendem teilen wir Ihnen mit, dass ...; alles Folgende; aus/in/mit/nach/von/zu Folgendem; in Folgendem / in Folgenden. Die Folgenden wichen zurück. Wir konnten das Folgende nicht voraussehen.*

2. Beugung nach *folgend*: Nach *folgend* beugt man ein Eigenschaftswort oder ein Mittelwort (Partizip) – auch wenn es zum Hauptwort geworden ist wie *Angestellte, Abgeordnete* usw. – meist auf diese Weise: (in der Einzahl:) Werfall: *folgender wichtige Gedanke, folgendes wichtige Prinzip, folgende wichtige Erfahrung;* Wesfall: *die Ablehnung folgenden wichtigen Gedankens/Prinzips, folgender wichtiger Erfahrung;* Wemfall: *bei folgendem wichtigen Gedanken/Prinzip, folgender wichtiger Erfahrung;* Wenfall: *für folgenden wichtigen Gedanken, folgendes wichtige Prinzip, folgende wichtige Erfahrung.* In der Mehrzahl erhält das Eigenschaftswort nach *folgend* überwiegend die gleichen Endungen wie *folgend selbst: folgende wichtige Ereignisse, wegen folgender wichtiger Ereignisse, bei folgenden wichtigen Ereignissen, für folgende wichtige Ereignisse.* Es kommen jedoch auch andere Formen vor: *folgende wichtigen Ereignisse, wegen folgender Abgeordneten, wegen folgender wichtigen Ereignisse.*

Forderung an/gegen/nach
Das, was man fordert, schließt man mit *nach* an: *die Forderung nach Selbstbestimmung* (**nicht:** *die Forderung der Selbstbestimmung*). Die Person oder die Institution, an die die Forderung gerichtet ist, schließt man gewöhnlich mit *an* an: *Forderungen an die Gläubiger, an die Atommächte, ans Leben.* Der juristische Sprachgebrauch verwendet statt *an* auch *gegen*, wodurch eine Rechtsbeziehung deutlicher ausgedrückt werden soll und das Ziel, die Richtung auf eine andere Partei stärker betont wird: *Forderungen gegen die Gläubiger.*

Fortgeschrittene, der und die
Man beugt das Wort in folgender Weise: *der Fortgeschrittene, ein Fortgeschrittener, zwei Fortgeschrittene, die Fortgeschrittenen, einige Fortgeschrittene, alle Fortgeschrittenen, solche Fortgeschrittene* und *solche Fortgeschrittenen, beide Fortgeschrittene* und seltener auch *beide Fortgeschrittenen; genanntem Fortgeschrittenen, die Gruppe besagter Fortgeschrittener.*

Als Beisatz (Apposition): *mir (dir, ihm) als Fortgeschrittenen* und *mir (dir, ihm) als Fortgeschrittenem; ihr als Fortgeschrittenen* und *ihr als Fortgeschrittener.*

Fotograf
Das Hauptwort *Fotograf* erhält – außer im Werfall – die Endung *-en: der Fotograf, des Fotografen* (**nicht:** *des Fotografs*), *dem Fotografen* (**nicht:** *dem Fotograf*), *den Fotografen* (**nicht:** *den Fotograf*), Mehrzahl: *die Fotografen.*

Fragebogen
Die Mehrzahl von *Fragebogen* lautet *die Fragebogen* oder *die Fragebögen.* Vor allem in Süddeutschland, Österreich und der Schweiz ist *die Fragebögen* gebräuchlich.

fragen
Die Formen des regelmäßigen Verbs lauten *fragen, fragte, gefragt.* Die ursprünglich niederdeutsche Form *frug,* die im 19. Jahrhundert vorübergehend auch in der Literatur häufiger auftrat, ist heute nur noch selten – vor allem landschaftlich – in Gebrauch. Dasselbe gilt für die Formen *frägst* und *frägt:* Auch sie sind standardsprachlich nicht richtig.

Frau
1. Frau + Name: In der Verbindung *Frau* + Name beugt man im Wesfall den Namen (d. h., er erhält die Endung -s): *Frau Meyers Tochter, Frau Müllers Schreiben* usw. Nicht gebeugt wird er, wenn ein Geschlechtswort (Artikel) vorangestellt ist: *die Tochter der Frau Meyer.* Auch bei *seitens,* das vor allem in der Amtssprache gebräuchlich ist, bleibt der Name in der Regel ungebeugt: *Seitens Frau Meyer wurden keine Bedenken erhoben.*

2. Frau Rechtsanwalt oder Frau Rechtsanwältin usw.: Im offiziellen Sprachgebrauch verwendet man in der Anrede *Frau Doktor* (seltener: *Frau Doktorin*), dagegen überwiegend *Frau Professorin* (auch noch *Frau Professor*). Bei sonstigen Titeln, bestimmten Funktions- oder Berufsbezeichnungen besteht dagegen die Neigung, die weiblichen Formen zu benutzen, da dies von vielen Frauen selbst so gewünscht wird (z. B. *Frau Bundeskanzlerin, Frau Staatssekretärin, Frau Rechtsanwältin*). Manchmal sind nur die weiblichen Formen üblich (z. B. *Frau Kammersängerin*). Es ist heute nicht nur ein Gebot der Höflichkeit, sondern auch der Gleichbehandlung von Mann und Frau, Frauen mit den weiblichen Formen anzusprechen.

Nur noch gelegentlich stellt man zur besonderen Kennzeichnung des Geschlechts einem akademischen Grad oder einer Berufsbezeichnung die nähere Bestimmung *weiblich* voran: *Sie war der erste weibliche Minister, der erste weibliche Ministerpräsident ihres Landes.*

fremdsprachig oder **fremdsprachlich**
Das Eigenschaftswort *fremdsprachig* bedeutet »sich in einer fremden Sprache bewegend«: *fremdsprachige Bevölkerungsteile, Literatur, Wörterbücher.* Das Eigenschaftswort *fremdsprachlich* bedeutet »eine fremde Sprache betreffend«: *Der muttersprachliche Unterricht findet im Raum 106 statt, der fremdsprachliche im Sprachlabor.* Außerdem gebraucht man *fremdsprachlich* im Sinne von »zu einer fremden Sprache gehörend, daraus stammend«: *fremdsprachliche Wörter im Deutschen.*

früh
Bei der Nennung eines Wochentages in Verbindung mit der zeitlichen Angabe *früh* schreibt man *früh* **immer getrennt** vom Wochentagsnamen: *Dienstag früh, am Sonntag früh.* Ebenso: *gestern früh, heute früh, morgen früh.*

Fülle
Im Allgemeinen bezieht man das Zeitwort auf *Fülle* und setzt es in die Einzahl: *Eine Fülle von Modellen ist zu besichtigen, wurde angeboten, befand sich noch im Lager.* Gelegentlich wird das Zeitwort aber nicht auf *Fülle,* sondern auf das Gezählte bezogen und in die Mehrzahl gesetzt (d. h., man konstruiert nach dem Sinn): *Eine Fülle von Modellen sind zu besichtigen, wurden angeboten, befanden sich noch im Lager.* Beides ist richtig.

für oder **gegen**
Die Verwendung von *für* in Beispielen wie *ein Mittel für den Husten* ist heute umgangssprachlich. Standardsprachlich verwendet man *gegen: Ich brauche ein Mittel gegen den Husten.*

für 25 Jahre treue Mitarbeit / treuer Mitarbeit
Beide Formulierungen sind richtig. Die zweite Form *(... treuer Mitarbeit)* klingt gehobener als die erste.

G

gäbe oder **gebe**
Beide Formen sind Möglichkeitsformen (Konjunktive) des Zeitwortes *geben.* Die Form *gebe* steht vor allem in der indirekten Rede: *Sie sagte, es gebe keine andere Möglichkeit. Sie fragte, was es zu essen gebe.* Auch *gäbe* kann in der indirekten Rede auftreten, z. B., wenn die Form *gebe* nicht eindeutig als Möglichkeitsform erkennbar ist: *Er sagte, sie gäben* (für nicht eindeutiges *geben*) *ein Fest.* Oder auch, wenn der Sprecher das, was er berichtet, für zweifelhaft hält: *Sie sagte zwar, es gäbe keine andere Möglichkeit[, aber ich glaube es nicht].* Sonst steht *gäbe* vor allem in Bedingungssätzen: *Wenn es eine andere Möglichkeit gäbe, wäre ich sofort bereit. Gäben meine Eltern mir das Geld, könnte ich verreisen.*

ganz
1. als Ganzes: Um etwas in seiner Gesamtheit, um die natürliche Einheit einer Sache auszudrücken, verwendet man heute das Hauptwort *das Ganze.* Es heißt also: *die Schule als Ganzes* (**seltener:** *die Schule als ganze,* unvollständig für: *... als ganze Schule*). Hierbei richtet sich *das Ganze* in der Beugung nach seinem Bezugswort, sodass es z. B. im Wemfall heißen muss: *von der Schule als Ganzem* (**nicht:** *als Ganzes*).

2. die ganzen / alle Kinder: In der gesprochenen Sprache verwenden viele Sprecher *ganze* anstelle von *alle* (*die ganzen Kinder, Bewohner, Fußgänger* usw.). **Richtig** ist: *alle Kinder, Bewohner, Fußgänger* usw.

geboren
1. Komma: Den Geburtsnamen, der dem Familiennamen eines Ehepartners mit der Abkürzung *geb.* hinzugefügt wird, fasst man heute gewöhnlich als Bestandteil des Namens auf und schließt ihn ohne Komma

an. Er kann aber auch als nachgestellter Beisatz (Apposition) behandelt und mit Komma abgetrennt werden: *Frau Ira Schneider geb. Kühn wurde als Zeugin vernommen.* Oder: *Frau Ira Schneider, geb. Kühn, wurde als ...* Auf gleiche Weise sind die mit *verh.* (=verheiratet[e]), *verw.* (=verwitwet[e]), *gesch.* (=geschieden[e]) angeschlossenen Zusätze zu behandeln. Zwei oder mehrere nachgestellte Namen trennt man immer mit Komma ab: *Frau Ira Schneider, geb. Kühn, verw. Schulz, wurde als Zeugin vernommen.*

2. ich bin/wurde geboren: Beide Formen sind möglich: In (ausführlichen) Lebensläufen verwendet man gewöhnlich *ich wurde geboren,* weil damit außer der Angabe des Ortes auch noch andere Angaben gemacht werden können. *Am 1. Juni 1960 wurde ich als zweites Kind von ... in Berlin geboren.* Dagegen kann man bei *ich bin geboren* nur den Ort angeben, also: *Ich bin in Berlin geboren,* aber **nicht:** *Ich bin am 1. Juni 1960 in Berlin geboren* oder: *Ich bin als zweites Kind von ... geboren.*

3. geboren oder gebürtig: Es heißt: *geboren in München,* aber *gebürtig aus München,* wobei *gebürtig* die Bedeutung »stammend aus« hat. Wer also in München lebt und auch dort geboren ist, ist im Unterschied zu dem in München lebenden, aber dort nicht geborenen Münchner ein *geborener* Münchner. Wer in München geboren ist, aber nicht mehr dort lebt, ist ein *gebürtiger* Münchner.

gebrauchen oder **brauchen**

In richtigem Deutsch hat *gebrauchen* ausschließlich die Bedeutung »verwenden, benutzen«: *einen Hammer gebrauchen; ein gebrauchtes Auto.* Auch das Wort *brauchen* kann in dieser Bedeutung vorkommen: *seine Ellenbogen, seinen Verstand brauchen.* Das Zeitwort *brauchen* kann aber auch »nötig haben« bedeuten. Diese Bedeutung hat *gebrauchen* nicht. Es kann also nur heißen: *Ich brauche* (**nicht:** *gebrauche*) *noch etwas Geld zum Ankauf des Grundstückes. Ich brauche* (**nicht:** *gebrauche*) *einen neuen Wintermantel.* In Verbindung mit *können* lassen sich beide Wörter unterschiedslos verwenden: *Das kann ich gut gebrauchen* oder *brauchen.*

gegeben

Gebraucht man *gegeben* als Hauptwort, dann muss man es **großschreiben:** *Er nahm das Gegebene gern.* Dies gilt auch für die feste Verbindung *das Gegebene sein* (= am besten, das Nächstliegende sein).

gegenüber

Das Verhältniswort (die Präposition) *gegenüber* hat den Wemfall, nicht den Wesfall nach sich: *gegenüber dem Bahnhof* (**nicht:** *des Bahnhofs*). Bei Ortsnamen kann man nach *gegenüber* auch mit *von* anschließen: *Gegenüber von Mannheim liegt Ludwigshafen.* In der Umgangssprache wird auch in anderen Fällen mit *von* angeschlossen. Dies sollte man in der Hochsprache vermeiden (also **nicht:** *gegenüber vom Bahnhof*).

Gehalt

Gehalt in der Bedeutung »Arbeitsentgelt, Besoldung« ist ein sächliches Hauptwort: *das Gehalt,* Mehrzahl: *die Gehälter.* In der Bedeutung »Inhalt, Wert« ist *Gehalt* ein männliches Hauptwort: *der Gehalt,* Mehrzahl: *die Gehalte.*

gehörend oder **gehörig**

Das Wort *gehörend* ist das Mittelwort der Gegenwart (1. Partizip) zu *gehören: die mir gehörenden* (**nicht:** *gehörigen*) *Bücher; die in den Schrank gehörende* (**nicht:** *gehörige*) *Wäsche.* Dagegen ist *gehörig* ein Eigenschaftswort und bedeutet entweder »gebührend« *(jemandem den gehörigen Respekt erweisen)* oder »beträchtlich« *(eine gehörige Portion Sahne).*

gemäß
Das Verhältniswort (die Präposition) *gemäß* wird mit dem Wemfall, nicht mit dem Wesfall verbunden und steht meist nach, seltener vor dem Hauptwort, auf das es sich bezieht: *ihrem Wunsch* (**nicht:** *ihres Wunschs*) *gemäß*, seltener: *gemäß ihrem Wunsch.*

genannt
Ein Eigenschaftswort, das auf *genannt* folgt, erhält die gleichen Endungen wie *genannt* selbst: *die genannten neuen Bücher; genanntes neues Buch; mit genannter weiblicher Person; bei genanntem älterem* (hier auch möglich: *älteren*) *Kollegen.*

geschäftig oder **geschäftlich**
Das Eigenschaftswort *geschäftig* bedeutet »unentwegt tätig«: *geschäftiges Treiben; geschäftig hin und her laufen.* Dagegen bedeutet *geschäftlich* »das Geschäft betreffend, dienstlich«: *geschäftlich unterwegs sein. Sie hat geschäftlich hier zu tun.*

Geschäftsmann
Die Mehrzahl von *Geschäftsmann* lautet *die Geschäftsleute.*

geschähe oder **geschehe**
Beide Formen sind Möglichkeitsformen (Konjunktive). Die Form *geschehe* steht vor allem in der indirekten Rede: *Er fragte sie, wann es geschehe.* Auch *geschähe* kann in der indirekten Rede auftreten, z. B., wenn die Form *geschehe* nicht eindeutig als Möglichkeitsform erkennbar ist: *Er sagte, solche Verbrechen geschähen* (für nicht eindeutiges *geschehen*) *häufiger.* Auch in Vergleichssätzen wie den folgenden kann *geschähe* gebraucht werden: *Sie tat, als geschähe ihr ein großes Unglück. Er benahm sich, als geschähe ihm das zum ersten Mal.* Sonst steht *geschähe* vor allem in Bedingungssätzen: *Er würde sofort abreisen, wenn es doch geschähe.*

gesetzt
In der festen Verbindung *gesetzt den Fall* darf nur der Wenfall, nicht der Werfall stehen: *Gesetzt den Fall* (**nicht:** *der Fall*)*[,] es machte mir jemand ein Angebot ...*

Gewähr leisten oder **gewährleisten**
Bei *Gewähr leisten* wird mit *für* angeschlossen: *Ich leiste Gewähr für Ihre Sicherheit. Man leistet Gewähr dafür, dass ...* Demgegenüber steht *gewährleisten* ohne *für*: *Ich gewährleiste Ihre Sicherheit. Man gewährleistet, dass ...*

gewesen
Die drei Vergangenheitsformen des Zeitwortes *sein* lauten: *ich war; ich bin gewesen; ich war gewesen,* so z. B.: *Ich war krank; ich bin krank gewesen; ich war krank gewesen.*

In der gesprochenen Sprache verwendet man besonders in Süddeutschland aber *gewesen* auch in Verbindung mit Zeitwörtern: *Ich bin eingeschlafen gewesen. Ich war eingeschlafen gewesen.* Diese Verwendung ist **nicht richtig.** Es muss heißen: *Ich war eingeschlafen. Als es geklingelt hatte, war ich schon längst eingeschlafen.*

gewiss
Ein Eigenschaftswort oder Mittelwort (Partizip), das auf *gewiss* folgt, erhält (auch wenn es zum Hauptwort geworden ist) die gleiche Endung wie *gewiss* selbst: *gewisse notwendige Einrichtungen, die Wünsche gewisser Kranker, bei gewissen national gesinnten Kreisen.*

gewohnt oder **gewöhnt**
Die Fügung *etwas gewohnt sein* bedeutet »eine bestimmte Gewohnheit haben«: *Ich bin gewohnt, früh aufzustehen.* Die Fügung *an etwas gewöhnt sein* hat die Bedeutung »mit etwas Bestimmtem durch Gewöhnung vertraut sein«: *Ich bin an das frühe Aufstehen gewöhnt. Ich bin daran gewöhnt, dass er immer zu spät kommt.*

gleichzeitig oder **zugleich**
Das Eigenschaftswort *gleichzeitig* bedeutet eigentlich nur »zur gleichen Zeit« *(Sie redeten gleichzeitig)*, während *zugleich* darüber hinaus – ohne zeitliche Komponente – »in gleicher Weise, ebenso, auch noch« bedeutet: *Diesen Teller können Sie zugleich als Untersatz verwenden.* Im heutigen Sprachgebrauch findet sich aber auch *gleichzeitig* öfter in dieser nicht zeitlichen Bedeutung: *Das Rauchertischchen ist gleichzeitig ein Schachspiel.* Stilistisch besser ist jedoch: *Das Rauchertischchen ist zugleich ein Schachspiel.*

GmbH
1. **Beugung:** Grundsätzlich ist es nicht notwendig, die Abkürzung *GmbH* mit Beugungsendungen zu versehen. Es empfiehlt sich aber, ein -s in der Mehrzahl anzufügen, wenn eine Verwechslung mit der Einzahl möglich ist: *das Stammkapital der GmbH* (Einzahl) und *das Stammkapital der GmbHs* (Mehrzahl).

2. ***GmbH* in Firmennamen:** Tritt *GmbH* in Firmennamen auf, dann ist die Abkürzung Bestandteil des Namens und wird **nicht** durch ein Komma abgetrennt. Steht bei einem solchen Firmennamen ein Geschlechtswort (Artikel), dann richtet sich dieses meistens nicht nach dem Namensbestandteil *GmbH.* Es heißt also z. B.: *das deutsche Reiseunternehmen GmbH; mit den Vereinigten Stahlwerken GmbH.* Dagegen heißt es *Bilanz der Vereinigten Stahlwerke GmbH,* weil hier *GmbH* das Grundwort des Firmennamens ist. Allerdings sollte man dann die Abkürzung besser ausschreiben: *Bilanz der Vereinigten Stahlwerke-Gesellschaft mbH.*

grob
Die Steigerungsformen von *grob* lauten *gröber, gröbste* (**nicht:** *grober, grobste*).

groß
Wird das Eigenschaftswort *groß* als Hauptwort gebraucht, dann schreibt man es **groß:** *die Großen und die Kleinen, Große und Kleine; im Großen wie im Kleinen treu sein; etwas, nichts, viel, wenig Großes.* Dies gilt auch für die folgenden festen Verbindungen: *im Großen [und] Ganzen, im Großen und im Kleinen betreiben; im Großen* (= en gros) *einkaufen, Groß und Klein* (= jedermann); *um ein Großes* (= viel, sehr) *verteuert; der Größte von allen.*

Großteil
Richtig ist *der Großteil:* Es heißt also: *Die Einnahmen deckten einen* (**nicht:** *ein*) *Großteil der Kosten.* Das Gleiche gilt für *Bruchteil.*

größtmöglich
Da das Eigenschaftswort *größtmöglich* bereits eine höchste Steigerungsstufe *(größt...)* enthält, ist es nicht mehr steigerbar: *in größtmöglicher* (**nicht:** *größtmöglichster*) *Eile.*

grundsätzlich
Das Eigenschaftswort *grundsätzlich* hat zwei Bedeutungen: 1. Bedeutung: »einem Grundsatz entsprechend, ihn betreffend; ohne Ausnahme«: *Es ist grundsätzlich* (=ohne Ausnahme) *verboten, auf dem Schulhof zu rauchen.* 2. Bedeutung: »im Großen und Ganzen, meist, eigentlich, im Allgemeinen« (oft in Verbindung mit einschränkendem *aber*): *Ich habe grundsätzlich [zwar] nichts dagegen, möchte aber darauf hinweisen, dass ... Ich bin grundsätzlich auch dafür, will aber nicht verschweigen, dass Schwierigkeiten zu überwinden sind. Dagegen ist grundsätzlich nichts zu sagen, wenn die anderen einverstanden sind.* Eine Rolle spielt im Übrigen auch die Betonung des Wortes: *Ich habe grundsätzlich nichts dagegen* kann heißen »Ich habe im Großen und Ganzen nichts dagegen, gewisse Vorbe-

halte sind jedoch nicht ausgeschlossen« (Betonung: *grundsätzlich*). Es kann aber auch bedeuten »Ich habe prinzipiell, aus Grundsatz nichts dagegen, z. B. um mir keinen Ärger zu machen« (Betonung: *grundsätzlich*).

gut

1. gut für/gegen: Die Verwendung von *für (Das Mittel ist gut für den Husten)* ist umgangssprachlich. Standardsprachlich verwendet man *gegen: Das Mittel ist gut gegen den Husten.*

2. Seien Sie so gut: Diese Höflichkeitsformel ist **richtig. Falsch** ist: *Sind Sie so gut und ...*

gutschreiben

Nach *gutschreiben auf* kann sowohl der Wenfall (Frage: wohin?) als auch der Wemfall (Frage: wo?) stehen. Der Wemfall ist seltener: *Wir werden den Betrag auf Ihr,* seltener: *auf Ihrem Konto gutschreiben.*

H

habe oder **hätte**

Beide Formen sind Möglichkeitsformen (Konjunktive) des Zeitwortes *haben.* Die Form *habe* steht vor allem in der indirekten Rede: *Sie sagte, sie habe wenig Zeit. Sie fragte, ob er schon gegessen habe.* Auch *hätte* kann in der indirekten Rede stehen. Dies ist zum einen dann der Fall, wenn *habe* nicht eindeutig als Möglichkeitsform erkennbar ist, d.h., wenn es in dem jeweiligen Satz mit der Wirklichkeitsform (dem Indikativ) übereinstimmt: *Ich sagte, ich hätte* (für nicht eindeutiges *habe*) *ihn nicht gesehen.* Zum anderen steht *hätte* statt *habe* in bestimmten Vergleichssätzen: *Er tat, als hätte er nichts gehört. Es hat den Anschein, als hätten wir morgen besseres Wetter.* Sonst steht *hätte* vor allem in Bedingungssätzen: *Wenn ich das gewusst hätte, wäre ich früher gekommen. Hätte er das gesehen, wäre er sicher wütend geworden.*

halb

Nach *alle* (= jede) kann man *halb* in der Mehrzahl auf zweierlei Weise beugen: *alle halbe Stunden* oder *alle halben Stunden* (in der Einzahl: *alle halbe Stunde*), *alle halbe Meter* oder *alle halben Meter.* In bestimmten formelhaften Verbindungen braucht *halb* nicht gebeugt zu werden: *ein halb Dutzend* oder *ein halbes Dutzend.*

halber

Das Verhältniswort (die Präposition) *halber* wird mit dem Wesfall verbunden und steht immer nach dem Hauptwort, auf das es sich bezieht: *des guten Beispiels halber, der politischen Umstände halber.*

halbjährig oder **halbjährlich**

Das Eigenschaftswort *halbjährig* bedeutet entweder »ein halbes Jahr alt« oder »ein halbes Jahr dauernd«. Eine *halbjährige Kündigung* ist also eine Kündigungsfrist, die auf ein halbes Jahr festgesetzt ist. *Halbjährlich* bedeutet dagegen »alle halbe Jahre wiederkehrend, stattfindend«. Demnach besagt *halbjährliche Kündigung,* dass sich die Möglichkeit der Kündigung jedes halbe Jahr ergibt. Das Gleiche gilt für *vierteljährig* bzw. *vierteljährlich.*

Hälfte

Im Allgemeinen bezieht man das Zeitwort auf *Hälfte* und setzt es in die Einzahl: *Die Hälfte der Bücher lag auf dem Boden, wurde verkauft, ist zerfleddert.* Gelegentlich wird das Zeitwort aber nicht auf *Hälfte,* sondern auf das Gezählte bezogen und in die Mehrzahl gesetzt (d.h., man konstruiert nach dem Sinn): *Die Hälfte der Bücher lagen auf dem Boden, wurden verkauft, sind zerfleddert.* Beides ist richtig.

Hand nehmen, *an die*

Üblich ist nur der Wenfall *(jemanden an die Hand nehmen).* Es kann auch heißen *je-*

manden bei der Hand nehmen, unüblich ist aber der Wemfall nach *an* (**nicht:** *jemanden an der Hand nehmen*).

Handel, handeln

Nach dem Hauptwort *Handel* schließt man ebenso wie nach dem Zeitwort *handeln* gewöhnlich mit dem Verhältniswort (der Präposition) *mit* an: *der Handel mit Textilien; handeln mit Textilien.* In der Kaufmannssprache steht manchmal auch das Verhältniswort *in: der Handel in Textilien; handeln in Textilien.*

hinnehmen

Nach *hinnehmen* kann das folgende Eigenschaftswort oder Hauptwort mit *als* oder auch mit *wie* angeschlossen werden (wobei sich die Aussage etwas ändert). Der Anschluss mit *für* ist veraltet: *etwas als selbstverständlich,* auch: *wie selbstverständlich* (veraltet: *für selbstverständlich*) *hinnehmen.*

hinsichtlich

Das Verhältniswort (die Präposition) *hinsichtlich* steht üblicherweise mit dem Wesfall: *hinsichtlich seines Briefes, hinsichtlich des Angebotes, der Preise.* Nur in der Mehrzahl weicht man bei allein stehenden Hauptwörtern auf den Wemfall aus: *hinsichtlich Angeboten und Preisen.* Aber: *hinsichtlich der Angebote, hinsichtlich Ihrer Preise.*

höchstens

Man kann sagen: *Das trifft in höchstens drei Fällen zu* oder: *Das trifft höchstens in drei Fällen zu.* Im ersten Satz liegt die Betonung stärker auf der Anzahl *(höchstens drei)* als im zweiten Satz. Beides ist richtig.

höchstens nur

Die Verwendung von *höchstens nur* ist **nicht** richtig. Da die Wörter *höchstens* und *nur* – trotz inhaltlicher Berührungen – Unterschiedliches ausdrücken, ist jeweils nur eines von beiden richtig in einem Satz: Je nachdem, was man zum Ausdruck bringen will, kann es also heißen: *Es waren höchstens* (= keinesfalls mehr als) *10 Leute gekommen.* Oder: *Es waren nur* (= bedauerlicherweise nicht mehr als) *10 Leute gekommen.* Aber **nicht:** *Es waren höchstens nur 10 Leute gekommen.* Auch in einem Zusammenhang, in dem die beiden Wörter sich inhaltlich stärker gleichen oder dieselbe Bedeutung haben, darf nur eines von beiden stehen: *Er geht nicht aus, nur gelegentlich ins Kino.* Oder: ... *höchstens gelegentlich ins Kino.* Aber **nicht:** ... *höchstens nur ins Kino.*

höchstmöglich

Da das Eigenschaftswort *höchstmöglich* bereits eine höchste Steigerungsstufe *(höchst...)* enthält, ist es nicht mehr steigerbar: *die höchstmögliche* (**nicht:** *höchstmöglichste*) *Punktzahl.*

hoffen

Wenn das Zeitwort *hoffen* mit einer Wortgruppe, die die Grundform eines anderen Zeitwortes enthält, verbunden ist (Infinitivgruppe), dann kann man ein Komma setzen, um die Gliederung des Satzes deutlich zu machen oder um Missverständnisse auszuschließen: *Wir hoffen sehr die Kinder am Montag zu sehen.* Oder: *Wir hoffen sehr, die Kinder am Montag zu sehen.* Beides ist richtig.

I

ich, der ich mich oder ich, der sich ...

Beide Formen sind möglich und grammatisch richtig: *Ich, der ich mich immer um ein gutes Verhältnis bemüht habe ...* Oder: *Ich, der sich immer um ein gutes Verhältnis bemüht hat ... Ich, die ich mich immer um ein gutes Verhältnis bemüht habe ...* Oder: *Ich, die sich immer um ein gutes Verhältnis bemüht hat ...*

ideal oder **ideell**
Das Eigenschaftswort *ideal* bedeutet »vollkommen, musterhaft«: *ein idealer Partner, ideale Voraussetzungen, die ideale Waschmaschine. Diese Waschmaschine ist ideal.* Das Eigenschaftswort *ideell* bedeutet dagegen »auf einer Idee beruhend, geistig«: *ideelle Ziele, Bedürfnisse, die ideelle Grundlegung eines Systems. Es geht hier um ideelle, nicht um materielle Werte.*

ihrerseits, ihresgleichen, ihrethalben, ihretwegen, ihretwillen
Beziehen sich diese Wörter auf eine mit *Sie* anzuredende Person, dann werden sie großgeschrieben: *Sie Ihrerseits dürften das nicht tun. Wir teilen Ihnen mit, dass wir die Bücher Ihrethalben nicht verkauft haben. Für Ihresgleichen müsste das eine Kleinigkeit sein.*

Ihretwegen oder **wegen Ihnen**
In der Umgangssprache ersetzen viele Sprecher *Ihretwegen* durch *wegen Ihnen. Ich habe das nur wegen Ihnen getan.* Richtig ist: *Ich habe das nur Ihretwegen getan.*

im Falle, dass / im Falle dass
Bei diesen Wortverbindungen kann die Kommasetzung unterschiedlich sein: *Ich komme nur, im Falle dass ich eingeladen werde.* Oder: *Ich komme nur im Falle, dass ich eingeladen werde.*

in
1. in Blau usw.: Eine Farbbezeichnung in Verbindung mit *in* schreibt man groß: *in Blau, in Grün,* ebenso: *in Hell, in Matt.*

2. in 2006: Die Form *in* + Jahreszahl stammt aus dem Englischen. Im Deutschen steht die Jahreszahl ohne vorangehendes *in* oder aber in der Fügung *im Jahre* + Jahreszahl. *Wir wollen 2006* (oder: *im Jahre 2006*) *dieses Ziel erreichen.*

in oder **im**
Man kann sowohl sagen: *Die Firma ist seit 1830 in Familienbesitz* als auch: *... im Familienbesitz.* Ebenso: *Sie ist in Urlaub* oder: *Sie ist im Urlaub.*

in oder **nach**
Wenn man diese Verhältniswörter (Präpositionen) in Verbindung mit Ortsangaben und Ländernamen verwendet, um die Richtung (auf die Frage: wohin?) anzugeben, sind Unterschiede zu beachten. Das Verhältniswort *in* steht bei Hauptwörtern und Ländernamen, die ein Geschlechtswort (den Artikel *der, die* oder *das*) bei sich haben: *in den Wald, ins Stadion gehen, in die Stadt fahren, in die Schweiz reisen, in die USA fliegen.* Vor Orts- und Ländernamen, die kein Geschlechtswort bei sich haben, steht *nach: nach Berlin, nach Frankreich fahren, nach Österreich reisen.*

in Bälde
Statt dieser Fügung, die besonders in der Amtssprache auftritt, sollte man das einfache *bald* verwenden: *Er wird bald* (**nicht:** *in Bälde*) *hier sein.*

in Beantwortung, in Erwartung
Fügungen dieser Art gehören der Verwaltungs- und Kaufmannssprache an: *In Beantwortung Ihres Schreibens vom 15.03.2010 teilen wir Ihnen mit, ... In Erwartung Ihrer Zusage verbleiben wir ...* Stilistisch besser ist z. B.: *Wir erwarten Ihre Zusage und ...* oder: *Wir hoffen, dass sie zusagen, und ...* Auf keinen Fall sollten wesentliche Mitteilungen auf diese Weise zur Nebensache gemacht werden, also **nicht:** *In Ablehnung Ihres Gesuches teilen wir Ihnen mit ...,* sondern etwa: *Wir mussten Ihr Gesuch leider ablehnen. Sie können aber ...*

in der Annahme/Erwartung/Hoffnung, dass ...
In Fügungen dieser Art steht vor *dass* immer ein Komma: *In der Annahme, dass du am Wochenende kommst, habe ich ein Zimmer bestellt. Ich habe in der Erwartung, dass du am Wochenende kommst, ein Zimmer bestellt.*

in einem Fall wie diesem / wie dieser
Beide Formulierungen sind richtig. Entweder man bezieht das Wort *dieser* unmittelbar auf das Wort *Fall,* und beide stehen im Wemfall: *in einem Fall wie diesem.* Oder man sieht *wie dieser* als Verkürzung eines Nebensatzes an, der vollständig etwa lauten würde: *wie dieser es ist.*

in etwa
Die Fügung *in etwa* im Sinne von »ungefähr« kann nicht (wie *ungefähr* selbst) bei Zahlenangaben stehen. Also **nicht:** *Das Gespräch dauerte in etwa drei Stunden. Sie waren in etwa 40 km vom nächsten Ort entfernt.* In diesen Fällen ist nur *ungefähr* oder ein einfaches *etwa* möglich. Dagegen ist die Fügung *in etwa* in Verbindung mit entsprechenden Zeitwörtern richtig. Sie hat die Bedeutung »ungefähr, mehr oder weniger, in gewisser Hinsicht« und drückt stärker als *ungefähr* oder *etwa* eine Einschränkung, einen Vorbehalt aus: *Die Angaben der Zeugen stimmten in etwa überein. Das ist in etwa das, was ich auch sagen wollte.*

in Gänze, zur Gänze
Die beiden Fügungen sind besonders in gehobener Sprache üblich. Sie lassen sich in den meisten Fällen durch einfaches *ganz* oder *gänzlich* ersetzen.

in Kraft treten, in Kraft sein
In Fügungen dieser Art schreibt man *in Kraft* immer getrennt (und *Kraft* groß): *Die Verfügung tritt sofort in Kraft. Seit heute ist das Gesetz in Kraft.*

in Kürze
Dies ist die richtige Schreibung. Stilistisch besser ist jedoch *bald* oder *demnächst.*

in was oder **worin/worein**
Vor allem in der Umgangssprache ersetzen viele *worin* und *worein* durch *in was: In was besteht der Unterschied? Ich frage mich, in was du den Wein aufbewahren, in was du den Wein füllen willst.* Stilistisch besser sind *worin* und *worein: Worin besteht der Unterschied? Ich frage mich, worin du den Wein aufbewahren, worein du den Wein füllen willst.*

indem
1. Komma: *Indem* leitet einen Nebensatz ein, der **immer** durch Komma abgetrennt wird: *Indem er sprach, öffnete sich die Tür. Er trat zurück, indem er erblasste. Er ordnete, indem er das sagte, die Blumen.*

2. indem / dadurch[,] dass / weil: Man kann *indem* im Sinne von »dadurch[,] dass« gebrauchen (man darf dabei nur nicht den Fehler machen, wie es in der Umgangssprache öfter geschieht, *indem[,] dass* zu sagen). Richtig ist also: *Man ehrte die Autorin, indem man sie in die Akademie aufnahm.* Dagegen kann man *indem* nicht für *weil* einsetzen: *Weil* (**nicht:** *indem*) *er eine Magenverstimmung hatte, konnte er nicht teilnehmen.*

infolge
Nach *infolge* steht üblicherweise der Wesfall: *infolge schlechten Wetters; infolge Versagens der Bremsen.* Wo dieser Wesfall nicht deutlich erkennbar wird, wie z. B. in der Mehrzahl (*die Fehler,* Wesfall: *der Fehler*), wählt man besser die Konstruktion mit *von: infolge von Materialfehlern.*

inklusive
Anstelle von *einschließlich* findet sich im geschäftlichen Bereich häufig *inklusive,* und wie nach *einschließlich* steht auch nach *inklusive* normalerweise der Wesfall: *inklusive aller Versandkosten, inklusive des Portos, inklusive der erwähnten Gläser.* Steht aber das abhängige Hauptwort allein, also ohne ein Begleitwort, dann bleibt es in der Einzahl im Allgemeinen ungebeugt: *inklusive Porto, inklusive Behälter.* In der Mehrzahl aber weicht man bei allein stehenden Hauptwörtern auf den Wemfall aus: *inklusive Gläsern, inklusive Behältern.*

innerhalb
Nach *innerhalb* steht üblicherweise der Wesfall: *innerhalb des Hauses, innerhalb dreier Monate, innerhalb Berlins.* Bei Orts- und Ländernamen kann man auch *innerhalb von* verwenden: *innerhalb von Berlin, innerhalb von Bayern.* In der Mehrzahl jedoch weicht man dann auf den Wemfall aus, wenn der Wesfall nicht eindeutig erkennbar ist, sondern mit dem Werfall und dem Wenfall übereinstimmt: *innerhalb fünf Monaten* (**nicht:** *Monate;* **aber:** *innerhalb mehrerer Monate*). Der Wemfall wird auch dann gesetzt, wenn man dadurch das Nebeneinanderstehen zweier Hauptwörter im Wesfall vermeiden kann: *innerhalb meines Bruders neuen Hauses, innerhalb des neuen Hauses meines Bruders.* Dafür: *innerhalb meines Bruders neuem Haus.*

insofern
1. insofern – als: Richtig ist nur *insofern – als* und **nicht,** wie es besonders in der gesprochenen Sprache häufig heißt, *insofern – dass* oder *insofern – weil: Er hatte insofern einen richtigen Instinkt bewiesen, als* (**nicht:** *dass*) *er schon zwei Tage vorher darauf hinwies. Er hat insofern unklug gehandelt, als* (**nicht:** *weil*) *er zu voreilig war.*

2. Komma: Zwischen *insofern* und *als* kann ein Komma stehen, wenn *insofern – als* nicht als Einheit angesehen wird: *Er hatte einen richtigen Instinkt bewiesen, insofern, als er schon zwei Tage vorher darauf hinwies.* Das Komma muss aber nicht stehen, wenn *insofern* und *als* als Einheit empfunden werden: *Er hat unklug gehandelt, insofern als er zu voreilig war.* Wenn *als* ganz wegfällt, leitet *insofern* den Nebensatz ein, der durch Komma abgetrennt wird: *Er hat unklug gehandelt, insofern er zu voreilig war.*

instand oder **in Stand**
In Verbindung mit einem Zeitwort schreibt man *instand / in Stand* immer **getrennt:** *Er hat die Maschine instand /in Stand gesetzt. Er hat den Auftrag, den Garten instand / in Stand zu halten.* Die Verbindung mit einem Mittelwort (Partizip) als Beifügung zu einem Hauptwort kann getrennt oder zusammengeschrieben werden: *der instand / in Stand zu setzende* oder *instandzusetzende Motor.*

Interesse
Es heißt **richtig:** *Interesse an* oder *Interesse für* (**nicht:** *Interesse nach* oder *Interesse auf*). Also: *Bei Interesse an diesen Artikeln fordern Sie bitte Prospekte an.* Oder: *Bei Interesse für diese Artikel ...* (**aber nicht:** *Bei Interesse nach diesen Artikeln ...* oder: *Bei Interesse auf diese Artikel ...*).

investieren
Nach *investieren in* kann sowohl der Wenfall als auch der Wemfall stehen. Wenfall: *Er hat sein Geld in das Unternehmen investiert.* Hier bedeutet *investieren* »sein Geld in das Unternehmen hineinstecken«. Mit Wemfall: *Er hat sein Geld in dem Unternehmen investiert.* In diesem Fall hat *investieren* die Bedeutung »sein Geld in dem Unternehmen anlegen«. In der übertragenen Bedeutung »etwas auf jemanden oder auf etwas verwenden« wird *investieren in* nur mit dem Wenfall verbunden: *Er hat sein ganzes Gefühl in diese* (**nicht:** *dieser*) *Beziehung investiert. In die* (**nicht:** *der*) *Karriere investierte er seine ganze Kraft.*

irgendwelcher, irgendwelche, irgendwelches
Ein Eigenschaftswort oder Mittelwort (Partizip), das auf *irgendwelcher* usw. folgt, kann man (auch wenn es als Hauptwort gebraucht wird) auf zweierlei Weise beugen: *irgendwelcher alter* oder *alte Plunder, irgendwelches dummes* oder *dumme Zeug, mit irgendwelchem altem* oder *alten Plunder, von irgendwelcher tierischer* oder *tierischen Herkunft, irgendwelche kluge* oder *klugen Leute, die Meinung irgendwelcher*

kluger oder *klugen Leute; irgendwelches Gutes* oder *Gute, irgendwelche Abgeordnete* oder *Abgeordneten, die Meinung irgendwelcher Angestellter* oder *Angestellten.*

J

je

1. Beugung nach *je:* Nach dem Verhältniswort (der Präposition) *je* mit der Bedeutung »für, pro« steht der Wenfall: *Die Kosten betragen 15 € je beschäftigten Arbeiter.* Gelegentlich wird *je* auch wie ein Umstandswort (Adverb) gebraucht und hat dann keinen Einfluss auf die Beugung anderer Wörter: *Die Kosten betragen 15 € je beschäftigter Arbeiter.*

2. je ein: Bei Sätzen mit der Verbindung *je ein* darf das Zeitwort nur in der Einzahl stehen: *Je ein Exemplar wurde* (**nicht:** *wurden*) *an die Buchhandlungen geschickt.*

3. Komma bei *je – desto, je – umso* und *je – je:* Zwischen den mit *je* und *desto,* mit *je* und *umso* oder mit *je* und *je* verbundenen Sätzen oder Satzteilen steht **immer** ein Komma: *Je länger er sie kennt, desto mehr schätzt er sie. Er wird umso bescheidener, je älter er wird.* Bei Sätzen dieser Art steht *je je* nur noch selten. Geläufig ist es nur noch in kurzen Verbindungen: *je länger, je lieber. Wir sind je länger, je mehr von seiner Ehrlichkeit überzeugt.*

jeder, jede, jedes

1. jedes Monats / jeden Monats: Beide Formen des Wesfalls (in der Einzahl bei männlichen und sächlichen Hauptwörtern) sind richtig: *am 10. jedes* oder *jeden Monats, bar jedes* oder *jeden Einflusses, jedes* oder *jeden Tieres.* Steht aber vor *jeder* das unbestimmte Geschlechtswort (der unbestimmte Artikel) *ein,* dann heißt es nur *jeden: am 10. eines jeden Monats.* Folgt hingegen auf *jeder* noch ein Eigenschaftswort, dann darf es nur *jedes* heißen: *am 10. jedes neuen Monats.*

2. Beugung nach *jeder, jede, jedes:* Ein Eigenschaftswort oder Mittelwort (Partizip), das auf *jeder* usw. folgt, hat (auch wenn es als Hauptwort gebraucht wird) in allen Fällen, außer im Werfall, die Endung *-n* oder *-en: jeder weitere Versuch, die Rinde jedes alten Baumes, bei jedem schönen Buch; jeder Angestellte, ein jedes Seiende, die Meinung jedes Betroffenen, bei jedem Abgeordneten.*

3. jeder, der: Einen Nebensatz, der auf *jeder* bezogen ist, leitet man **nicht** mit *wer,* sondern mit *der* ein: *Jeder, der* (**nicht:** *wer*) *hierherkommt ...* Entsprechend auch: *Jedes Messer, das* (**nicht:** *was*) *sie in die Hand nimmt ...*

4. Jedes Haus und jeder Baum war/waren ihm vertraut: Bei Sätzen dieser Art steht das Zeitwort meist in der Einzahl: *Jeder Junge und jedes Mädchen bekommt einen Luftballon.* Die Mehrzahl ist jedoch auch möglich, aber seltener: *Jeder Junge und jedes Mädchen bekommen einen Luftballon.*

jemand

1. Beugung: Der Wesfall von *jemand* lautet *jemandes* oder *jemands.* Der Wemfall und der Wenfall können ungebeugt sein: *jemand* oder gebeugt, Wemfall: *jemandem,* Wenfall: *jemanden: Es war nichts, was jemand* oder *jemandem etwas bedeuten könnte.* Im Wenfall wird die ungebeugte Form oft vorgezogen: *Haben Sie jemand* (seltener: *jemanden*) *getroffen?*

2. jemand anders, jemand Fremdes: In Fügungen wie diesen (also *jemand* in Verbindung mit *anders* oder mit einem Eigenschaftswort, das als Hauptwort gebraucht wird) bleibt *jemand* meist ungebeugt: *Sie sprach von jemand* (selten: *jemandem*) *anders. Sie sprach mit jemand* (selten: *jemandem*) *Fremdes.* Die Fügungen können als Ganzes in allen Fällen unverändert stehen:

von jemand anders, an jemand anders, von jemand Fremdes, an jemand Fremdes. Das Eigenschaftswort, das als Hauptwort gebraucht wird, ist in solchen Fällen jedoch häufiger gebeugt: *mit jemand Fremdem, an jemand Fremden.*

Siehe auch »andere«, Punkt 3

3. jemand, der/die: Schließt sich an *jemand* ein Nebensatz an, der mit einem bezüglichen Fürwort (mit einem Relativpronomen) beginnt, dann wählt man standardsprachlich meist *der,* und zwar unabhängig davon, ob männliche oder weibliche Personen gemeint sind: Es kommt aber auch der Bezug auf das natürliche Geschlecht vor: *Ich kenne jemand, die das wissen müsste. Sie ist jemand, der gut rechnen kann.*

jener, jene, jenes

1. Beugung von *jener, jene, jenes:* Das Fürwort (Pronomen) *jener, jene, jenes* beugt man immer stark, d. h., es hat dieselben Endungen wie die Beugungsformen von *der, die, das: an jenem Tag* (wie: *an dem Tag*), *die Mutter jenes Kindes* (wie: *des Kindes*), *wegen jener Frau* (wie: *wegen der Frau*). Es heißt demnach: *Ich erinnere mich jenes Tages* (**nicht:** *jenen Tages*).

2. Beugung nach *jener, jene, jenes:* Das Eigenschaftswort, das auf *jener* usw. folgt, beugt man immer schwach, d. h., es hat in der Regel die Endung *-en: jenes alten Hutes, jenem alten* (**nicht:** *altem*) *Hut, von jenem schönen Buch, jenes hübsche Kleid, wegen jenes hübschen Kleides, jene hübschen Kleider.*

Journalist

Das Hauptwort *Journalist* erhält – außer im Werfall – die Endung *-en: der Journalist, des Journalisten* (**nicht:** *des Journalists*), *dem Journalisten* (**nicht:** *dem Journalist*), *den Journalisten* (**nicht:** *den Journalist*), Mehrzahl: *die Journalisten.*

Jubiläum

Im Grunde ist es falsch, von einem z. B. *vierzigjährigen Jubiläum* zu sprechen, weil damit eigentlich ausgedrückt wird, das Jubiläum sei vierzig Jahre alt. Diese Fügung hat sich jedoch so sehr eingebürgert, dass viele Sprecher sie nicht mehr als falsch empfinden. Besser ist es aber, stattdessen zu sagen: *das Jubiläum der vierzigjährigen Zugehörigkeit, des fünfundzwanzigjährigen Bestehens* u. Ä.

Jurist

Das Hauptwort *Jurist* erhält – außer im Werfall – die Endung *-en: der Jurist, des Juristen* (**nicht:** *des Jurists*), *dem Juristen* (**nicht:** *dem Jurist*), *den Juristen* (**nicht:** *den Jurist*), Mehrzahl: *die Juristen.*

K

Kandidat

Das Hauptwort *Kandidat* erhält – außer im Werfall – die Endung *-en: der Kandidat, des Kandidaten* (**nicht:** *des Kandidats*), *dem Kandidaten* (**nicht:** *dem Kandidat*), *den Kandidaten* (**nicht:** *den Kandidat*), Mehrzahl: *die Kandidaten.*

kassieren

Im Sinne von »Geld einziehen, einnehmen« steht *kassieren* mit dem Wenfall. Dabei kann es sich jedoch nur um Dinge, Sachen, nicht um Personen handeln: *Beträge, Miete o. Ä. kassieren.* Die Verbindung *jemanden kassieren* für *jemanden abkassieren* ist umgangssprachlich und sollte deshalb in der Standardsprache vermieden werden.

Kauffrau/Kaufmann

Die weibliche Entsprechung zu *Kaufmann* lautet offiziell *Kauffrau.* In der Mehrzahl heißen mehrere Kauffrauen und Kaufmänner *Kaufleute.*

kaum dass / kaum, dass
Die Fügung *kaum dass* leitet einen untergeordneten Nebensatz ein, der durch Komma abzutrennen ist. Zwischen *kaum* und *dass* kann ein Komma stehen, wenn die Fügung nicht als Einheit verstanden wird, es muss aber keins stehen: *Ich habe alle Namen vergessen, kaum[,] dass ich mich noch an die Landschaft erinnere.* Von Sätzen mit der Fügung *kaum dass* zu unterscheiden sind Beispiele, in denen *dass* einen Nebensatz einleitet und *kaum* zum Hauptsatz gehört: *Ich glaube kaum, dass sie noch kommt* (zur Probe: *Ich kann es kaum glauben, dass sie noch kommt*).

kein, keine / keiner, keine, keines
1. **Beugung:** Nach einer gebeugten Form von *kein, keine* (z. B. *keines* usw.) erhält das folgende Eigenschaftswort (auch wenn es zum Hauptwort geworden ist) in der Regel die Endung *-en* bzw. *-n: keines bösen Gedankens fähig, mit keiner guten Absicht, keine schönen Bilder, bei keinem Bekannten, Fremden, Verliebten.*

2. **keiner, der: Richtig** heißt es: *Da war keiner, der* (**nicht:** *welcher*) *ihm half. Es gab keine, die* (**nicht:** *welche*) *in Betracht kam.*

3. **kein + als:** Als Vergleichswort nach *kein* steht *als,* **nicht** *wie: Es kommt kein [anderes] Haus in Betracht als dieses.*

4. **in keiner Weise:** Dies ist die standardsprachlich richtige Form. Das in der Umgangssprache gelegentlich scherzhaft gebrauchte *in keinster Weise* ist nicht richtig, da *kein* nicht steigerbar ist.

Kenntnis
Es muss heißen *Kenntnisse in* (**nicht:** *über* oder *für*): *Sie hat gute Kenntnisse in diesem Fach. Kenntnisse in Statistik werden vorausgesetzt.*

klar
Man schreibt das Eigenschaftswort **groß,** wenn es als Hauptwort gebraucht wird: *einen Klaren* (=klaren Schnaps) *trinken; etwas, nichts, viel Klares.* Dies gilt auch für die festen Verbindungen *ins Klare kommen* (=sich über etwas klar werden); *sich über etwas im Klaren* (=klar) *sein.*

klasse oder **Klasse**
Das umgangssprachlich häufig verwendete Wort *klasse/Klasse* kann sowohl als Eigenschaftswort als auch als Hauptwort gebraucht werden. Um das kleinzuschreibende Eigenschaftswort handelt es sich, wenn es als nähere Bestimmung zu einem Substantiv tritt: *Das ist ein klasse Auto!* Ebenfalls kleinzuschreiben ist es, wenn es als Umstandswort verwendet wird: *Sie hat klasse gespielt. Der Film ist klasse gemacht.* Auch in Verbindung mit Zeitwörtern wie *sein, werden* und *bleiben* ist nur die Kleinschreibung richtig: *Das ist/wird klasse!* Wird *Klasse* jedoch durch eine Beifügung (z. B. *groß, einsam, absolut*) näher bestimmt, muss man es großschreiben: *Der Film war einsame Klasse.*

klein
Man schreibt das Eigenschaftswort **groß,** wenn es als Hauptwort gebraucht wird: *Kleine und Große; die Kleinen und die Großen; es wäre ein Kleines* (= eine kleine Mühe) *für ihn; etwas, nichts, viel, wenig Kleines.* Dies gilt auch für die folgenden festen Verbindungen: *etwas im Kleinen* (= en détail) *verkaufen; über ein Kleines* (= bald); *um ein Kleines* (= beinahe); *bis ins Kleinste* (= bis in alle Einzelheiten). **Klein** schreibt man dagegen: *die kleinste meiner Töchter.*

Konjunktiv
Siehe »Möglichkeitsform«

Konkurrent
Das Hauptwort *Konkurrent* erhält – außer im Werfall – die Endung *-en: der Konkurrent, des Konkurrenten* (**nicht:** *des Konkurrents*), *dem Konkurrenten* (**nicht:** *dem Konkurrent*), *den Konkurrenten* (**nicht:** *den Konkurrent*), Mehrzahl: *die Konkurrenten.*

kosten
Hat *kosten* die Bedeutung »einen bestimmten Preis haben«, dann steht eine genannte Person im Wenfall: *Die Renovierung der Wohnung kostete den Vermieter 6000 €, kostet dich nicht viel, hat meinen Nachbarn einiges gekostet.* Hat *kosten* die Bedeutung »von jemandem etwas Bestimmtes verlangen«, dann steht die genannte Person ebenfalls im Wenfall: *Das kostet den Minister nur einen Anruf. Es kostet dich keine fünf Minuten. Es kostet meinen Sohn große Überwindung.* Hat *kosten* hingegen die Bedeutung »jemanden um etwas Bestimmtes bringen«, dann kann die genannte Person im Wenfall, aber auch im Wemfall stehen: *Der Sturz kostete die alte Frau* oder *der alten Frau das Leben. Das kann ihn* oder *ihm die Freiheit kosten.* Auch in der Wendung *sich eine Sache etwas kosten lassen* sind beide Fälle richtig: *Ich lasse mich,* auch: *mir die Sache etwas kosten.*

kündigen
In der Standardsprache steht *kündigen* in Bezug auf Personen mit dem Wemfall: *Der Betrieb, der Vermieter hat ihm gekündigt. Ihm ist gekündigt worden.* In der Umgangssprache kommt häufiger der Wenfall vor: *Der Betrieb hat ihn, hat sie gekündigt.* Umgangssprachlich ist auch der Gebrauch des Mittelworts der Vergangenheit (des 2. Partizips) *gekündigt* in Bezug auf Personen: *die gekündigten Mitarbeiter.*

kürzlich
Das Umstandswort *kürzlich* darf nicht wie ein Eigenschaftswort bei einem Hauptwort stehen. **Nicht richtig** ist also: *die kürzliche Vereinbarung, der kürzliche Besuch.* Richtig ist nur: *die Vereinbarung, die kürzlich getroffen wurde; der Besuch, der kürzlich stattfand.*

L

Lager
Die Mehrzahl von *Lager* heißt *die Lager,* in der Kaufmannssprache ist auch die Form *die Läger* üblich.

lang, lange
Das Eigenschaftswort heißt *lang: Ihr Haar ist lang. Sein Vortrag war zu lang.* Das Umstandswort heißt *lange: Er hat lange gewartet. Er war lange krank.*

längs
Das Verhältniswort (die Präposition) *längs* hat den Wesfall nach sich, seltener auch den Wemfall: *längs des Ufers, längs dem Waldrand.* Beides ist richtig. Der Wemfall ist vorzuziehen, wenn dem abhängigen Hauptwort noch ein Hauptwort im Wesfall folgt oder vorausgeht. Statt *längs des Ufers des Sees* besser: *längs dem Ufer des Sees.*

lassen
1. lassen oder gelassen: Steht vor *lassen* die Grundform (der Infinitiv) eines anderen Zeitwortes, dann heißt es richtig: *Er hat sich nicht erwischen lassen* (**nicht:** *gelassen*). *Du hast dich ausfragen lassen* (**nicht:** *gelassen*). *Warum hast du dich wegschicken lassen* (**nicht:** *gelassen*)? Bei einigen Verbindungen aus zwei Zeitwörtern sind beide Formen (*lassen* oder *gelassen*) richtig; z. B. bei *liegen lassen, fallen lassen, stecken lassen, stehen lassen: Er hat alles auf dem Boden liegen lassen* oder *liegen gelassen. Er hat seinen Plan fallen lassen* oder *fallen gelassen. Warum hast du sie an der Tür stehen lassen* oder *stehen gelassen?* In Formulierungen wie der folgenden steht *lassen* immer am Ende: ... *weil sie sich haben bestechen lassen* (**nicht:** ... *weil sie sich bestechen lassen haben*).

2. jemanden etwas sehen, fühlen, merken, wissen usw. lassen: Diese Verbindungen bildet man immer mit dem Wenfall: *Ich* *werde dich mein neues Kleid sehen lassen. Er hat sie seinen Ärger fühlen lassen. Er hat sie nicht merken lassen, wie enttäuscht er war. Kannst du mich wissen lassen, wann du gehst?*

laufend

In den festen Verbindungen *auf dem Laufenden sein/bleiben, jmdn. auf dem Laufenden halten* schreibt man das Mittelwort *laufend* **groß.**

laut

1. **Bedeutung:** Das Verhältniswort (die Präposition) *laut* hat die Bedeutung »dem Wortlaut von etwas oder jemandem entsprechend«. Durch die Angabe *laut* macht man deutlich, dass im Satz Gesprochenes oder Geschriebenes vermittelt wird. *Laut* steht deshalb oft mit Wörtern wie *Mitteilung, Bericht, Gesetz,* aber auch mit Personennamen: *laut amtlicher Mitteilung, laut Meyer.* **Nicht möglich** ist: *laut Abbildung, laut Muster* usw.

2. **laut unseres Schreibens, laut unserem Schreiben:** Das Verhältniswort *laut* kann den Wesfall und (häufiger) den Wemfall nach sich haben: *laut unseres Schreibens* und *laut unserem Schreiben, laut ärztlichen Gutachtens* und *laut ärztlichem Gutachten.* Steht das abhängige Hauptwort allein, also ohne Begleitwort, dann ist es in der Einzahl ungebeugt: *laut Vertrag, laut Clinton.* In der Mehrzahl weicht man auf den Wemfall aus: *laut Verträgen, laut Befehlen.* Der Wemfall steht auch dann, wenn noch ein Hauptwort im Wesfall folgt oder vorausgeht: *laut dem Bericht des Ministers, laut des Ministers neuestem Bericht.*

lauten

Das Zeitwort *[auf etwas] lauten* hat den Wenfall nach sich: *Der Vertrag lautet auf den Namen seiner Frau. Das Urteil lautet auf fünf Jahre.*

lediglich/nur

Die beiden Wörter *lediglich* und *nur* bedeuten das Gleiche. Man soll darum nicht beide nebeneinanderstellen. Eine solche Häufung von sinngleichen Wörtern ist stilistisch unschön. Es genügt zu sagen: *Er verlangt lediglich sein Recht.* Oder: *Er verlangt nur sein Recht.* **Nicht:** *Er verlangt lediglich nur sein Recht.*

lehren

1. **lehren oder gelehrt:** Steht vor dem Zeitwort *lehren* die Grundform (der Infinitiv) eines anderen Zeitworts, dann hat *lehren* heute gewöhnlich die Form des Mittelworts der Vergangenheit (des 2. Partizips) *gelehrt: Er hat die Kinder schreiben gelehrt* (**nicht:** *Er hat die Kinder schreiben lehren*).

2. **Er lehrte die Kinder / den Kindern die französische Sprache:** Nach *lehren* stehen heute gewöhnlich die genannte Person und die genannte Sache im Wenfall: *Er lehrte die Kinder die französische Sprache.* Der seltenere Wemfall ist ebenfalls richtig: *Er lehrte den Kindern die französische Sprache.*

3. **Er lehrte die Kinder schreiben / zu schreiben:** Es heißt: *Er lehrte die Kinder schreiben.* Treten zu der Grundform *schreiben* jedoch noch weitere Angaben, dann geht ihr häufiger ein *zu* voraus. *Er lehrte die Kinder leserlich schreiben.* Oder: *Er lehrte die Kinder, leserlich zu schreiben.* Je umfangreicher die Erweiterung der Grundform ist, umso fester wird der Gebrauch von *zu* vor der Grundform: *Er lehrte die Kinder, immer deutlich und leserlich zu schreiben* (**nicht:** *schreiben*).

4. **lehren oder lernen:** Das Zeitwort *lehren* »jemanden in einem bestimmten Fach unterrichten« darf man nicht mit dem Zeitwort *lernen* »sich bestimmte Kenntnisse aneignen« verwechseln. Es darf deshalb nur heißen: *Er hat die Kinder schreiben gelehrt* (**nicht:** *gelernt*).

lernen

Wenn bei *lernen* ein anderes Zeitwort in der Grundform (im Infinitiv) steht, die nicht durch irgendeinen Zusatz erweitert ist, dann steht dieses andere Zeitwort ohne *zu: Das Kind lernt laufen. Er lernt jetzt lesen.* (Dazu gehören auch Fälle wie: *Sie lernt Klavier spielen. Sie lernt Schlittschuh laufen.*) Ist die Grundform dieses Zeitwortes aber erweitert, so kann sie mit oder ohne *zu* stehen: *Ich lernte die Maschinen bedienen.* Oder: *Ich lernte, die Maschinen zu bedienen.* Je umfangreicher die Erweiterung ist, desto fester ist der Gebrauch mit *zu: Ich lernte, die neuen Maschinen richtig zu bedienen und zu warten.*

letzte

Klein schreibt man das Eigenschaftswort *letzte* z. B. in den folgenden Verwendungen: *das letzte Mal; die beiden, die drei letzten der Häuser.* **Groß** schreibt man, wenn das Eigenschaftswort als Hauptwort gebraucht wird: *der Letzte des Monats* (= der letzte Monatstag); *es geht ums Letzte* (= um die äußerste Sache); *noch ein Letztes* (= etwas Abschließendes) *sagen; sie ist die Letzte* (= die letzte noch lebende Vertreterin) *ihres Jahrgangs; er wurde Letzter* (= der Schlechteste) *im Wettkampf; sie hat ihr Letztes* (= alles, was sie noch besaß) *hergegeben.* Dies gilt auch in den folgenden Fällen und festen Verbindungen: *sie war die Letzte, die noch lebte; das ist das Letzte, was ich tun würde; den Letzten beißen die Hunde; er stieg als Letzter aus; als Letztes drehte sie das Licht aus; bis ins Letzte* (= sehr, äußerst); *am Letzten* (= zuletzt); *bis zum Letzten* (= ganz und gar); *im Letzten* (= zutiefst); *fürs Letzte* (= zuletzt).

letzterer, letztere, letzteres

Ein Eigenschaftswort oder Mittelwort (Partizip), das auf *letzterer* usw. folgt, beugt man (auch wenn es als Hauptwort gebraucht wird) in gleicher Weise wie *letzterer* selbst: *letzteres modernes Hörspiel, bei letzterer persönlicher Beschuldigung, letztere schlimme Fehler, die letzteren gemeinsamen Freunde; letzterer Abgeordneter, die Meinung letzterer Betroffener.*

Siehe auch »ersterer – letzterer«

Lieferant

Das Hauptwort *Lieferant* erhält – außer im Werfall – die Endung *-en: der Lieferant, des Lieferanten* (**nicht:** *des Lieferants*), *dem Lieferanten* (**nicht:** *dem Lieferant*), *den Lieferanten* (**nicht:** *den Lieferant*), Mehrzahl: *die Lieferanten.*

liegen

Die zusammengesetzten Vergangenheitsformen von *liegen* bildet man heute im Allgemeinen mit *haben: Die Akten haben auf dem Boden gelegen. Um 10 Uhr hatte ich bereits im Bett gelegen.* Im süddeutschen Sprachgebiet (auch in Österreich und in der Schweiz) ist die Bildung dieser Vergangenheitsformen mit *sein* üblich: *Die Akten sind auf dem Boden gelegen. Um 10 Uhr war ich bereits im Bett gelegen.*

Linksunterzeichnete oder links Unterzeichnete, der und die

Man kann in der Amtssprache sowohl *der* oder *die Linksunterzeichnete* als auch *der* oder *die links Unterzeichnete* schreiben. Beide Schreibungen sind richtig. **Nicht** zulässig aber ist die Form *der links Unterzeichner.*

Siehe auch »Unterzeichnete«

M

machen

Steht vor dem Zeitwort *machen* ein anderes Zeitwort, und zwar in der Grundform (im Infinitiv), dann verwendet man überwiegend die Form *gemacht: Sie hat viel von sich reden gemacht.* Die ebenfalls richtige

Form *machen* tritt hier nur noch selten auf: *Sie hat viel von sich reden machen.*

mangels

1. Beugung nach *mangels:* Nach *mangels* steht üblicherweise der Wesfall. Es heißt also: *mangels eines Beweises* (**nicht:** *mangels einem Beweis*), *mangels der notwendigen Geldmittel* (**nicht:** *mangels den notwendigen Geldmitteln*). Steht aber das Hauptwort, das von *mangels* abhängt, allein, also ohne ein Begleitwort, dann bleibt es in der Einzahl häufig ungebeugt, d. h. unverändert: *mangels Geld.* In der Mehrzahl aber weicht man bei allein stehenden Hauptwörtern auf den Wemfall aus: *mangels Beweisen, mangels Geldmitteln.* Da *mangels* in der Amtssprache zwar üblich, aber stilistisch unschön ist, nimmt man im allgemeinen Sprachgebrauch besser andere Formulierungen, etwa: *da wir keinen Beweis haben, weil die notwendigen Geldmittel fehlen* o. Ä.

2. mangels oder aus Mangel an: Anstelle von *mangels* kann man auch die Formulierung *aus Mangel an* gebrauchen: *aus Mangel an notwendigen Geldmitteln.* **Nicht richtig** aber ist eine Vermischung von beiden zu der Formulierung *mangels an.* (**Falsch** also: *mangels an notwendigen Geldmitteln.*)

Maß

Nach dem Hauptwort *Maß* im Sinne von »rechte Menge, Ausmaß« können die Verhältniswörter (Präpositionen) *an* und *von* stehen: *jemandem ein hohes Maß an* oder *von Vertrauen entgegenbringen.*

mehr als

Wenn die Angabe nach *mehr als* sich auf Dinge bezieht und in der Mehrzahl steht, dann kann das zugehörige Zeitwort in der Einzahl oder in der Mehrzahl stehen, die Mehrzahl wird im Allgemeinen bevorzugt: *Mehr als alte Lumpen fand sich nicht,* häufiger: *fanden sich nicht.*

mehrere

Ein Eigenschaftswort oder Mittelwort (Partizip), das auf *mehrere* folgt, beugt man (auch wenn es als Hauptwort gebraucht wird) fast immer in gleicher Weise wie *mehrere* selbst: *mehrere dunkle Kleider, mehrere Anwesende, an mehreren blühenden Apfelbäumen, von mehreren Beamten.* Nur im Wesfall gibt es zwei Möglichkeiten: *in Begleitung mehrerer bewaffneter Helfer* oder auch: *in Begleitung mehrerer bewaffneten Helfer; das Talent mehrerer Mitwirkender* oder: *das Talent mehrerer Mitwirkenden.*

Mehrzahl

Siehe »Anzahl«

meines Vaters Auto / meinem Vater sein Auto

Für Formulierungen wie *meines Vaters Auto* oder *das Auto meines Vaters* heißt es umgangssprachlich oft *meinem Vater sein Auto.* Diese Ausdrucksweise ist **nicht richtig.**

meinetwegen / wegen mir

In der Umgangssprache wird statt *meinetwegen* häufig *wegen mir* gebraucht: *Bist du wegen mir abgereist?* Hochsprachlich **richtig ist:** *Bist du meinetwegen abgereist?*

meiste

Im Allgemeinen wird *meiste* kleingeschrieben: *das meiste Geld, die meisten Menschen.* Bei Substantivierung kann klein- oder großgeschrieben werden: *Das meiste/Meiste war bekannt. Die meisten/Meisten kamen zu spät.*

Mensch

Das männliche Hauptwort *Mensch* erhält – außer im Werfall – die Endung *-en: der Mensch, des Menschen, dem Menschen* (**nicht:** *dem Mensch*), *den Menschen* (**nicht:** *den Mensch*), Mehrzahl: *die Menschen.* Wenn dem Hauptwort *Mensch* weder ein Eigenschaftswort noch ein Geschlechtswort (Artikel) vorangeht, kann die Endung auch entfallen: *der Unterschied zwischen Mensch und Affe* (**nicht:** *zwischen Menschen und Affe*).

Meter

1. Geschlecht: Gebräuchlich ist *der Meter: Sie ist einen Meter siebzig groß.* In diesem Fall ist jedoch auch *ein Meter siebzig* richtig.

2. Beugung von *Meter:* Ist *Meter* oder *Kilometer* Mehrzahl *(2, 3, 4* usw. *Meter/Kilometer)*, heißt es im Wemfall: *eine Länge von drei Metern/Kilometern.* Folgt aber auf die Längenangabe die Angabe des Gemessenen, wird die ungebeugte, häufig auch die gebeugte Form *Meter* verwendet: *Mit zwei Meter/Metern Stoff kommen wir aus.* Unabhängig davon, ob das Gemessene angegeben ist oder nicht, steht bei vorangestelltem Geschlechtswort (Artikel) die gebeugte Form *Metern* (im Wemfall): *Mit den zwei Metern [Stoff] kommen wir nicht aus.*

3. Beugung nach *Meter:* Nach der Maßbezeichnung *Meter* steht in der Regel das, was gemessen wird, im selben Fall wie die Maßbezeichnung *Meter* selbst: *ein Meter englisches Tuch; der Preis eines Meters Tuch* oder *eines Meter Tuchs,* aber: *der Preis eines Meters englischen Tuchs; aus einem Meter englischem Tuch; für ein[en] Meter englisches Tuch.* Gelegentlich in gehobener Ausdrucksweise auch mit dem Wesfall: *ein Meter englischen Tuchs; aus einem Meter englischen Tuchs.*

4. Ein Meter Stoff reicht aus: Nach der Angabe *ein Meter* (die Mengenangabe ist hier Einzahl) steht das Zeitwort in der Einzahl: *Ein Meter Stoff reicht aus.* Wenn jedoch die Maßangabe in der Mehrzahl steht *(2, 3, 4* usw. *Meter)*, verwendet man auch beim Zeitwort gewöhnlich die Mehrzahl: *Drei Meter Stoff reichen aus, werden benötigt, sind zu wenig, haben nicht gereicht* usw.

mindeste

Das Wort kann groß- oder kleingeschrieben werden, wenn ein Geschlechtswort (Artikel) vorangeht: *nicht das Mindeste/mindeste* (=gar nichts); *nicht im Mindesten/mindesten* (=überhaupt nicht); *zum Mindesten/mindesten* (=wenigstens); *als Mindestes/mindestes könnte man erwarten ...; das Mindeste/mindeste* (=wenigste), *was man erwarten könnte ...*

minus

1. Beugung: In der Kaufmannssprache hat *minus* die Bedeutung »abzüglich«. Nach *minus* steht der Wesfall, wenn das Hauptwort, das von *minus* abhängt, ein Begleitwort aufweist: *der Betrag minus der üblichen Abzüge.* Steht das abhängige Hauptwort jedoch ohne Begleitwort, bleibt es in der Einzahl im Allgemeinen ungebeugt, d. h. unverändert: *der Betrag minus Rabatt.* In der Mehrzahl weicht man dagegen auf den Wemfall aus, wenn der Wesfall nicht eindeutig erkennbar ist, sondern mit dem Werfall und dem Wenfall übereinstimmt: *der Betrag minus Abzügen* (**nicht:** *Abzüge*).

2. Fünf minus drei ist zwei: Bei dieser Art von Rechenaufgaben steht das Zeitwort in der Einzahl: *Fünf minus drei ist/macht/gibt zwei* (**nicht:** *sind/geben/machen*).

Misstrauen

Nach *Misstrauen* schließt man mit dem Verhältniswort (der Präposition) *gegen* (**nicht** mit *für*) an: *Ich hegte Misstrauen gegen die neue Kollegin. Unser Misstrauen gegen ihn schwand.*

mit

1. Beugung: Das Verhältniswort (die Präposition) *mit* steht mit dem Wemfall: *mit Deckeln, mit Brettern, mit Kindern.*

2. mit und ohne sie: Da nach *mit* der Wemfall, nach *ohne* aber der Wenfall steht, müsste es streng genommen heißen: *mit Kindern und ohne Kinder; mit ihr und ohne sie.* Dies wirkt jedoch schwerfällig. Deshalb hat es sich weitgehend durchgesetzt, das erste abhängige Wort zu ersparen. Richtig ist: *mit und ohne Kinder; mit und ohne sie.*

3. ***bis*** **statt** ***mit:*** Landschaftlich gebräuchlich ist die Ausdrucksweise *15. Mai mit 15. Juni.* Dies ist hochsprachlich nicht richtig. Richtig muss es heißen: *15. Mai bis 15. Juni.*

4. **Zusammen- oder Getrenntschreibung:** Wenn durch die Verbindung *mit* + Zeitwort ein neuer Begriff entsteht, wird zusammengeschrieben: *mit* + *teilen* = *mitteilen* (=sagen). Zusammengeschrieben wird auch, wenn *mit* eine dauernde Vereinigung oder Teilnahme ausdrückt. Dies ist daran erkennbar, dass nur *mit* betont ist: *mitarbeiten, mitbestimmen, mitfahren, mitnehmen, mitreden, mitspielen, mitwirken* usw. Wenn jedoch beide Wörter betont sind, schreibt man getrennt: *Alle anderen Arbeiten werden wir mit übernehmen. Das ist mit zu berücksichtigen. Das kann ich nicht mit ansehen.*

Mitarbeit

Sowohl die Formulierung *für 25 Jahre treue Mitarbeit* als auch *für 25 Jahre treuer Mitarbeit* ist richtig. Die zweite Form *(... treuer Mitarbeit)* klingt gehobener als die erste.

Mittel

Standardsprachlich steht nach *Mittel* im Sinne von »Heilmittel, Medikament« das Verhältniswort (die Präposition) *gegen* (in der Bedeutung »zur Bekämpfung von«): *Ich brauche ein Mittel gegen den Husten.* Die Verwendung von *für* statt *gegen* ist umgangssprachlich.

mittels, mittelst

Beide Formen stehen mit dem Wesfall: *mittels* oder (selten) *mittelst elektrischer Energie, mittels* oder (selten) *mittelst eines Drahtes.* Stilistisch besser sind *mit, mithilfe von, durch: mit* oder *mithilfe von* oder *durch elektrische[r] Energie.*

mögen

1. **mögen oder gemocht:** Das Mittelwort der Vergangenheit (2. Partizip) von *mögen* heißt *gemocht: Er hat die Suppe nicht gemocht.* Steht vor dem Zeitwort *mögen* jedoch noch ein anderes Zeitwort, und zwar in der Grundform (im Infinitiv), dann steht nicht *gemocht,* sondern *mögen: Er hat die Suppe nicht essen mögen.*

2. **ich möge / ich möchte:** Es gibt zwei Möglichkeitsformen (Konjunktivformen): *Ich möge, du mögest, er möge* usw. und *ich möchte, du möchtest, er möchte* usw. Die erste Möglichkeitsform ist besonders in Wunschsätzen üblich: *Möge sie glücklich werden!* Die zweite Möglichkeitsform dient u. a. zur Kennzeichnung eines Wunsches, der nicht erfüllbar ist: *Möchte er es doch endlich einsehen!* Die Formen *ich möchte, du möchtest* usw. treten auch als höfliche Ausdrucksweise anstelle von *wollen* auf: *Ich möchte noch ein Bier. Sie möchte, dass er ihr hilft.*

möglich

1. **Steigerung:** Das Wort *möglich* ist üblicherweise nicht steigerbar. Als Ausdruck der Steigerung kann man aber bestimmte Wörter voranstellen: *Morgen wäre es eher/besser/leichter möglich* (**nicht:** *Morgen wäre es möglicher*). *Morgen wäre es am ehesten / am besten / am leichtesten möglich.* Auch die Zusammensetzungen *größtmöglich, bestmöglich, schnellstmöglich* darf man nicht steigern (**nicht:** *größtmöglichst* usw.). Hier ist der höchste Steigerungsgrad bereits durch *größt-, best-, schnellst-* ausgedrückt.

2. **möglichst:** Das Wort *möglichst* steht als Mittel der Steigerung vor steigerungsfähigen Eigenschaftswörtern: *möglichst groß, möglichst tief, möglichst schnell* usw. (=so groß, tief, schnell usw. wie möglich). Daneben hat *möglichst* die Bedeutung »nach Möglichkeit, wenn es möglich ist«: *Ich wollte mich möglichst zurückhalten. Die*

Sendung soll möglichst noch heute zur Post. In Sätzen wie *Wir suchen für diese Arbeit möglichst junge Leute* ist unklar, ob *möglichst junge Leute* so viel wie »Leute, die so jung wie möglich sind« bedeutet oder ob gemeint ist »Leute, die nach Möglichkeit jung sein sollen«. In diesem Fall ist es besser, *nach Möglichkeit* oder *wenn möglich* statt *möglichst* zu verwenden.

3. Es ist möglich: Richtig ist entweder *Es ist möglich* oder *Es kann sein.* Die Vermischung aus diesen beiden Ausdrücken *(Es kann möglich sein)* sollte man vermeiden.

Möglichkeitsform (Konjunktiv)
Man unterscheidet eine erste Möglichkeitsform (Konjunktiv I) und eine zweite Möglichkeitsform (Konjunktiv II). Die erste Möglichkeitsform erscheint vor allem in der indirekten Rede. Die zweite Möglichkeitsform dient besonders der Kennzeichnung des nur Vorgestellten, Gedachten, der Irrealität, wie es häufig in Bedingungssätzen vorkommt.

1. indirekte Rede: In der indirekten Rede verwendet man die erste Möglichkeitsform: *Sie sagte, sie habe Hunger. Darauf erwiderte er, dass das Essen noch nicht fertig sei. Sie fragte deshalb, ob sie ihm helfen solle. Das könne sie wohl, meinte er.* Hängt von einem Nebensatz, der in der indirekten Rede steht, ein weiterer Nebensatz ab, steht auch dieser in der ersten Möglichkeitsform: *Sie sagte, sie habe Hunger, weil sie seit heute Morgen nichts gegessen habe.* Von der Grundregel abweichend, dass man für die indirekte Rede die erste Möglichkeitsform verwendet, wird vor allem in weniger standardsprachlichen Texten des Öfteren die zweite Möglichkeitsform gebraucht: *Sie sagte, sie hätte Hunger. Darauf erwiderte er, dass das Essen noch nicht fertig wäre. Sie fragte deshalb, ob sie ihm helfen sollte. Das könnte sie wohl, meinte er.* Diese zweite Möglichkeitsform ist auch in der Standardsprache richtig, wenn die Formen der ersten Möglichkeitsform nicht eindeutig als Möglichkeitsform erkennbar sind, sondern mit der Wirklichkeitsform übereinstimmen. Also z. B. bei *Die Kinder sagten, sie haben Hunger.* Die Form *sie haben* kann die erste Möglichkeitsform oder aber die Wirklichkeitsform sein. Deshalb besser: *Die Kinder sagten, sie hätten Hunger.* Auch in Vergleichssätzen, die etwas nicht Wirkliches ausdrücken, gebraucht man die zweite Möglichkeitsform: *Sie tat so, als ob sie nichts gehört hätte.*

2. Bedingungssatz: Die zweite Möglichkeitsform verwendet man vorwiegend im Bedingungssatz: *Wenn sie käme, wäre ich sehr froh. Hätte ich mehr Geld, könnte ich mir vielleicht eine Eigentumswohnung leisten.* Die zweite Möglichkeitsform ist unter bestimmten Bedingungen auch durch *würde* + Grundform (Infinitiv) des entsprechenden Zeitwortes ersetzbar. Zum Beispiel wenn die Formen der zweiten Möglichkeitsform mit der Wirklichkeitsform übereinstimmen und deshalb nicht deutlich genug sind, sollte man sie durch die Umschreibung mit *würde* ersetzen: *Sonst wohnten wir dort nicht* / (deutlicher:) *würden wir dort nicht wohnen. Wenn sie mich riefen, käme ich sofort* / (deutlicher:) *Wenn sie mich rufen würden, käme ich sofort.* Auch anstelle altertümlich wirkender Möglichkeitsformen kann die *würde*-Umschreibung gebraucht werden: *Ich würde helfen* (für: *hülfe*), *wenn ... Wenn dies doch jetzt noch gelten würde* (für: *gälte/gölte*)! *Wenn sie das Buch kennen würden* (für: *kennten*), *könnten sie es beurteilen.*

Monatsnamen
Stehen die Monatsnamen *Januar, Februar, August, September, Oktober, November, Dezember* im Wesfall, dann ist sowohl die Form mit -s *(des Augusts)* als auch die Form ohne -s *(des August)* richtig, letztere ist häufiger. Der Wesfall von *März* ist *des*

März oder (seltener) *des Märzes;* die Form *des Märzen* ist veraltet.

Die Formen *Julei* und *Juno* kann man beim Sprechen verdeutlichend verwenden, um einer Hörverwechslung vorzubeugen. In geschriebenen Texten sind sie sinnlos.

müssen

Das Mittelwort der Vergangenheit (2. Partizip) von *müssen* heißt *gemusst: Er hat das nicht mehr gemusst.* Steht aber vor dem Zeitwort *müssen* ein anderes Zeitwort, und zwar in der Grundform (im Infinitiv), dann verwendet man die Form *müssen* und **nicht** *gemusst: Er hat kommen müssen.*

N

nachdem

Einen Nebensatz, der mit *nachdem* eingeleitet ist, trennt man immer durch ein Komma vom Hauptsatz ab. *Er kam, nachdem er sich telefonisch angemeldet hatte.* Man kann *nachdem* mit einer weiteren Zeitangabe verbinden: *sofort nachdem, drei Wochen nachdem, einige Zeit nachdem* usw. In diesen Fällen steht das Komma vor der hinzugetretenen Zeitangabe: *Wir begannen mit der Arbeit, sofort nachdem wir uns geeinigt hatten. Wir begannen mit der Arbeit, drei Wochen nachdem wir uns geeinigt hatten. Wir begannen mit der Arbeit, einige Zeit nachdem wir uns geeinigt hatten.*

nächst

Das Verhältniswort (die Präposition) *nächst* hat den Wemfall nach sich, **nicht** den Wesfall: *nächst dem Haus* (**nicht:** *nächst des Hauses*).

nächster, nächste, nächstes

Steht *nächster, nächste, nächstes* in Verbindung mit einer Zeitangabe, die einen periodisch wiederkehrenden Zeitpunkt oder Zeitraum nennt (z. B. *Tag, Jahr, Monat, Winter* usw.), dann entsteht leicht Unklarheit darüber, welcher Zeitpunkt oder Zeitraum gemeint ist. Meint z. B. die Angabe *nächsten Donnerstag* den unmittelbar bevorstehenden Donnerstag oder erst den Donnerstag der folgenden Woche? Eindeutig sind Angaben dieser Art, wenn man anstelle von *nächster* usw. das hinweisende Fürwort *dieser* usw. oder das Eigenschaftswort *kommend* verwendet: *Ich fahre diesen Donnerstag* oder *Ich fahre kommenden Donnerstag.* Eindeutig sind ebenfalls die Formulierungen: *Ich fahre am Donnerstag dieser* bzw. *am Donnerstag nächster Woche.*

nächstliegend

Da das Eigenschaftswort *nächstliegend* bereits eine höchste Steigerungsstufe *(nächst...)* enthält, ist es nicht mehr steigerbar: *der nächstliegende* (**nicht:** *nächstliegendste*) *Gedanke.*

nahe

Das Verhältniswort (die Präposition) *nahe* hat den Wemfall nach sich, **nicht** den Wesfall: *nahe dem Haus* (**nicht:** *nahe des Hauses*).

näher

Man schreibt **groß,** wenn das Eigenschaftswort als Hauptwort gebraucht wird: *Näheres, etwas Näheres, nichts Näheres, alles Nähere.* Dies gilt auch für die feste Verbindung *des Näheren* (= näher): *etwas des Näheren erklären.*

nähme oder nehme

Beide Formen sind Möglichkeitsformen (Konjunktive). Die Form *nehme* steht vor allem in der indirekten Rede: *Sie sagte, sie nehme nichts davon. Sie fragte, ob er etwas davon nehme.* Auch *nähme* kann in der indirekten Rede auftreten, z. B., wenn die Form *nehme* nicht eindeutig als Möglichkeitsform erkennbar ist: *Sie sagten, sie nähmen* (für nicht eindeutiges *nehmen*) *nichts davon.* Oder auch in bestimmten Vergleichssätzen: *Er tat so, als nähme er uns gar nicht ernst.* Sonst steht *nähme* vor allem in Bedingungssätzen: *Wenn sie etwas davon nähmen, wäre der Vorrat bald erschöpft.*

namentlich
Vor *namentlich* steht ein Komma, wenn es einen Zusatz einleitet: *Sie ist sehr gut in der Schule, namentlich im Rechnen. Wein, namentlich Rotwein, wird hierzu gern getrunken.* Hat *namentlich* noch ein Bindewort (eine Konjunktion) wie *wenn, weil, als* bei sich *(namentlich wenn, namentlich weil, namentlich als)*, dann steht zwischen diesen Wörtern im Allgemeinen kein Komma, weil beide als Einheit empfunden werden: *Er kommt, namentlich wenn auch Gabi kommt.* Es kann jedoch auch hier ein Komma stehen, wenn man die Teile der Fügung nicht als Einheit ansieht: *Er kommt, namentlich, wenn auch Gabi kommt.*

nämlich
Vor *nämlich* steht ein Komma, wenn es einen Zusatz einleitet: *Dass er nur einen anderen schützen wollte, nämlich die Frau des Angeklagten, ist offenkundig. Ich fahre später, nämlich erst nach Abschluss der Verhandlungen.* Hat *nämlich* noch ein Bindewort (eine Konjunktion) wie *dass* oder *wenn* bei sich *(nämlich dass, nämlich wenn)*, dann steht im Allgemeinen kein Komma zwischen diesen Wörtern, weil beide als eine Einheit empfunden werden: *Die Unfälle häufen sich in diesem Waldstück, nämlich wenn Nebel auftritt.* Es kann jedoch auch hier ein Komma stehen, wenn man die Teile der Fügung nicht als Einheit ansieht: *Die Unfälle häufen sich in diesem Waldstück, nämlich, wenn Nebel auftritt.*

nämliche
Man schreibt das Eigenschaftswort **groß,** wenn es als Hauptwort verwendet wird: *Er ist noch der Nämliche; er sagt immer das Nämliche.*

nennen
Nach *nennen* in der Bedeutung »als jemanden oder etwas bezeichnen« stehen die genannte Person oder Sache und das über sie Ausgesagte im Wenfall, nicht im Werfall. Es heißt also richtig: *Sie nannte ihn ihren besten Freund* (**nicht:** *ihr bester Freund*).

nicht berufstätig oder **nichtberufstätig**
Wird ein vor einem Hauptwort stehendes Eigenschaftswort durch Davorsetzen von *nicht* verneint, dann kann man getrennt oder zusammenschreiben: *die nicht berufstätigen / nichtberufstätigen Frauen.* Diese Regel gilt unabhängig von Bedeutung bzw. Betonung der jeweiligen Wörter.

nicht nur – sondern auch
1. **Komma:** Bei *nicht nur – sondern auch* steht vor *sondern* **immer** ein Komma: *Alexander spielt nicht nur gut Fußball, sondern ist auch ein hervorragender Tennisspieler. Er spielt nicht nur morgen, sondern auch übermorgen.*

2. **Einzahl oder Mehrzahl:** Es heißt: *Nicht nur er, sondern auch seine Frau war eingeladen.* Nach *nicht nur – sondern auch* steht das Zeitwort im Allgemeinen in der Einzahl, wenn die Hauptwörter oder Fürwörter (Pronomen), die nach *nicht nur* und *sondern auch* folgen, in der Einzahl stehen. Steht das Hauptwort oder Fürwort, das nach *sondern auch* folgt, in der Mehrzahl, dann muss auch das Zeitwort in der Mehrzahl stehen: *Nicht nur er, sondern auch seine Kinder waren eingeladen.*

nichts
1. **als oder wie:** Es heißt **richtig:** *Mit ihm hat man nichts als Ärger.* **Nicht richtig** ist: *... nichts wie Ärger.*

2. **Einzahl oder Mehrzahl nach *nichts als:*** Steht nach *nichts als* ein Hauptwort oder Fürwort (Pronomen) in der Mehrzahl, dann kann das zugehörige Zeitwort in der Einzahl oder auch in der Mehrzahl stehen, die Mehrzahl wird im Allgemeinen bevor-

zugt: *In dem Raum waren nichts als alte Akten.* Seltener: *In dem Raum war nichts als alte Akten.*

niemand

1. als oder wie: Es heißt **richtig:** *Niemand weiß das besser als du.* **Nicht richtig** ist: ... *wie du.*

2. Beugung: Der Wesfall von *niemand* lautet *niemandes* oder *niemands.* Wemfall oder Wenfall können ungebeugt sein, also: *niemand* oder gebeugt: Wemfall: *niemandem* (**nicht:** *niemanden*) und Wenfall: *niemanden. Wir haben mit niemand* (oder: *mit niemandem*) *gesprochen.* Im Wenfall wird die ungebeugte Form oft vorgezogen: *Ich habe niemand* (oder: *niemanden*) *gesehen.*

3. niemand anders, niemand Bekanntes: In Verbindung mit *anders* oder mit einem Eigenschaftswort, das als Hauptwort gebraucht wird (z. B. *der Fremde*), bleibt *niemand* meist ungebeugt: *Sie sah niemand anders, niemand Fremdes* oder *niemand Fremden. Sie hatte mit niemand anders* (selten: *mit niemandem anders*) *gesprochen. Sie hatte mit niemand Bekanntem* (selten: *mit niemandem Bekanntes*) *gesprochen.* Siehe »anderer, andere, anderes«, Punkt 3

4. niemand, der: Schließt sich an *niemand* ein Nebensatz an, der mit einem bezüglichen Fürwort (mit einem Relativpronomen) beginnt, dann wählt man standardsprachlich in der Regel *der,* und zwar unabhängig davon, ob männliche oder weibliche Personen gemeint sind: *Ich kenne niemanden, der Bankkauffrau ist. Sie ist niemand, dem ich vertrauen würde.*

notieren

Nach *notieren in* und *notieren auf* kann sowohl der Wemfall (Frage: wo?) als auch der Wenfall (Frage: wohin?) stehen: *Er notierte die Adresse in seinem Notizbuch* oder *in sein Notizbuch. Er notierte die Zahlen auf einem Zettel* oder *auf einen Zettel.*

nötig oder **notwendig**

Von diesen beiden sinnverwandten Eigenschaftswörtern verbindet sich *nötig* mit *haben* zu der Fügung *etwas nötig haben* (»brauchen, bedürfen, benötigen«): *Sie hat einen Erholungsurlaub dringend nötig* (**nicht:** *notwendig*). *Er hat es nötig* (**nicht:** *notwendig*), *mit seinem Können zu prahlen.* In Verbindung mit *sein* sind *nötig* und *notwendig* häufig austauschbar, allerdings ist *notwendig* nachdrücklicher: *Ist es nötig* (= muss es denn sein), *dass wir so früh aufbrechen? Ist es notwendig* (= ist es gar nicht anders möglich, unbedingt erforderlich), *dass wir so früh aufbrechen?* Oder: *Es ist nicht nötig, dass Sie mich begleiten* (= Sie brauchen mich nicht zu begleiten). *Es ist nicht notwendig* (= ist nicht unbedingt erforderlich, nicht unumgänglich), *dass Sie mich begleiten.* Aber nur: *Es wäre nicht nötig gewesen, dass ... Alles, was zum Leben nötig ist, haben wir.* Auch in Verbindung mit anderen Zeitwörtern ist ein Austausch häufig möglich: *Man hielt es nicht für nötig* oder *notwendig, Vorkehrungen zu treffen. Änderungen haben sich nicht als notwendig* oder *nötig erwiesen.* Im Sinne von »zwangsläufig« lässt sich *nötig* nicht anstelle von *notwendig* gebrauchen: *Das ist die notwendige* (**nicht:** *nötige*) *Folge. Der Versuch musste notwendig* (**nicht:** *nötig*) *misslingen.*

null

Gibt man einen Zahlenwert unter eins an, z. B. *null Komma eins* (in Ziffern: 0,1), dann steht das zugehörige Hauptwort in der Mehrzahl, nicht in der Einzahl: *Es waren nur 0,1 Sekunden* (**nicht:** *Sekunde*). *Er lag 0,1 Punkte* (**nicht:** *Punkt*) *über dem Durchschnitt. Der Abstand betrug knapp null Sekunden* (**nicht:** *Sekunde*).

numerisch oder **nummerisch**
Beide Schreibungen sind richtig. *Numerisch* leitet sich her von dem lateinischen Wort »numericus«, *nummerisch* ist abgeleitet von dem deutschen Wort »Nummer«.

Nummer
Vor Zahlen steht das Hauptwort *Nummer* in der Mehrzahl, wenn ihm ein Geschlechtswort (Artikel) vorangeht *(die Nummern)*, es steht in der Einzahl, wenn kein Geschlechtswort vorangeht *(Nummer)*. Es heißt also: *Nummer 1–5, Nummer 1, 3 und 5*, aber: *die Nummern 1–5, die Nummern 1, 3 und 5.*

nutzen, nützen
1. Gebrauch: Die beiden Zeitwörter sind gleichbedeutend. Während *nutzen* in Norddeutschland gebräuchlicher ist, wird *nützen* im süddeutschen Raum häufiger verwendet.

2. mir oder mich: Es heißt richtig: *Das nutzt* oder *nützt mir nichts.* Der Wenfall *(Das nutzt* oder *nützt mich nichts)* kommt in der landschaftlichen Umgangssprache vor.

O

ob
Das Bindewort (die Konjunktion) *ob* leitet einen untergeordneten Nebensatz ein, den man durch Komma abtrennt: *Ob er kommt, ist nicht bekannt. Es ist nicht bekannt, ob er kommt. Auf die Frage, ob er komme, wusste niemand eine Antwort.* Zu *ob* kann ein weiteres Bindewort wie *denn, aber, und* hinzutreten *(denn ob, aber ob, und ob): Denn ob er kommt, ist nicht bekannt. Aber ob er kommt, ist nicht bekannt. Und ob er kommt, ist nicht bekannt.* Vor *ob* steht in diesen Fällen kein Komma.

ob – ob
Das mehrgliedrige Bindewort (die Konjunktion) *ob – ob* verbindet aufgezählte Sätze oder Satzteile, die man immer durch Komma abtrennt: *Alle kamen, ob Jung, ob Alt. Ob Jung, ob Alt, alle kamen. Alle, ob sie jung waren, ob sie alt waren, kamen.*

oben erwähnt / genannt
Man schreibt diese Fügungen getrennt oder zusammen: *der oben erwähnte / obenerwähnte Fall.* Auch beim hauptwörtlichen Gebrauch ist Getrennt- oder Zusammenschreibung möglich: *der, die, das Obenerwähnte* oder *der, die, das oben Erwähnte.*

obig
Ein Eigenschaftswort, das auf *obig* folgt, beugt man (auch wenn es als Hauptwort gebraucht wird) in gleicher Weise wie *obig* selbst: *obiger interessanter Bericht, obige spezielle Angaben, wegen obiger genauer Aufzählung, in obigem ausführlichem Text, in dem obigen ausführlichen Text.* Das Wort *obig* ist besonders in der Verwaltungssprache üblich und stilistisch unschön.

obwohl
Das Bindewort (die Konjunktion) *obwohl* leitet wie *obgleich* und *obschon* einen Nebensatz ein, der eine Einräumung, einen Gegengrund zu dem Geschehen oder Sachverhalt im Hauptsatz angibt. Er wird durch Komma abgetrennt: *Sie kam sofort, obwohl sie nicht viel Zeit hatte. Der Schüler, obwohl er gesund war, erschien nicht zum Unterricht.* Zu *obwohl* kann ein weiteres Bindewort wie *denn, aber, und* hinzutreten *(denn obwohl, aber obwohl, und obwohl).* Vor *obwohl* steht in diesen Fällen kein Komma: *Aber obwohl sie nicht viel Zeit hatte, kam sie sofort. Und obwohl das Stück komisch war, konnte sie nicht lachen.*

oder
1. Der Vater oder die Mutter weiß es: Verbindet das Wort *oder* zwei Glieder in der Einzahl, steht das Zeitwort im Allgemeinen ebenfalls in der Einzahl: *Der Vater oder die*

Mutter weiß es, ist immer zu sprechen. Ist eines der Glieder Mehrzahl, richtet sich das Zeitwort nach dem Glied, das ihm am nächsten steht: *Der Vater oder seine Töchter kommen,* aber: *Die Töchter oder ihr Vater kommt.* Man kann das Problem, wie das Zeitwort zu beugen ist, umgehen, wenn man ein gemeinsames Zeitwort für beide durch *oder* verbundenen Ausdrücke vermeidet und stattdessen ein unbestimmtes Fürwort einfügt: *Der Bäcker oder der Konditor, einer hat doch bestimmt die nötige Fachkenntnis. Auf alle Fälle muss einer nachgeben, entweder wir oder er.*

2. Er oder ich komme: In diesem Satz verbindet *oder* zwei Glieder, die in der Person nicht übereinstimmen (*er* = 3. Person Einzahl; *ich* = 1. Person Einzahl). In solchen Fällen richtet sich das Zeitwort nach dem Glied, das ihm am nächsten steht: *Er oder ich komme,* aber: *Ich oder er kommt. Deine Freunde oder du selbst solltest dich entschuldigen,* aber: *Du selbst oder deine Freunde sollten sich entschuldigen.* Auch in diesen Fällen kann man durch das Einfügen eines Fürwortes das Problem umgehen, wie das Zeitwort zu beugen ist: *Er oder ich, einer kommt. Deine Freunde oder du selbst, einer sollte sich entschuldigen.*

offenbaren, sich

Bei *sich offenbaren als* steht das Hauptwort, das dem *als* folgt, gewöhnlich im Werfall: *Er offenbarte sich als Sympathisant.* Der Wenfall *(Er offenbarte sich als Sympathisanten)* kommt seltener vor, ist aber auch richtig.

öfter oder **öfters**

Standardsprachlich heißt es: *Er war öfter krank.* Die Form *öfters* ist umgangssprachlich.

ohne

Nach *ohne* steht der Wenfall. Ein Satz wie *mit und ohne Kinder* müsste streng genommen *mit Kindern und ohne Kinder* lauten; denn *mit* steht mit dem Wemfall. Dies wirkt jedoch schwerfällig. Deshalb hat es sich weitgehend durchgesetzt, das erste abhängige Wort zu ersparen. Also: *mit und ohne Kinder, mit und ohne ihn.*

ohne dass

Einen Nebensatz, der mit *ohne dass* eingeleitet ist, trennt man durch Komma ab. Zwischen *ohne* und *dass* steht in der Regel kein Komma, weil die Teile der Fügung als Einheit angesehen werden: *Sie hat mir geholfen, ohne dass sie es wusste.*

opponieren

Opponieren schließt man heute gewöhnlich mit dem Verhältniswort (der Präposition) *gegen* an: *gegen den Regierungschef, gegen einen Beschluss opponieren.*

P

paar oder **Paar**

Das kleingeschriebene *ein paar* bedeutet »einige wenige«: *ein paar Blumen; mit ein paar Pfennigen in der Tasche.* Das großgeschriebene *Paar* bezeichnet dagegen eine Zweiheit, zwei gleiche oder entsprechende Wesen oder Dinge: *ein Paar Strümpfe, zwei Paar Schuhe; ein unzertrennliches Paar.*

Paragraf

1. Beugung: Das Hauptwort *Paragraf* erhält – außer im Werfall – die Endung *-en: der Paragraf, des Paragrafen* (**nicht:** *des Paragrafs*), *dem Paragrafen* (**nicht:** *dem Paragraf*), *den Paragrafen* (**nicht:** *den Paragraf*), Mehrzahl: *die Paragrafen.* Die Endung *-en* kann man aber weglassen, wenn eine Zahl folgt: *der Wortlaut des Paragraf 21. Sie hat gegen Paragraf 4 verstoßen.*

2. Einzahl oder Mehrzahl: Das Hauptwort *Paragraf* vor Zahlen steht in der Mehrzahl, wenn ihm ein Geschlechtswort (Artikel) vorangeht *(die Paragrafen),* es steht in der Einzahl, wenn kein Geschlechtswort vorangeht *(Paragraf)*. Es heißt also: *Paragraf 1–5; Paragraf 1, 3 und 5,* aber: *die Paragrafen 1–5; die Paragrafen 1, 3 und 5.*

parallel
Nach *parallel* schließt man heute gewöhnlich mit dem Verhältniswort (der Präposition) *zu* an: *Die Straße verläuft parallel zum Fluss.* Das Anschließen mit dem Verhältniswort *mit* ist auch möglich: *Die Straße verläuft parallel mit dem Fluss.* Im übertragenen Gebrauch kommt daneben auch noch der Anschluss mit dem Wemfall (ohne ein Verhältniswort) vor: *Ihre Wünsche liefen unseren Interessen parallel.*

Parallele
In der Regel bleibt das Hauptwort *Parallele* in allen Fällen der Einzahl ohne Endung: *die Parallele, der Parallele* (**nicht:** *der Parallelen*). In der Mehrzahl erhält es die Endung *-n: die Parallelen.* Diese Endung kann aber auch weggelassen werden, wenn *Parallele* ohne Geschlechtswort (Artikel) [in Verbindung mit einer Zahl] steht: *zwei Parallelen* oder *zwei Parallele.*

Patient
Das Hauptwort *Patient* erhält immer – außer im Werfall – die Endung *-en: der Patient, des Patienten* (**nicht:** *des Patients*), *dem Patienten* (**nicht:** *dem Patient*), *den Patienten* (**nicht:** *den Patient*), Mehrzahl: *die Patienten.*

per
Nach dem Verhältniswort (der Präposition) *per* steht der Wenfall oder der Wemfall: *per ersten Januar, per erstem Januar.* Da diese Formulierung besonders in der Verwaltungs- und Kaufmannssprache auftritt, sollte man *per* in der Allgemeinsprache durch andere Verhältniswörter ersetzen: *per ersten Januar,* besser: *für ersten* oder *zum ersten Januar; per Eilboten,* besser: *durch Eilboten; per Schiff,* besser: *mit dem Schiff.*

Pessimist
Das Hauptwort *Pessimist* erhält – außer im Werfall – die Endung *-en: der Pessimist, des Pessimisten* (**nicht:** *des Pessimists*), *dem Pessimisten* (**nicht:** *dem Pessimist*), *den Pessimisten* (**nicht:** *den Pessimist*), Mehrzahl: *die Pessimisten.*

Pilot
Das Hauptwort *Pilot* erhält – außer im Werfall – die Endung *-en: der Pilot, des Piloten* (**nicht:** *des Pilots*), *dem Piloten* (**nicht:** *dem Pilot*), *den Piloten* (**nicht:** *den Pilot*), Mehrzahl: *die Piloten.*

Polizist
Das Hauptwort *Polizist* erhält – außer im Werfall – die Endung *-en: der Polizist, des Polizisten* (**nicht:** *des Polizists*), *dem Polizisten* (**nicht:** *dem Polizist*), *den Polizisten* (**nicht:** *den Polizist*), Mehrzahl: *die Polizisten.*

Praktikant
Das Hauptwort *Praktikant* erhält – außer im Werfall – die Endung *-en: der Praktikant, des Praktikanten* (**nicht:** *des Praktikants*), *dem Praktikanten* (**nicht:** *dem Praktikant*), *den Praktikanten* (**nicht:** *den Praktikant*), Mehrzahl: *die Praktikanten.*

Präsident
Das Hauptwort *Präsident* erhält – außer im Werfall – die Endung *-en: der Präsident, des Präsidenten* (**nicht:** *des Präsidents*), *dem Präsidenten* (**nicht:** *dem Präsident*), *den Präsidenten* (**nicht:** *den Präsident*), Mehrzahl: *die Präsidenten.* In der Anschrift ist jedoch auch die ungebeugte Form *Präsident* zulässig: *[An] Herrn Präsident Meyer* neben *[An] Herrn Präsidenten Meyer.*

privat
Groß schreibt man das Eigenschaftswort, wenn es als Hauptwort gebraucht wird: *al-*

les Private, das Private respektieren; etwas, nichts, allerlei, wenig Privates. Dagegen schreibt man in den folgenden Fügungen **klein:** *etwas an privat verkaufen, von privat kaufen.*

pro

1. Beugung: Das Verhältniswort (die Präposition) *pro* verbindet man in Analogie zu *für* im Allgemeinen mit dem Wenfall. Dies wird deutlich, wenn ein Begleitwort (z. B. ein Eigenschaftswort) vor dem Hauptwort steht: *pro berufstätige Frau, pro männlichen Angestellten, pro antiquarischen Band.* Hauptwörter, die ohne Begleitwort nach *pro* stehen, lassen oftmals keinen Fall erkennen: *pro Stück, pro Band.* Eine Ausnahme sind Hauptwörter, die aus einem Eigenschaftswort (z. B. *die Kranke*) oder einem Mittelwort (Partizip, z. B. *der Angestellte*) gebildet sind. Wenn sie ohne Begleitwort nach *pro* stehen, erhalten sie standardsprachlich immer eine Beugungsendung: *pro Kranken, pro Angestellten.*

2. *pro* und eine Zeitangabe: In Verbindung mit Zeitangaben wird *pro* – hauptsächlich in der Kaufmannssprache und Umgangssprache – im Sinne von »je, jeweils« verwendet: *Ich muss mich pro Tag* (stilistisch besser: *Ich muss mich jeden Tag*) *einmal rasieren. Die Besprechung der Abteilungsleiter findet zweimal pro Woche* (stilistisch besser: *zweimal in der Woche, jeweils zweimal die Woche, jede Woche zweimal*) *statt.*

probeweise

Das Umstandswort (Adverb) *probeweise* steht manchmal als Beifügung eines Hauptwortes (z. B. *die probeweise Einführung*). Richtig ist dieser Gebrauch jedoch nur dann, wenn das betreffende Hauptwort ein Geschehen ausdrückt: *die probeweise Einführung* (zu: *probeweise einführen*); *eine probeweise Einstellung* (zu: *probeweise einstellen*). **Nicht richtig** sind daher Formulierungen wie *eine probeweise Gleitzeit.*

Produzent

Das Hauptwort *Produzent* erhält – außer im Werfall – die Endung *-en: der Produzent, des Produzenten* (**nicht:** *des Produzents*), *dem Produzenten* (**nicht:** *dem Produzent*), *den Produzenten* (**nicht:** *den Produzent*), Mehrzahl: *die Produzenten.*

Prokurist

Das Hauptwort *Prokurist* erhält – außer im Werfall – die Endung *-en: der Prokurist, des Prokuristen* (**nicht:** *des Prokurists*), *dem Prokuristen* (**nicht:** *dem Prokurist*), *den Prokuristen* (**nicht:** *den Prokurist*), Mehrzahl: *die Prokuristen.* In der Anschrift ist jedoch auch die ungebeugte Form *Prokurist* zulässig: *[An] Herrn Prokurist Meyer* neben *[An] Herrn Prokuristen Meyer.*

Prospekt

Das Wort ist (außer im österreichischen Deutsch) männlich: *der Prospekt* (**nicht:** *das Prospekt*). Entsprechend heißt es auch: *einen* (**nicht:** *ein*) *Prospekt anfordern.*

Prozent

1. Mehrzahl: In Verbindung mit Zahlwörtern bleibt *Prozent* in der Mehrzahl ungebeugt, d. h. unverändert: *Die Bank zahlt 41/2 Prozent Zinsen. Der Cognac enthält 43 Prozent Alkohol.*

2. Dreißig Prozent der Mitglieder stimmten nicht ab: Im Allgemeinen richtet sich das Zeitwort nach der Prozentangabe. Das bedeutet: Steht *Prozent* in der Einzahl *(ein Prozent)*, dann steht auch das Zeitwort in der Einzahl: *Ein Prozent der Versuche war misslungen.* Steht aber *Prozent* in der Mehrzahl *(zwei, drei* usw. *Prozent)*, steht auch das Zeitwort in der Mehrzahl: *Zehn Prozent der Versuche waren misslungen.* Das Hauptwort, das von *Prozent* abhängt und das in der Einzahl oder in der Mehrzahl stehen kann, hat dabei keinen Einfluss auf die Beugung des Zeitwortes: *Ein Prozent der Bevölkerung / der Einwohner lebt in Armut. Zehn Prozent der Bevölkerung / der*

Einwohner leben in Armut. Eine Ausnahme ist jedoch gegeben, wenn auf *Prozent* ein Hauptwort, das in der Einzahl steht, im Werfall folgt (z. B. *zehn Prozent Energie*). Hiernach kann das Zeitwort auch in der Einzahl stehen: *Zehn Prozent Energie gehen verloren* oder *geht verloren.*

R

rational oder **rationell**
Die beiden Wörter haben unterschiedliche Bedeutung. Das Eigenschaftswort *rational* bedeutet »von der Vernunft bestimmt, vernunftgemäß«: *etwas rational betrachten; sich etwas rational erklären können.* Dagegen hat *rationell* die Bedeutung »auf Wirtschaftlichkeit bedacht, zweckmäßig«: *ein rationeller Umgang mit der Energie, mit den Vorräten; rationell mit etwas verfahren.*

real oder **reell**
Die beiden Wörter bedeuten Verschiedenes. Das Wort *real* bedeutet »in der Wirklichkeit vorhanden, wirklich existierend; den tatsächlichen Verhältnissen entsprechend«: *reale Werte, die reale Welt, ein real denkender Politiker.* Demgegenüber hat *reell* die Bedeutung »ehrlich und anständig, ordentlich und solide; von Anständigkeit, Gediegenheit, Solidität zeugend«: *ein reelles Geschäft; die Firma, der Kaufmann ist reell.* In Verwendungen wie *eine reelle Chance* hat *reell* die Bedeutung »solide und wirklichen Erfolg versprechend«.

recht oder **Recht**
Als Eigenschaftswort wird *recht* **kleingeschrieben:** *jemandes rechte Hand sein; jemandem gerade recht kommen; das ist mir recht; es ist recht und billig.* Man schreibt dieses Wort jedoch dann **groß,** wenn es als Hauptwort gebraucht wird, z. B.: *nach dem Rechten sehen; etwas Rechtes, nichts Rechtes wissen. Du bist mir der Rechte!*

Das Hauptwort *das Recht* (= Gesamtheit der Gesetze) wird **großgeschrieben:** *nach Recht und Gewissen; von Rechts wegen; Recht sprechen; im Recht sein; etwas besteht zu Recht.* Sowohl klein- als auch großgeschrieben werden kann in Verbindung mit den Verben *behalten, bekommen, geben, haben, tun,* zum Beispiel *recht/Recht haben; jemandem recht/Recht geben.*

Rechte, der und die
Man beugt das Wort in folgender Weise: *der Rechte, ein Rechter, zwei Rechte, die Rechten, einige Rechte, alle Rechten, solche Rechte* und *solche Rechten, beide Rechten* und seltener auch *beide Rechte; prominentem Rechten, eine Organisation junger Rechter.*

Als Beisatz (Apposition): *mir (dir, ihm) als Rechten* und *mir (dir, ihm) als Rechtem; ihr als Rechten* und *ihr als Rechter.*

rechtens
Man schreibt *rechtens* in allen Verbindungen mit Zeitwörtern **klein:** *Er ist rechtens verurteilt worden.* Also auch bei: *Es ist rechtens, dass ... Die Mieterhöhung war rechtens.*

Rechtsunterzeichnete oder **rechts Unterzeichnete,** der und die
Siehe »Linksunterzeichnete« und »Unterzeichnete«

Referent
Das Hauptwort *Referent* erhält – außer im Werfall – die Endung *-en: der Referent, des Referenten* (**nicht:** *des Referents*), *dem Referenten* (**nicht:** *dem Referent*), *den Referenten* (**nicht:** *den Referent*), Mehrzahl: *die Referenten.* In der Anschrift ist jedoch auch die ungebeugte Form *Referent* zulässig. *[An] Herrn Referent Meyer* neben *[An] Herrn Referenten Meyer.*

Repräsentant
Das Hauptwort *Repräsentant* erhält – außer im Werfall – die Endung *-en: der Repräsentant, des Repräsentanten* (**nicht:** *des Repräsentants*), *dem Repräsentanten* (**nicht:** *dem Repräsentant*), *den Repräsentanten* (**nicht:** *den Repräsentant*), Mehrzahl: *die Repräsentanten.*

Rest
Die Mehrzahl von *Rest* heißt allgemeinsprachlich *die Reste;* in der Kaufmannssprache ist die Form *die Rester* üblich.

richtig
Man schreibt das Eigenschaftswort **groß,** wenn es als Hauptwort gebraucht wird, z. B.: *das Richtige tun, etwas/nichts Richtiges; du bist mir die Richtige!* Dies gilt entsprechend für die folgenden Fälle: *das Richtige* (= richtig) *ist, jetzt zu gehen. Diese Uhr ist genau das Richtige für mich! Wir halten es für das Richtigste ...*

rücksichtslos, rücksichtsvoll
Die beiden Eigenschaftswörter stehen mit den Verhältniswörtern (den Präpositionen) *gegen* und *gegenüber,* nicht mit *zu: Er konnte sehr rücksichtslos gegen sie* oder *ihr gegenüber* (**nicht:** *zu ihr*) *sein. Sie war immer sehr rücksichtsvoll gegen ihn* oder *ihm gegenüber* (**nicht:** *zu ihm*).

S

Sachverständige, der und die
Man beugt das Wort in folgender Weise: *der Sachverständige, ein Sachverständiger, zwei Sachverständige, die Sachverständigen, einige Sachverständige, alle Sachverständigen, solche Sachverständige* und *solche Sachverständigen, beide Sachverständigen* und seltener auch *beide Sachverständige; genanntem Sachverständigen, die Anhörung kompetenter Sachverständiger.* Als Beisatz (Apposition): *mir (dir, ihm) als Sachverständigen* und *mir (dir, ihm) als Sachverständigem; ihr als Sachverständigen* und *ihr als Sachverständiger.*

sähe oder **sehe**
Beide Formen sind Möglichkeitsformen (Konjunktive). Die Form *sehe* steht vor allem in der indirekten Rede: *Er fragte sie, was sie sehe.* Auch *sähe* kann in der indirekten Rede auftreten, z. B., wenn die Form *sehe* nicht eindeutig als Möglichkeitsform erkennbar ist: *Sie behaupten einfach, sie sähen* (für nicht eindeutiges *sehen*) *es nicht.* Oder auch in bestimmten Vergleichssätzen: *Sie tat, als sähe sie mich nicht.* Sonst steht *sähe* vor allem in Bedingungssätzen: *Er käme sofort, wenn er eine Möglichkeit sähe, dir zu helfen.*

Sankt
In Heiligennamen und in Ortsnamen steht *Sankt* (abgekürzt: *St.*) ohne Bindestrich vor dem Namen: *Sankt Martin, Sankt Anna, Sankt Gallen.* Die Bezeichnung der Einwohner (bei Ortsnamen mit dem Bestandteil *Sankt*) kann man mit oder ohne Bindestrich schreiben: *Sankt Galler* oder *Sankt-Galler.* Auch die von Ortsnamen gebildeten Formen auf *-er* schreibt man neu mit oder ohne Bindestrich, z. B.: *Sankt Galler Spitzen* oder *Sankt-Galler Spitzen.* Bindestriche müssen aber stehen, wenn ein Heiligenname oder ein Ortsname mit *Sankt* Bestandteil einer Aneinanderreihung ist, z. B.: *Sankt-Marien-Kirche, St.-Marien-Kirche, Sankt-Gotthard-Tunnel.*

schaffen
Das Zeitwort *schaffen* hat verschiedene Bedeutungen und davon abhängend regelmäßige Vergangenheitsformen *(schaffte, geschafft)* oder unregelmäßige *(schuf, geschaffen).* Bei den Bedeutungen »vollbringen, erzielen; arbeiten; an einen Ort bringen« gelten die regelmäßigen Formen: *Sie schafften schließlich den Ausgleich. Sie schafften einen Vertragsabschluss. Sie ha-*

ben den ganzen Tag eifrig geschafft. Er hat die Kisten in den Keller geschafft. Hat *schaffen* jedoch die Bedeutungen »schöpferisch, gestaltend hervorbringen; entstehen lassen«, dann sind die unregelmäßigen Formen anzuwenden: *Sie schuf schon früh abstrakte Plastiken. Der Staat hat neue Arbeitsplätze geschaffen.* In einigen Verbindungen, in denen *schaffen* die Bedeutung »zustande, zuwege bringen; erzeugen« hat, sind sowohl die regelmäßigen als auch die unregelmäßigen Vergangenheitsformen möglich: *Sie schufen/schafften gute Voraussetzungen, neue Stellen, mehr Raum. Die Ereignisse schafften/schufen neue Unruhe. Er hat Klarheit, Ordnung, Ausgleich, Erleichterung, Ersatz, Abhilfe, Ruhe, Frieden geschafft/geschaffen. Das hat nur Verwirrung geschafft/geschaffen.*

Schema
Die Mehrzahl von *das Schema* lautet *die Schemas* oder *die Schemata* (**nicht:** *die Schematas*).

schlimm
Wird das Eigenschaftswort *schlimm* als Hauptwort gebraucht, dann wird es **großgeschrieben:** *Das war das Schlimmste, was passieren konnte. Das ist noch lange nicht das Schlimmste. Er war auf das Schlimmste gefasst. Es ist nichts Schlimmes. Es kam zum Schlimmsten.* Dies gilt entsprechend bei der folgenden Fügung: *Es war das Schlimmste, dass er krank wurde.* Im folgenden Fall ist Groß- oder Kleinschreibung möglich: *Er hat mich aufs Schlimmste/schlimmste enttäuscht.* **Klein** schreibt man dagegen immer: *Es war das schlimmste der Verbrechen.*

schnellstmöglich
Da das Eigenschaftswort *schnellstmöglich* bereits eine höchste Steigerungsstufe enthält, ist es nicht mehr steigerbar: *Ich bitte um schnellstmögliche* (**nicht:** *schnellstmöglichste*) *Nachricht.*

Schweizer, schweizerisch
Das Wort *Schweizer* ist zum einen Hauptwort und bedeutet »Einwohner der Schweiz«. Zum anderen ist es ein Eigenschaftswort und bedeutet »aus der Schweiz stammend; die Schweiz betreffend«. Es wird **immer** großgeschrieben: *die Schweizer Uhrenindustrie; Schweizer Banken.* Das Eigenschaftswort *schweizerisch* schreibt man dagegen klein: *die schweizerische Uhrenindustrie; schweizerische Banken.* Nur in Namen wird *schweizerisch* großgeschrieben: *die Schweizerische Eidgenossenschaft.*

sei oder **wäre**
Beide Formen sind Möglichkeitsformen (Konjunktive). Die Form *sei* steht vor allem in der indirekten Rede: *Sie sagte, sie sei verreist gewesen. Sie fragte, ob er schon in Urlaub sei.* Sonst steht *wäre* vor allem in Bedingungssätzen und in Wunschsätzen: *Wenn ich früher hier gewesen wäre, wäre ein Treffen noch möglich gewesen. Wäre ich doch früher aufgestanden!* In bestimmten Vergleichssätzen kann ebenfalls *wäre* gebraucht werden: *Er tat auf einmal so, als wären wir uns schon immer einig gewesen.*

seid oder **seit**
Die Form *seid* kommt von *sein: Ihr seid wohl neu hier? Seid pünktlich!* Das Wort *seit* dagegen leitet entweder einen Nebensatz ein *(Seit er die Abteilung leitet, sind alle zufrieden. Seit ich hier bin, geht alles schief.)* oder es gibt einen Zeitpunkt an, an dem etwas begonnen hat: *Ich bin seit gestern krank. Sie ist seit Kurzem wieder hier.*

Seien Sie so gut und ...
Diese Höflichkeitsformel ist **richtig. Falsch** ist: *Sind Sie so gut und ...*

seine
Das besitzanzeigende Fürwort (Possessivpronomen) *seine* schreibt man üblicherweise klein: *seine Freundin, seine Autos.* Man schreibt auch klein, wenn es sich auf

ein vorangehendes Hauptwort bezieht: *Das ist nicht mein Problem, sondern das seine* (=sein Problem). Wenn es zum Hauptwort geworden ist, kann man *seine* (entsprechend auch *seinige*) groß- oder kleinschreiben: *Er soll bitte die Sein[ig]en* oder *die sein[ig]en grüßen. Er hatte das Sein[ig]e* oder *das sein[ig]e getan.*

seinetwegen oder **wegen ihm**
In der Umgangssprache wird statt *seinetwegen* häufig *wegen ihm* gebraucht: *Sie hat wegen ihm ihren Beruf aufgegeben.* Standardsprachlich richtig ist: *Sie hat seinetwegen ihren Beruf aufgegeben.*

seinige
Siehe »seine«

seit
Wenn *seit* einen Nebensatz einleitet, trennt man diesen immer durch Komma vom Hauptsatz ab: *Ich fühle mich viel besser, seit ich die Kur gemacht habe.*

seitens
Das (verwaltungssprachliche) Wort *seitens* steht mit dem Wesfall: *seitens des Betriebes, seitens seiner Familie.* In Verbindung mit *Herr/Frau* + Name bleibt der Name in der Regel ungebeugt, d.h. unverändert; *Herr* bleibt jedoch nicht unverändert: *seitens Frau Meyer,* **aber:** *seitens Herrn Meyer.*

In den meisten Fällen kann man aber das stilistisch unschöne *seitens* durch *von* ersetzen: *Von dem Betrieb, von seiner Familie wurden ihm Schwierigkeiten gemacht. Von Frau Meyer wurden keine Einwände erhoben.* Oftmals ist es noch besser, die Sätze umzuwandeln: *Der Betrieb, seine Familie machte ihm Schwierigkeiten. Frau Meyer erhob keine Einwände.*

selber oder **selbst**
Beide Formen kann man verwenden: *Du hast es doch selbst so gewollt* oder *Du hast es doch selber so gewollt.* Standardsprachlich wird *selbst* bevorzugt.

selbst wenn
Einen Nebensatz, der mit *selbst wenn* eingeleitet ist, trennt man immer durch Komma ab. *Ich tue dies, selbst wenn ich dafür bestraft werde. Selbst wenn das zuträfe, würde ich bei meiner Meinung bleiben.* In der Fügung *selbst wenn* steht in der Regel vor dem *wenn* kein zusätzliches Komma, da die Fügung als eine Einheit angesehen wird.

Selbstständige, der und die
1. Beugung: Man beugt das Wort in folgender Weise: *der Selbstständige, ein Selbstständiger, zwei Selbstständige, die Selbstständigen, einige Selbstständige, alle Selbstständigen, solche Selbstständige* und *solche Selbstständigen, beide Selbstständigen* und seltener auch *beide Selbstständige; genanntem Selbstständigen, eine Anzahl junger Selbstständiger.*

Als Beisatz (Apposition): *Mir (dir, ihm) als Selbstständigen* und *mir (dir, ihm) als Selbstständigem; ihr als Selbstständigen* und *ihr als Selbstständiger.*

2. Rechtschreibung: Auch die Schreibung *der* oder *die Selbständige* ist möglich.

senden
Das Zeitwort *senden* hat die Vergangenheitsformen *sendete, hat gesendet* und *sandte, hat gesandt.* In der Bedeutung »schicken« sind beide Formen gebräuchlich, aber die Formen *sandte, hat gesandt* treten häufiger auf: *Ich sandte,* auch: *sendete ihr einen Brief. Ich habe ihr einen Brief gesandt,* auch: *gesendet.* Gleiches gilt für die zusammengesetzten Zeitwörter *absenden, entsenden, übersenden, versenden, zurücksenden* u.a. In der Bedeutung »ausstrahlen« sind (außer in der Schweiz) nur die Formen *sendete, hat gesendet* gebräuchlich: *Die Funker sendeten Peilzeichen. Das Hörspiel wurde gestern gesendet.*

sich

1. **Rechtschreibung:** Auch in Verbindung mit der (großgeschriebenen) Höflichkeitsanrede *Sie* im Brief schreibt man *sich* **immer** klein: *Wir hoffen, Sie haben sich gut erholt.*

2. **sich oder einander:** Im heutigen Sprachgebrauch drückt man die wechselseitige Beziehung meist durch *sich* aus. *Einander* wirkt fast immer gehoben. Also z. B.: *Sie lieben sich* (seltener: *einander*) *sehr.*

3. **falsches *sich* statt *uns:*** Es heißt: *Meine Frau und ich würden uns* (**nicht:** *sich*) *freuen. Du und ich haben uns* (**nicht:** *sich*) *gut unterhalten.* Erkennbar wird dies, wenn man *wir* hinzufügt: *Meine Frau und ich, wir haben uns gefreut. Du und ich, wir haben uns gut unterhalten.*

4. **Er sah die Frau auf sich zustürzen:** In Sätzen dieser Art verwendet man in der Regel *sich,* wenn sich das Zeitwort auf die handelnde oder sprechende Person bezieht und ein Verhältniswort (*auf, an, über, nach, mit* usw.) dem fraglichen Fürwort vorangeht: *Er sah die Frau auf sich* (**nicht:** *auf ihn*) *zustürzen.* Geht dagegen kein Verhältniswort (keine Präposition) voran, steht im Wemfall *ihm/ihr/ihnen: Der Polizist sah die Frau ihm* (**nicht:** *sich*) *zulächeln.* Diese Beispiele zeigen, dass es im heutigen Deutsch oftmals nicht möglich ist, unmissverständliche Bezüge herzustellen. In dem Satz *Der Polizist sah die Frau ihm zulächeln* könnte sich *ihm* nicht nur auf das Wort *Polizist,* sondern auch auf eine dritte (männliche) Person beziehen. Das Gleiche gilt für *sich* in einem Satz wie *Er ließ den Bauern für sich arbeiten.* Hier kann der Sinn erst aus dem Textzusammenhang deutlich werden.

Sie

Das Anredefürwort *Sie* (und auch *Ihrer, Ihnen*) schreibt man als Höflichkeitsanrede **immer** groß: *Bleiben Sie alle gesund! Wie geht es Ihnen? Ich harre Ihrer, mein Herr.*

siehe

Nach dem Wort *siehe,* das bei Hinweisen auf Textstellen u. Ä. verwendet wird, kann nur der Wenfall stehen: *Siehe beiliegenden* (**nicht:** *beiliegender*) *Prospekt.*

sobald

Einen Nebensatz, der mit *sobald* eingeleitet wird, trennt man immer durch Komma vom Hauptsatz ab: *Sobald sie nach Hause kommt, wollen wir essen. Wir gehen, sobald der Redner fertig ist.*

so bald wie oder so bald als

Nach *so bald* kann *wie* oder *als* stehen. Beides ist richtig. Der Anschluss mit *wie* ist aber häufiger: *Schreibe so bald wie möglich,* seltener: *... als möglich.*

sodass, so dass

1. **Rechtschreibung:** *Sodass* leitet Nebensätze ein und kann zusammen- oder getrennt geschrieben werden: *Sie war erkrankt, sodass* oder *so dass sie den Vortrag absagen musste.*

2. **Komma:** Einen Nebensatz, der mit *sodass (so dass)* eingeleitet ist, trennt man immer durch Komma ab; auch *so dass* gilt dabei als Einheit: *Es regnete stark, sodass (so dass) wir die Wanderung absagten.* Bei *so dass* steht aber ein Komma zwischen *so* und *dass,* wenn diese beiden Wörter keine Einheit bilden; *so* bezieht sich dann auf das Zeitwort des Hauptsatzes und das Komma verdeutlicht, dass nur *dass* als Einleitung des Nebensatzes zu verstehen ist: *Es regnete so, dass wir die Wanderung absagen mussten.*

solang, solange

Beide Formen sind richtig. Einen Nebensatz, der mit diesem Bindewort (dieser Konjunktion) eingeleitet wird, trennt man immer durch Komma vom Hauptsatz ab: *Du kannst bleiben, solang du magst. Solange ich noch nicht vollkommen gesund bin, gehe ich nicht zur Arbeit.*

sollen

1. sollen oder gesollt: Steht vor dem Zeitwort *sollen* ein anderes Zeitwort in der Grundform (im Infinitiv), dann verwendet man die Form *sollen* und nicht *gesollt: Er hat kommen sollen* (**nicht:** *gesollt*).

2. doppelte Ausdrucksweise: Man sollte vermeiden, *sollen* zusammen mit anderen Wörtern, die eine Aufforderung ausdrücken, zu gebrauchen. Man sagt also **nicht:** *die Aufforderung, sich in Marsch setzen zu sollen,* **sondern:** *die Aufforderung, sich in Marsch zu setzen.* Auch das Bindewort (die Konjunktion) *damit* zeigt in bestimmten Sätzen bereits an, dass die Aussage eine Aufforderung enthält. Es ist dann überflüssig, noch zusätzlich *sollen* zu verwenden. Also **nicht:** *Sie gab ihm das Geld, damit er seine Schulden bezahlen sollte,* **sondern:** ..., *damit er seine Schulden bezahlt.*

sondern

Vor *sondern* steht immer ein Komma. Es spielt dabei keine Rolle, ob *sondern* zwischen Sätzen oder zwischen Satzteilen steht: *Sie kommt nicht heute, sondern morgen. Er zahlte nicht in bar, sondern [er] überwies den Betrag.* Was für *sondern* gilt, gilt auch für *nicht nur ..., sondern auch: Sie wollen nicht nur heute, sondern auch morgen ausgehen.*

sonstig

Ein Eigenschaftswort oder Mittelwort (Partizip), das auf *sonstig* folgt, erhält gewöhnlich die gleichen Endungen wie das Wort *sonstig* selbst: *sonstiges überflüssiges Gepäck, sonstiger angenehmer Zeitvertreib.* Es gibt jedoch Ausnahmen. Im Wemfall der Einzahl: *mit sonstigem neuem,* auch: *neuen Material.* Im Wesfall der Mehrzahl: *die Ausnutzung sonstiger freier,* auch: *freien Tage.*

sooft

Einen Nebensatz, der mit *sooft* eingeleitet wird, trennt man immer durch Komma vom Hauptsatz ab: *Ich freute mich, sooft ich sie sah. Er übernachtete, sooft er hier war, immer bei uns. Sooft ich auch anrief, es war immer besetzt.*

sosehr

Einen Nebensatz, der mit *sosehr* eingeleitet wird, trennt man immer durch Komma vom Hauptsatz ab: *Ich schaffte es nicht, sosehr ich mich bemühte. Er wollte die CD, sosehr sie ihm auch gefiel, wieder umtauschen. Sosehr er auch gekränkt war, er ließ sich nichts anmerken.*

soviel

Einen Nebensatz, der mit *soviel* eingeleitet wird, trennt man **immer** durch Komma ab: *Soviel ich weiß, kommt er morgen. Sie wollen, soviel mir bekannt ist, bauen. Es ging ihr gut, soviel er sah.*

soweit

Einen Nebensatz, der mit *soweit* eingeleitet wird, trennt man immer durch Komma ab: *Soweit ich es beurteilen kann, geht sie bald. Er wird einen Beitrag leisten, soweit ihm dies finanziell möglich ist.*

sowie

1. Komma: Im Sinne von »sobald« leitet *sowie* einen Nebensatz ein, der **immer** durch Komma abgetrennt werden muss. *Sowie er wieder gesund ist, kommt er zu uns zurück. Er kommt, sowie er wieder gesund ist, zu uns zurück.* In der Bedeutung »und, und auch, und außerdem« verbindet *sowie* Glieder einer Aufzählung. Vor *sowie* steht in diesem Fall (ähnlich wie bei *und*) kein Komma: *Zeichnungen und Fotos sowie Fotoalben. Seine Eltern und Geschwister waren gekommen sowie die Eltern seiner Frau.*

2. Der Direktor sowie sein Stellvertreter war/waren anwesend: Bei Sätzen dieser Art steht das Zeitwort üblicherweise in der Mehrzahl. Die Einzahl ist jedoch auch möglich und richtig: *Der Direktor sowie sein Stellvertreter waren anwesend,* seltener auch: *war anwesend.* (Das Zeitwort steht aber immer in der Mehrzahl, wenn eines der Hauptwörter in der Mehrzahl steht: *Der Direktor sowie seine Stellvertreter waren anwesend.*)

sowohl – als auch

1. Komma: Wenn *sowohl – als auch* Satzteile verbindet, dann steht vor *als* kein Komma: *Sowohl die Eltern als auch die Kinder waren krank. Die Rede überzeugte sowohl seine Freunde als auch seine Feinde als auch alle anderen Anwesenden.* Ein Komma vor *als auch* setzt man dann, wenn ein Nebensatz vorausgeht: *Er behauptet sowohl, dass er ein guter Stürmer sei, als auch, dass er das Tor hüten könne. Diese Bestimmung gilt sowohl, wenn Gärten neu angelegt, als auch, wenn vorhandene Gärten erweitert werden.*

2. Sowohl seine Frau als auch sein Freund hatte/hatten ihn verlassen: Bei Sätzen dieser Art steht das Zeitwort üblicherweise in der Einzahl. Die Mehrzahl ist jedoch auch möglich und richtig: *Sowohl seine Frau als auch sein Freund hatte ihn verlassen,* auch: *hatten ihn verlassen.* (Das Zeitwort steht aber immer in der Mehrzahl, wenn eines der Hauptwörter in der Mehrzahl steht: *Sowohl seine Frau als auch seine Freunde hatten ihn verlassen.*)

Spekulant

Das Hauptwort *Spekulant* erhält – außer im Werfall – die Endung *-en: der Spekulant, des Spekulanten* (**nicht:** *des Spekulants*), *dem Spekulanten* (**nicht:** *dem Spekulant*), *den Spekulanten* (**nicht:** *den Spekulant*), Mehrzahl: *die Spekulanten.*

spitze

Ein Eigenschaftswort (im Sinne von »hervorragend, toll«) ist *spitze* in Beispielen wie: *Das war ein spitze Film. Er hat wirklich spitze gespielt. Diese CD ist spitze.*

statt

Siehe »anstatt«

stattfinden

Das Mittelwort der Vergangenheit (2. Partizip) von *stattfinden* (es lautet *stattgefunden*) ist nicht als Beifügung eines Hauptwortes zu verwenden. Also **nicht:** *die stattgefundene Versammlung,* sondern: *die Versammlung, die stattgefunden hat.*

Das Gleiche gilt für *statthaben.*

Status

Der Wesfall von *Status* lautet *des Status,* die Mehrzahl *die Status* (Aussprache mit langem u).

Stellung

Wenn nach Formulierungen wie *die Stellung des Landes, die Stellung dieses Mannes, die Stellung von Direktor Meyer* eine Beifügung mit *als* folgt (*die Stellung des Landes als Handelspartner, die Stellung dieses Mannes als Politiker* usw.), dann ist zur Beugung dieser Beifügung Folgendes zu beachten: *Die Stellung des Landes als ...:* Folgt nach *als* eine Beifügung mit *der, die, das, ein* usw., dann setzt man diese üblicherweise in den gleichen Fall wie das Wort, auf das sie sich bezieht (hier: *des Landes,* also Wesfall): *Das schadet der Stellung des Landes als des wichtigsten Handelspartners.* Folgt aber die Beifügung nach *als* ohne *der, die, das* usw., so steht sie heute üblicherweise im Werfall: *Das schadet der Stellung des Landes als wichtigster Handelspartner.*

Die Stellung von Direktor Meyer als ...: Ist das Hauptwort, das auf *Stellung* folgt, mit *von* angeschlossen, dann setzt man die auf *als* folgende Beifügung üblicherweise in den Wemfall: *Das gefährdet die Stellung von Direktor Meyer als handelndem Partner / als dem handelnden Partner nicht.*

Aber auch hier kann die Beifügung nach *als* gelegentlich im Werfall folgen: *Das gefährdet die Stellung von Direktor Meyer als handelnder Partner nicht.*

Storno
Es kann *der Storno* oder *das Storno* heißen. Beides ist richtig. Die Mehrzahl lautet *die Storni.*

Student
Das Hauptwort *Student* erhält – außer im Werfall – die Endung *-en: der Student, des Studenten* (**nicht:** *des Students*), *dem Studenten* (**nicht:** *dem Student*), *den Studenten* (**nicht:** *den Student*), Mehrzahl: *die Studenten.*

T

tadeln
Nach *tadeln* stehen gewöhnlich die Verhältniswörter (Präpositionen) *wegen* oder *für,* selten auch *um ... willen: Man tadelte ihn wegen seiner Faulheit* oder *für seine Faulheit,* selten auch: *um seiner Faulheit willen.*

tagen
Das Mittelwort der Vergangenheit (2. Partizip) von *tagen* (es lautet *getagt*) kann man nicht als Beifügung eines Hauptwortes verwenden. Also **nicht:** *die im April getagte Versammlung,* sondern: *die Versammlung, die im April getagt hat.*

Tageszeiten und Wochentage
1. Groß- und Kleinschreibung: Groß schreibt man die Hauptwörter *am Abend, gegen Mittag, bis Mittag, vom Morgen bis zum Abend; zu Abend essen; auch gestern / heute / morgen Mittag; von morgen Abend an, des Morgens, eines Morgens; er kommt nicht vor Nachmittag; über Nacht, bei Nacht; er kommt Dienstag* (am kommenden Dienstag).

Das Gleiche gilt für Verbindungen mit Wochentagen: *Wir treffen uns am nächsten Dienstagabend. Am Freitagvormittag hat er einen Arzttermin.*

Groß schreibt man auch Formen wie *bei Tage, des Tags, über Tag, Tag für Tag, von Tag zu Tag, unter Tags* (= den Tag über), *Guten Tag!*

Klein schreibt man dagegen *von morgens bis nachts; mittags um 12 Uhr; morgen früh, morgen in einer Woche, dienstags abends, dienstagsabends, nachts um 1 Uhr, tagsüber, tags darauf, tagaus, tagein, er kommt mittwochs* (jeden Mittwoch).

2. Getrennt- und Zusammenschreibung: Beide Formen sind richtig; *dienstagsabends* (oder *freitags mittags*) bedeuten »an jedem wiederkehrenden Dienstag (bzw. Freitag) zur Abendzeit (bzw. zur Mittagszeit)«.

Klein und zusammen schreibt man das Eigenschaftswort *tagelang: Er war tagelang nicht zu sprechen.* Groß und getrennt schreibt man allerdings dann, wenn *Tage* näher bestimmt ist, z. B. *mehrere Tage lang: Er fehlte mehrere Tage lang.*

3. morgen: Die Zeitbestimmung *morgen* wird bei der Darstellung eines in der Vergangenheit liegenden Vorgangs gelegentlich so gebraucht, dass ein falscher Zeitbezug entsteht. **Richtig** ist: *Ich teilte die Leute ein, die am folgenden Tag* (**nicht:** *morgen*) *Schnee räumen sollten.*

4. Morgen: Die Mehrzahl von *der Morgen* heißt *die Morgen* (**nicht:** *die Morgende*).

5. Samstag oder Sonnabend: *Samstag* wird v. a. im Süden des deutschen Sprachraums gebraucht, *Sonnabend* v. a. im Norden. Allerdings setzt sich Samstag insgesamt mehr und mehr durch, da Bahn und Post diesen Begriff verwenden.

Teil
Von den beiden Sätzen *ein Teil Äpfel lag auf der Erde* oder *lagen auf der Erde* bevorzugt man im Allgemeinen den ersten mit der Einzahl des Zeitworts (man bezieht es auf *Teil*): *Ein Teil Äpfel lag auf der Erde, ist schon verfault, wurde verkauft.* Gelegentlich bezieht man jedoch das Zeit-

wort nicht auf *Teil,* sondern auf die genannten Dinge und setzt es in die Mehrzahl (d. h., man konstruiert nach dem Sinn): *Ein Teil [der] Äpfel lagen auf der Erde, sind schon verfault, wurden verkauft.* Beides ist richtig.

teilnehmen
Das Mittelwort der Vergangenheit (2. Partizip) von *teilnehmen* (es lautet *teilgenommen*) kann man nicht als Beifügung eines Hauptwortes verwenden. Also **nicht:** *das an der Versammlung teilgenommene Mitglied,* sondern: *das Mitglied, das an der Versammlung teilgenommen hat.*

teils – teils
1. Komma: Vor dem zweiten *teils* steht **immer** ein Komma, gleichgültig, ob *teils – teils* Satzteile oder Sätze miteinander verbindet: *Sie verbrachten ihre Ferien teils in Frankreich, teils in Italien. Die Schüler waren teils Einheimische, teils kamen sie als Fahrschüler aus den Nachbarorten.*

2. Teils seine Herkunft, teils sein Einfluss hatte/hatten ihm seine Stellung verschafft: Bei Sätzen dieser Art steht das Zeitwort gewöhnlich in der Einzahl, die Mehrzahl ist aber auch möglich: *Teils seine Herkunft, teils sein Einfluss hatte,* selten auch: *hatten ihm seine Stellung verschafft.* (Das Zeitwort steht aber immer in der Mehrzahl, wenn eines der Hauptwörter in der Mehrzahl steht: *Teils seine Herkunft, teils seine Beziehungen hatten ihm seine Stellung verschafft.*)

Thema
Die Mehrzahl von *Thema* lautet *die Themen* oder *die Themata* (**nicht:** *die Themas* oder *die Thematas*).

titulieren
Ein Hauptwort, das mit dem Zeitwort *titulieren* unmittelbar oder durch die Verhältniswörter (Präpositionen) *mit* oder *als* verbunden ist, bleibt ungebeugt, d. h. unverändert: *Die Schüler mussten ihn Herr Doktor, mit Herr Doktor titulieren. Sie hat mich »Schurke«, als »Schurke«, mit »Schurke« tituliert.*

trotz
Nach *trotz* steht heute gewöhnlich der Wesfall: *Sie gingen trotz des Regens spazieren; er war trotz aller gegenteiligen Behauptungen unschuldig.* In Süddeutschland, Österreich und der Schweiz verbinden viele Sprecher *trotz* mit dem Wemfall: *Sie gingen trotz dem Regen spazieren.* Der Wemfall anstelle des Wesfalls ist auch noch dann in Gebrauch, wenn das Hauptwort, das auf *trotz* folgt, kein *der, die* oder *das* bei sich hat: *trotz vielem Abfall* neben: *trotz vielen Abfalls.* Ebenfalls steht der Wemfall, wenn sich der Wesfall eines Hauptworts in der Mehrzahl nicht vom Werfall und Wenfall unterscheidet. Es heißt dann: *trotz Beweisen* (statt: *trotz Beweise*), *trotz Büchern* (statt: *trotz Bücher*).

tun
Sie tut gerade schreiben. Wir tun das noch bezahlen. Sätze dieser Art, in die das Zeitwort *tun* zusätzlich zum eigentlichen Zeitwort *(schreiben, bezahlen)* eingebaut ist, gehören der Umgangssprache an. Sie sind **nicht richtig.** Richtig ist nur: *Sie schreibt gerade. Wir bezahlen das noch.*

U

über
1. Kinder über 10 Jahre: Nach *über* steht in den folgenden Beispielen der Wenfall: *Der Gesundheitszustand der Kinder über 10 Jahre* (**nicht:** *über 10 Jahren*) *war im Allgemeinen gut. Die Steuern von Gemeinden über 10 000 Einwohner* (**nicht:** *über 10 000 Einwohnern*) *werden erhöht.* Wenn man *über* nicht als Verhältniswort (Präposition),

sondern als Umstandswort (Adverb) im Sinne von »mehr als« gebraucht, hat es keinen Einfluss auf die Beugung des folgenden Hauptworts *(Jahre, Einwohner, Teilnehmer)*. Dies kann man daran erkennen, dass man das *über* weglassen kann, ohne den Satz ungrammatisch zu machen: *Wir rechnen mit über* (=mehr als) *100 Teilnehmern.*

2. Gemeinden von über 10000 Einwohnern: Bei der Konstruktion *von über + Zahl* steht das darauf folgende Hauptwort **immer** im Wemfall (der von dem Verhältniswort *von* abhängt): *Gemeinden von über 10000 Einwohnern* (**nicht:** *von über 10000 Einwohner*).

übrig

Man schreibt dieses Eigenschaftswort, wenn es als Hauptwort gebraucht wird, immer **groß:** *Die Übrigen, alle Übrigen kommen später. Das Übrige, alles Übrige müssen wir später erledigen.* Dies gilt entsprechend für die festen Verbindungen *im Übrigen* (=übrigens, ansonsten, außerdem) und *ein Übriges tun* (=noch etwas darüber hinaus tun).

um zu

1. Komma: Vor *um zu* muss ein Komma stehen: *Er kam, um aufzuräumen. Er kam, um bei der Arbeit zu helfen. Er redet, um zu gefallen.*

2. Falscher Anschluss nach *um zu:* Eine Aussage, die mit *um zu* an einen Hauptsatz angeschlossen ist, sollte sich immer auf den Satzgegenstand (das Subjekt) dieses Hauptsatzes beziehen. Dies beachten viele Sprecher nicht. Es entstehen dann stilistisch unschöne Sätze, die oft auch missverständlich oder von unfreiwilliger Komik sind. Nicht möglich ist etwa folgender Satz: *Die Ernährung der Kühe ist nicht gut genug, um ausreichend Milch zu geben.* Der Satzgegenstand des Hauptsatzes, auf den sich die Aussage mit *um zu* beziehen soll, ist hier *die Ernährung (der Kühe)*, gemeint sind aber natürlich *die Kühe* selbst; also muss man anders formulieren, etwa in folgender Weise: *Die Kühe werden nicht gut genug ernährt, um ausreichend Milch zu geben.* Nun ist das Hauptwort *die Kühe* der Satzgegenstand, und die Aussage mit *um zu* bezieht sich inhaltlich darauf. Ein anderes Beispiel: *Der Boden ist nicht gut genug, um gutes Tennis zu spielen.* In diesem Fall könnte die Aussage mit *um zu* so geändert werden, dass sie sich auf den Satzgegenstand des Hauptsatzes bezieht, etwa so: *Der Boden ist nicht gut genug, um gutes Tennisspielen zu ermöglichen.* Ähnlich verhält es sich bei folgendem Beispiel: *Er gab den Kindern reichlich zu essen, um satt zu werden.* Der Satz könnte richtig etwa lauten: *Er gab den Kindern reichlich zu essen, um sie zu sättigen.* Oft ist es auch ratsam, die Konstruktion mit *um zu* aufzugeben und anders zu formulieren: *Er gab den Kindern reichlich zu essen, damit sie satt wurden* oder: *sodass sie satt wurden.* Besondere Vorsicht ist dann geboten, wenn Missverständnisse entstehen können. Ein Satz wie: *Der Vater schickte seinen Sohn, um den Streit zu schlichten* lässt zwei Deutungen zu. Die entsprechenden eindeutigen Formulierungen könnten sein: *Der Vater schickte seinen Sohn, um durch ihn den Streit schlichten zu lassen.* Oder: *Der Vater schickte seinen Sohn, um dadurch den Streit zu schlichten.* Im ersten Fall schlichtet der Sohn, im zweiten der Vater den Streit.

und

Vater und Mutter gingen/ging spazieren: Verbindet das *und* Hauptwörter in der Einzahl, dann steht das folgende Zeitwort in der Mehrzahl: *Vater und Mutter gingen* (**nicht:** *ging*) *spazieren. Das Haus, die Scheune und der Stall waren* (**nicht:** *war*) *ein Raub der Flammen.* Bei formelhaften Fügungen wie: *Grund und Boden, Zeit und*

Geld, Freund und Feind kann das Zeitwort jedoch sowohl in der Einzahl wie auch in der Mehrzahl stehen: *Grund und Boden durfte* (auch: *durften*) *nicht verkauft werden. Zeit und Geld fehlt* (auch: *fehlen*) *ihm*, ebenso: *Es fehlt* (auch: *fehlen*) *ihm Zeit und Geld.* Bei zwei oder mehr durch *und* verbundenen Grundformen (Infinitiven) setzt man das Zeitwort gewöhnlich in die Einzahl: *Lautes Singen und Lachen war zu hören.*

Ist den Hauptwörtern, die durch *und* verbunden sind, *kein, jeder* oder *mancher* vorangestellt, dann steht das Zeitwort gewöhnlich in der Einzahl (die Mehrzahl ist jedoch auch richtig): *Jeder Mann und jede Frau sollte* (seltener: *sollten*) *das wissen. Mancher Lehrer und mancher Schüler lehnt* (seltener: *lehnen*) *das ab.*

und zwar

Eine genauere Bestimmung, die mit *und zwar* angekündigt wird, trennt man immer durch Komma ab: *Ich werde kommen, und zwar am Samstag. Er war verletzt, und zwar schwer. Ich werde am Sonntag, und zwar schon sehr früh, von hier wegfahren.*

unentgeltlich

Dieses Eigenschaftswort ist nicht von *Geld*, sondern von *Entgelt* abgeleitet. Man schreibt es daher mit *t: unentgeltlich.*

ungeachtet

Das Verhältniswort (die Präposition) *ungeachtet* kann vor oder seltener auch nach dem abhängigen Hauptwort stehen. Es wird aber immer mit dem Wesfall (**nicht** mit dem Wemfall) verbunden: *ungeachtet aller* (**nicht:** *allen*) *gegenteiligen Erfahrungen* oder seltener: *aller gegenteiligen Erfahrungen ungeachtet.*

Unkosten

Bei dem Hauptwort *Unkosten* hat die Vorsilbe *Un-* nicht verneinenden Sinn (wie etwa bei den Wörtern *Undank, Unvermögen, Untreue, Ungehorsam*). Die Vorsilbe *Un-* hat hier vielmehr verstärkende Funktion (ähnlich wie bei den Wörtern *Unmenge, Unzahl* u. Ä.). Früher bedeutete *Unkosten* so viel wie »ärgerliche, belastende Kosten«. Heute ist der Bedeutungsunterschied zu *Kosten* nicht mehr sehr groß. Man gebraucht das Wort *Unkosten* jedoch vorwiegend dann, wenn es sich um unvorhergesehene Geldausgaben handelt, die neben den normalen Lebenshaltungskosten entstehen: *Durch seinen Unfall sind ihm erhebliche Unkosten entstanden. Sie hat sich für das Geschenk sehr in Unkosten gestürzt.* In der Geschäftspraxis bezeichnet man oft die Aufwendungen, die zu den Betriebskosten im engeren Sinn hinzukommen, als *Unkosten: Die Reparatur der Büromöbel hat größere Unkosten verursacht. Die Unkosten, die durch den Arbeitsausfall entstanden sind, übernehmen wir.* In der Fachsprache der Betriebswirtschaftslehre ist der Ausdruck *Unkosten* jedoch nicht zulässig, dort gibt es nur *Kosten.*

unten stehend / untenstehend

Man schreibt diese Fügung getrennt oder zusammen. Auch wenn sie hauptwörtlich gebraucht wird, ist Getrennt- oder Zusammenschreibung möglich: *Das unten Stehende / Untenstehende* (= das weiter unten Gesagte) *ist zu beachten; im unten Stehenden / Untenstehenden* (= weiter unten) *die näheren Angaben. Er sollte unten Stehendes / Untenstehendes* (= jedes Folgende) *beachten.*

unter

1. Kinder unter 10 Jahren oder unter 10 Jahre: Nach *unter* steht in den folgenden Beispielen der Wemfall: *Es waren Kinder unter 10 Jahren* (**nicht:** *unter 10 Jahre*). *Der Gesundheitszustand der Kinder unter 10 Jahren* (**nicht:** *unter 10 Jahre*) *war im Allgemeinen gut. Die Steuern von Gemeinden unter 10 000 Einwohnern* (**nicht:**

unter 10 000 Einwohner) werden gesenkt. Anders verhält es sich in Sätzen wie diesen: *Wir rechnen mit unter* (=weniger als) 25 *Teilnehmern.* Das Wort *unter* in der Bedeutung »weniger als« ist hier nicht Verhältniswort (Präposition), sondern Umstandswort (Adverb). Es hat daher keinen Einfluss auf die Beugung des folgenden Hauptworts *(Jahre, Einwohner, Teilnehmer).* Dies kann man daran erkennen, dass man das *unter* weglassen kann, ohne den Satz zu zerstören.

2. Gemeinden von unter 10 000 Einwohnern: Bei der Konstruktion *von unter* + Zahl steht das darauffolgende Hauptwort immer im Wemfall (der von dem Verhältniswort *von* abhängt): *Gemeinden von unter 10 000 Einwohnern* (**nicht:** *von unter 10 000 Einwohner*).

Unterschied
Die Fügungen *im Unterschied zu* und *zum Unterschied von* sind beide richtig. **Nicht richtig** ist eine Vermischung beider: *im Unterschied von* oder *zum Unterschied zu.* Es heißt also: *Zum Unterschied von / im Unterschied zu ihrer Schwester bevorzugt sie dunkle Kleider.*

unterzeichnen
Nach *sich unterzeichnen als* steht das folgende Hauptwort im Werfall: *Er unterzeichnete sich als Regierender Bürgermeister.* Die Verbindung mit dem Wenfall ist veraltet. Also **nicht:** *Er unterzeichnete sich als Regierenden Bürgermeister.*

Unterzeichnete, der und die
Derjenige, der einen Geschäftsbrief unterzeichnet hat, ist der *Unterzeichnete,* (als Frau:) *die Unterzeichnete* oder *der Unterzeichner (die Unterzeichnerin).* **Nicht richtig** ist: *der* oder *die Unterzeichnende.*

Siehe auch »Linksunterzeichnete«

unweit
Das Verhältniswort (die Präposition) *unweit* hat heute den Wesfall nach sich: *unweit des Waldes.* Auch bei Ortsnamen darf das s des Wesfalls nicht wegfallen: *unweit Münchens* (**nicht:** *München*).

unzählig
Ein Eigenschaftswort oder Mittelwort (Partizip), das auf *unzählig* folgt, beugt man (auch wenn es als Hauptwort gebraucht wird) in gleicher Weise wie *unzählig* selbst: *unzählige kleine Fehler, unzählige Angestellte, unzählige kleine Mücken; das Leid unzähliger Kranker, das Summen unzähliger kleiner Mücken; mit unzähligen kleinen Mücken.*

V

verbieten oder **verbitten**
Es heißt *etwas verbieten,* aber: *sich etwas verbitten.* **Richtig** ist darum nur: *Ich verbitte mir* (**nicht:** *ich verbiete mir*) *das. Ich habe mir diesen Ton verbeten* (**nicht:** *verboten*).

verdienen
Wenn das Zeitwort *verdienen* mit einer Wortgruppe, die die Grundform eines anderen Zeitwortes enthält, verbunden ist (Infinitivgruppe), dann kann man ein Komma setzen, um die Gliederung des Satzes deutlich zu machen oder um Missverständnisse auszuschließen: *Das verdient wirklich[,] hier erwähnt zu werden* oder *Das verdient[,] wirklich hier erwähnt zu werden.* Beides ist richtig.

Verdienst
1. der Verdienst und das Verdienst: Man muss zwischen *Verdienst* als männlichem und als sächlichem Wort unterscheiden. So bedeutet *der Verdienst* »durch eine Tätigkeit erworbenes Einkommen«: *Er ist derzeit ohne irgendeinen Verdienst.* Dagegen be-

deutet *das Verdienst* »Leistung, die Anerkennung verdient«: *Ihre Rettung war das Verdienst des Sanitäters.*

2. seine Verdienste als ...: Folgt auf *Verdienste* in der Bedeutung »Leistungen, die Anerkennung verdienen« eine Ergänzung, die mit *als* angeschlossen wird, dann steht diese heute üblicherweise im Werfall: *für seine Verdienste als selbstloser Helfer.* Ist ein Hauptwort, das auf *Verdienste* folgt, mit *von* angeschlossen *(die Verdienste von Doktor Meyer ...)*, dann setzt man die *als*-Ergänzung üblicherweise in den Wemfall: *die Verdienste von Doktor Meyer als selbstlosem Helfer* oder *als einem selbstlosen Helfer.* Es ist jedoch auch möglich, diese Ergänzung in den Werfall zu setzen: *die Verdienste von Doktor Meyer als selbstloser Helfer.*

vereinzelt

Ein Eigenschaftswort oder Mittelwort (Partizip), das auf *vereinzelt* folgt, beugt man (auch wenn es als Hauptwort gebraucht wird) im Allgemeinen in gleicher Weise wie *vereinzelt* selbst: *vereinzelte Geschädigte, vereinzelte alte Gebäude, die Wände vereinzelter alter Gebäude, der Protest vereinzelter Geschädigter* (auch noch: *vereinzelter Geschädigten*), *von vereinzelten Geschädigten, an vereinzelten beschädigten Gebäuden.*

vermittels, vermittelst

Beide Formen sind richtig; sie stehen mit dem Wesfall: *vermittels* oder *vermittelst eines Rundschreibens.* Stilistisch schöner ist es, stattdessen *mit / mit Hilfe von* oder *durch* zu verwenden.

verschieden

Wenn man *verschieden* im Sinne von »mehrere, manche« gebraucht, dann erhält das folgende Eigenschaftswort oder Mittelwort (Partizip) – auch wenn es zum Hauptwort geworden ist – in der Regel die gleichen Endungen wie *verschieden* selbst: *verschiedene neue Bücher, verschiedene zwischen den Parteien bestehende Streitpunkte; als Folge verschiedener übereilter privater* (**nicht:** *privaten*) *Vorstöße; mit verschiedenen Delegierten; verschiedenes Bekanntes.* Im Wesfall Mehrzahl tritt jedoch bei Mittelwörtern (Partizipien), die als Hauptwort gebraucht werden, neben dieser Beugungsart auch die Beugung mit *-en* auf: *der Einspruch verschiedener Abgeordneter* oder *Abgeordneten.*

Versicherte, der und die

Man beugt das Wort in folgender Weise: *der Versicherte, ein Versicherter, zwei Versicherte, die Versicherten, einige Versicherte, alle Versicherten, solche Versicherte* und *solche Versicherten, beide Versicherten* und seltener auch *beide Versicherte; genanntem Versicherten, die Forderung besagter Versicherter.*

Als Beisatz (Apposition): *mir (dir, ihm) als Versicherten* und *mir (dir, ihm) als Versichertem; ihr als Versicherten* und *ihr als Versicherter.*

Vertrauen

An das Hauptwort *Vertrauen* kann man mit den Verhältniswörtern (Präpositionen) *auf, in* oder *zu* anschließen (der Anschluss mit *gegen* kommt gelegentlich vor, ist aber nicht üblich): *Sein Vertrauen auf sie, auf ihre Begabung* oder *in sie, in ihre Begabung* oder *zu ihr, zu ihrer Begabung war sehr groß.* Bei der Verbindung *Vertrauen setzen* schließt man nur mit *auf* oder *in* an: *Er setzte sein ganzes Vertrauen auf sie, auf ihre Aussage* oder *in sie, in ihre Aussage.* Bei der Verbindung *Vertrauen haben* schließt man fast nur mit *zu* an: *Er hatte großes Vertrauen zu ihr, zu ihren Fähigkeiten.*

verwenden

Das Zeitwort *verwenden* hat die Vergangenheitsformen *verwendete, hat verwendet* und *verwandte, hat verwandt.* In der Bedeutung »benutzen, anwenden« sind beide Formen gebräuchlich: *Er verwendete* oder *ver-*

wandte leuchtende Farben. Er hat seine Zeit nutzbringend verwendet oder *verwandt.* Bei *sich für jemanden, etwas verwenden* mit der Bedeutung »seinen Einfluss für jemanden, etwas geltend machen« sind die Formen *verwandte, hat verwandt* üblicher: *Er hat sich beim Minister für seinen Freund verwandt,* seltener: *verwendet.*

via

Das Verhältniswort (die Präposition) *via* hat die Bedeutung *über, auf dem Weg über.* Mit ihr gibt man also nicht ein Reiseziel unmittelbar an, sondern nennt nur eine Station auf dem Weg dorthin. Richtig heißt es deshalb: *Er ist via München nach Wien gereist.* Das Verhältniswort kann auch in übertragener Bedeutung stehen: *Er hat uns das via Telefon mitgeteilt.*

viel, viele / vieler, viele, vieles

1. Rechtschreibung: Das Wort *viel* usw. schreibt man **in der Regel klein:** *Das sagen viele; in vielem übereinstimmen; um vieles mehr.* Soll betont werden, dass viele als Hauptwort gebraucht wird, kann auch großgeschrieben werden: *Er hat in Vielem recht behalten. Das Lob der Vielen.*

2. viel oder viele: Vor einem Hauptwort, das keine Beifügung hat, heißt es in der Einzahl meistens nur *viel: viel Geld, mit viel Geld.* Auch in der Mehrzahl kommt *viel* häufig vor: *mit viel* oder *mit vielen Fehlern; ohne viel* oder *viele Worte zu verlieren ...* Aber im Wesfall **nur:** *der Lohn vieler Mühen.*

3. Beugung nach *viel* usw.: a) Die Beugung des folgenden Wortes bereitet oftmals dann Schwierigkeiten, wenn es sich bei diesem Wort um ein Hauptwort handelt, das auf ein Eigenschaftswort oder Mittelwort (Partizip) zurückzuführen ist wie z. B. *das Fremde* (auf *fremd*), *der Verwandte* (auf *verwandt*) usw.

In der Einzahl beugt man folgendermaßen: *vieles Fremde, die Vielfalt vieles Fremden, mit vielem Fremden.* In der Mehrzahl treten z. T. zwei Formen auf: *viele Verwandte,* selten: *Verwandten, für viele Verwandte,* selten: *Verwandten.* **b)** Probleme bereiten auch die Formen des Eigenschaftswortes, das nach *viel* (in seiner gebeugten Form, also: *viele, vieles* usw.) folgt und das sich auf ein folgendes Hauptwort bezieht. Überwiegend erhält dieses Eigenschaftswort die gleichen Endungen wie *viel* usw. selbst: *vieler unnötiger Ärger, mit vieler natürlicher Anmut, vielen guten Willen zeigen; viele nette Freunde, mit vielen freundlichen Grüßen.* Ausnahmen gibt es jedoch in der Einzahl, wenn im Wer- oder im Wenfall ein sächliches Hauptwort folgt oder wenn im Wemfall ein männliches oder ein sächliches Hauptwort folgt. Hier lauten die Formen: *vieles überflüssige Zögern* (Wer- und Wenfall); *mit vielem guten Willen; mit vielem überflüssigen Zögern.* In der Mehrzahl stellt der Wesfall eine Ausnahme dar. Hier treten zwei Formen auf: *das Überprüfen vieler freundlicher,* seltener: *freundlichen Zuschriften.* Verwendet man jedoch statt gebeugtem *viele, vieles* usw. die endungslose Form *viel,* hat *viel* keinen Einfluss auf die Beugung des folgenden Eigenschaftswortes: *Viel gutes Reden nutzte nichts (Gutes Reden ...). Viel schöner Schmuck wurde getragen (Schöner Schmuck ...). Mit viel gutem Rat begann er die schwere Aufgabe (Mit gutem Rat ...).*

vieles, was

Ein Nebensatz, der mit dem Wort *vieles* angekündigt ist, wird mit *was* eingeleitet (**nicht** mit *das* oder *welches*): *Es gibt noch vieles, was besprochen werden sollte. Vieles wurde besprochen, was nicht nötig gewesen wäre.*

vierzehntägig oder vierzehntäglich

Das Eigenschaftswort *vierzehntägig* drückt eine Zeitdauer aus: *ein vierzehntägiger* (=14 Tage dauernder) *Urlaub an der See.*

Das Eigenschaftswort *vierzehntäglich* drückt dagegen eine regelmäßige Wiederholung aus: *unsere vierzehntäglichen* (= alle 14 Tage stattfindenden) *Zusammenkünfte.* Statt *vierzehntäglich* sagt man auch *zweiwöchentlich.*

Volumen

Die Mehrzahl von *Volumen* lautet *die Volumen* oder *die Volumina,* **nicht:** *die Voluminas.*

von

1. in Namen: Den Namenszusatz (Adelsprädikat) *von* schreibt man am Satzanfang und in Aneinanderreihungen wie *Von-Humboldt-Straße* groß. *Von Bülow war als Erster erschienen. Von Humboldts Leistungen wurden überall anerkannt.*

2. von – an: Anstelle der Verbindung *von – an* gebrauchen manche *von – ab.* In gutem Deutsch sollte man das vermeiden. Also: *von da an* (**nicht:** *ab*), *von Montag an, von frühester Jugend an.*

3. Beugung nach *von:* Nach dem Verhältniswort (der Präposition) *von* steht der Wemfall. Hauptwörter in der Mehrzahl, die von diesem Verhältniswort abhängen, haben daher die Endung *-n* (ausgenommen bei s-Mehrzahl: *von den Autos*): *Verkauf von Möbeln, Einsatz von Landesmitteln; das Verzinken von Drähten.*

4. mehrere Verhältniswörter: Das Nebeneinanderstellen mehrerer Verhältniswörter (Präpositionen) sollte man aus stilistischen Gründen nach Möglichkeit vermeiden, besonders dann, wenn es mehr als zwei sind. Denn die verschiedenen ineinander verschachtelten Bezüge erschweren das Verständnis. Außerdem klingen solche Konstruktionen unschön: *der Lärm von mit Eisenstangen beladenen Lkws; das Auftreten von durch Frost verursachten Rissen.* Während man Fügungen mit zwei Verhältniswörtern noch hinnehmen kann, ist das Nebeneinander von drei Verhältniswörtern stilistisch schlecht: *Die Straße wird viel von mit durch Fachkräfte verstautem Baumaterial beladenen Lkws befahren.* Man umschreibt in diesen Fällen besser: *Die Straße wird viel von Lkws befahren, die mit Baumaterial beladen sind, das durch Fachkräfte verstaut wurde.* Üblich sind dagegen die Verbindungen *von über* und *von unter: ein Weg von über zwei Stunden; Städte von unter 100 000 Einwohnern.* Der Wemfall *(Stunden; Einwohnern)* ist von dem Wort *von* abhängig, *über* bzw. *unter* übt keinen Einfluss aus.

5. *von* oder Wesfall: Viele Sprecher verwenden anstelle eines Hauptwortes im Wesfall eine Konstruktion mit dem Verhältniswort *von* (in Verbindung mit einem Hauptwort im Wemfall). Es sind dies Fälle wie: *die Hälfte meines Vermögens* oder *10 % des Gewinns.* Dafür sagt man heute auch: *die Hälfte von meinem Vermögen, 10 % vom Gewinn.* Noch häufiger ersetzt man den Wesfall durch *von* mit dem Wemfall in Fällen wie: *eine Frau noblen Charakters.* Da dies gehoben klingt, sagt man lieber: *eine Frau von noblem Charakter.* Die Neigung, den Wesfall auch dann durch *von* mit dem Wemfall zu ersetzen, wenn durch den Wesfall ein Besitzverhältnis ausgedrückt wird, ist besonders in der Umgangssprache sehr groß. Dies sollte man aber in der Standardsprache vermeiden. In diesen Fällen heißt es richtig: *das Haus meiner Eltern,* **nicht:** *das Haus von meinen Eltern;* richtig: *das Gefieder der Vögel,* **nicht:** *das Gefieder von den Vögeln.* In einigen Fällen ist aber auch hier die Konstruktion mit *von* üblich und notwendig, nämlich in Verbindung mit einem Zahlwort oder einem Namen: *der Preis von sechs Häusern; die Museen von München* (statt: *Münchens Museen* oder *die Museen Münchens*); *das Auto von Frau Müller* (statt: *Frau Müllers Auto*). Auf die Konstruktion mit *von* weicht man auch dann aus, wenn man die Aneinanderreihung mehrerer voneinander abhängender Hauptwörter im Wesfall vermeiden will: *das Jahr des Todes meines Vaters,* besser: *das Jahr von meines Vaters Tod.*

vorangehend
Das Eigenschaftswort *vorangehend* wird **großgeschrieben,** wenn es als Hauptwort gebraucht wird: *Die Vorangehenden* (=die vorangehenden Personen) *verfehlten den Weg. Sie müssen das Vorangehende* (=das Oben gesagte) *genau beachten. Alles Vorangehende* (=alle vorangehenden Ausführungen) *ist hiermit hinfällig.* Dies gilt entsprechend in den folgenden Fällen: *Wer Vorangehendes* (=Obiges) *liest, erkennt dies schnell. Das ergibt sich aus Vorangehendem. Das Vorangehende bitte beachten.* Ebenso: *im Vorangehenden* (=weiter oben).

Gleiches gilt für die Wörter *vorausgehend, vorhergehend, vorstehend* u.Ä.

vorausgesetzt
Wird ein Nebensatz mit *vorausgesetzt* angekündigt, dann steht vor und hinter *vorausgesetzt* ein Komma: *Wir wollen baden gehen, vorausgesetzt, die Sonne scheint.* In der Fügung *vorausgesetzt dass* kann vor dem *dass* ein Komma stehen; wird die Fügung aber als Einheit verstanden, kann das Komma auch entfallen: *Wir wollen baden gehen, vorausgesetzt[,] dass die Sonne scheint.*

Vorbeugung
An das Hauptwort *Vorbeugung,* das zu dem Zeitwort *vorbeugen* gebildet ist, kann man die Sache, der vorgebeugt werden soll, nicht im Wesfall anschließen. Also **nicht richtig:** *die Vorbeugung einer Gefahr, einer Krankheit* usw. Möglich ist in solchen Fällen nur ein Anschluss mit *gegen: die Vorbeugung gegen eine Gefahr, gegen eine Krankheit* usw.

vorig
Das Eigenschaftswort *vorig* schreibt man immer **groß,** wenn es als Hauptwort gebraucht wird: *Das Vorige bitte beachten. Das ergibt sich aus Vorigem.* Ebenso: *im Vorigen* (=weiter oben).

vorliegend
Das Eigenschaftswort *vorliegend* schreibt man **groß,** wenn es als Hauptwort gebraucht wird: *Das Vorliegende, alles Vorliegende* (= die vorliegenden, alle vorliegenden Unterlagen) *sorgfältig aufbewahren.* Dies gilt entsprechend für die folgenden Fälle: *Bitte Vorliegendes, das Vorliegende* (=dieses) *beachten.* Ebenso: *im Vorliegenden* (=hier).

Vorsitzende, der und die
Man beugt das Wort in folgender Weise: *der Vorsitzende, ein Vorsitzender, zwei Vorsitzende, die Vorsitzenden, einige Vorsitzende, alle Vorsitzenden, solche Vorsitzende* und *solche Vorsitzenden, beide Vorsitzenden* und seltener auch *beide Vorsitzende; besagtem Vorsitzenden, die Forderung besagter Vorsitzender.*

Als Beisatz (Apposition): *mir (dir, ihm) als Vorsitzenden* und *mir (dir, ihm) als Vorsitzendem; ihr als Vorsitzenden* und *ihr als Vorsitzender.*

W

ward oder **wart**
Die Form *ward* gehört zu *werden,* die Form *wart* dagegen zu *sein.* Die Form *ward (ich ward; er, sie, es ward)* ist kaum noch gebräuchlich, man sagt dafür heute *ich wurde; er, sie, es wurde.* Davon zu unterscheiden ist *ihr wart: Wart ihr gestern im Kino? Während ihr beim Training wart, habe ich eingekauft.*

was
Vor allem in der Umgangssprache wird das Wort *was* häufig falsch bzw. stilistisch unschön eingesetzt. Richtig ist: *Woran denkst du?* (nicht: *An was ...*), *Worauf beziehen Sie sich?* (nicht: *Auf was ...*), *Woraus schließen Sie das?* (nicht: *Aus was ...*), *Wobei hast du dich verletzt?* (nicht: *Bei was ...*), *Wodurch wurde sie berühmt?* (nicht: *Durch was ...*), *Sie hat einiges, was ich mir nicht leisten kann* (nicht: *Sie hat einiges, das ...*), *Wofür hast du dich entschieden?* (nicht: *Für was ...*), *Wogegen sträubst du dich?* (nicht: *Gegen was...*), *Worin besteht der Unterschied* (nicht: *In was ...*), *Womit beschäftigt er sich?* (nicht: *Mit was ...*), *Ich weiß nicht, wonach ich mich richten soll* (nicht: *Ich weiß nicht, nach was ...*), *Woneben hast du das Buch gestellt?* (nicht: *Neben was ...*), *Worüber ist er gestolpert?* (nicht: *Über was ...*), *Worum handelt es sich?* (nicht: *Um was ...*), *Weswegen regst du dich so auf?* (nicht: *Wegen was ...*), *Wozu musst du das wissen?* (nicht: *Zu was ...*), *Wovon lebt er?* (nicht: *Von was ...*).

was für ein oder **welcher**
In Fragesätzen sind *was für ein* und *welcher* nicht austauschbar, weil man damit nach Unterschiedlichem fragt. Mit *was für ein* wird nach der Beschaffenheit, nach der Art oder dem Merkmal eines Wesens oder Dings gefragt (als kleine Hilfe: Man antwortet auf eine solche Frage mit *ein*): *Was für einen Rock hast du gekauft? Einen schwarzen. – Was für ein Buch willst du ihm schenken? Einen Krimi. – Was für eine Schule ist das? Eine Grundschule.* In der Mehrzahl heißt es nur *was für* (ohne *ein*): *Was für Blumen sind das? Das sind Lilien* (Antwort ohne *ein*). Auch bei Stoffbezeichnungen heißt es meist nur *was für* (ohne *ein*): *Mit was für Papier arbeitet er? Was für Wein trinkt er am liebsten?* Dagegen fragt *welcher* nach einem einzelnen Wesen oder Ding aus einer jeweiligen Menge; es hat also aussondernden Sinn (als kleine Hilfe: Eine Antwort mit *der, die, das* usw. ist bildbar): *Welches Kleid* (=welches von den Kleidern) *ziehst du an? Das grüne. – Welches Urlaubsziel habt ihr? [Das Urlaubsziel] Tirol.* Die Form *was für welchen* statt *was für einen (Er trinkt Wein. Was für welchen?)* ist landschaftlich und sollte deshalb vermieden werden. **Richtig** ist: *Er trinkt Wein. Was für einen?*

weder – noch
1. Komma: Vor *noch* steht kein Komma, wenn *weder – noch* nur Satzteile verbindet: *Weder er noch sie können schwimmen.* Verbindet *weder – noch* Sätze, kann ein Komma gesetzt werden, muss aber nicht: *Er hat ihm weder beruflich geholfen[,] noch hat er seine künstlerischen Anlagen gefördert.* Wird ein Teil der Fügung zwei- oder mehrmals genannt (z. B. *weder er noch sie noch ihre Schwester*), steht zwischen *noch ... noch ...* kein Komma.

2. Weder er noch seine Mitarbeiterin kann/können kommen: Beide Formen sind richtig. Nach *weder – noch* kann das Zeitwort sowohl in der Einzahl als auch in der Mehrzahl stehen, wenn Hauptwörter oder Fürwörter, die nach *weder* und *noch* folgen, in der Einzahl stehen. Steht dieses Hauptwort oder Fürwort in der Mehrzahl, dann hat auch das Zeitwort die Form der Mehrzahl: *Weder er noch seine Mitarbeiterin können kommen.*

wegen
1. Beugung nach *wegen*: Nach *wegen* steht standardsprachlich der Wesfall, umgangssprachlich auch der Wemfall, wenn das Hauptwort, das von *wegen* abhängt, ein Begleitwort aufweist: *wegen des schlechten Wetters, wegen eines Unfalls; wegen dringender Geschäfte.* Selten wird *wegen* auch nachgestellt: *des Kindes wegen; der Leute wegen,* wobei dann immer der Wesfall steht. Steht das abhängige Hauptwort ohne

ein Begleitwort, bleibt es in der Einzahl im Allgemeinen ungebeugt, d. h. unverändert: *wegen Umbau* (statt: *wegen Umbaus*), *wegen Karin, wegen Motorschaden.* In der Mehrzahl weicht man dann auf den Wemfall aus, wenn der Wesfall nicht eindeutig erkennbar ist, sondern mit dem Werfall und dem Wenfall übereinstimmt: *wegen Geschäften* (**nicht:** *Geschäfte;* aber: *wegen dringender Geschäfte*). Den Wemfall setzt man auch dann, wenn man dadurch das Nebeneinanderstehen zweier Hauptwörter im Wesfall vermeiden kann: *wegen meines Bruders neuen Balls, wegen des neuen Balls meines Bruders.* Dafür: *wegen meines Bruders neuem Ball.*

2. wegen mir oder meinetwegen: Standardsprachlich sagt man heute *meinetwegen: Habt ihr meinetwegen gewartet?* Die Fügung *wegen mir* ist umgangssprachlich.

weil

1. Komma: Einen Nebensatz, der mit *weil* eingeleitet ist, muss man immer durch Komma abtrennen: *Ich helfe ihm, weil er mich braucht. Weil sie sich nicht gemeldet hatte, rief ich bei ihr an.* Ist *weil* Teil einer als Einheit empfundenen Fügung (z. B. *aber weil*), steht das Komma nicht direkt vor *weil,* sondern vor dem ersten Wort der Fügung: *Ich hätte gerne daran teilgenommen, aber weil ich krank war, ging es nicht. Ich möchte mich bedanken, besonders weil ihr so fair wart.* Vor *weil* kann ein zusätzliches Komma gesetzt werden, wenn die Teile der Fügung nicht als Einheit gesehen werden: *Sie hatte schon wieder Hunger, vor allem[,] weil das Frühstück so karg gewesen war.*

2. Stellung des Zeitwortes: Die mit *weil* eingeleiteten Sätze sind Nebensätze. Deshalb muss das Zeitwort wie bei allen mit einem Bindewort (einer Konjunktion) eingeleiteten Nebensätzen am Ende stehen: *Ich kann nicht kommen, weil ich keine Zeit habe. Sie war ärgerlich, weil er nicht gekommen war.* Besonders in der gesprochenen Sprache kommt bei nachgestellten *weil*-Sätzen auch die Voranstellung des Zeitwortes vor *(Ich kann nicht kommen, weil ich habe keine Zeit. Sie war ärgerlich, weil er war nicht gekommen.).* Es handelt sich hier meist um Begründungssätze, die sich in der Satzstellung an entsprechende *denn*-Sätze anlehnen *(Ich kann nicht kommen, denn ich habe keine Zeit.).* Standardsprachlich ist die Voranstellung des Zeitwortes in *weil*-Sätzen dennoch nicht richtig.

weitblickend, weit blickend

Will man dieses Wort steigern, dann heißt es entweder *weitblickend, weitblickender, am weitblickendsten,* auch: *weitestblickend* oder *weit blickend, weiter blickend, am weitesten blickend.* Beides ist richtig.

weiter

Man schreibt **groß,** wenn das Eigenschaftswort als Hauptwort gebraucht wird: *Weiteres, das Weitere, alles Weitere, nichts Weiteres.* Dies gilt entsprechend für die Fügungen *im Weiteren, des Weiteren* (= darüber hinaus, im Übrigen). **Groß** oder **klein** schreibt man in den festen Verbindungen *bis auf Weiteres/weiteres* (= vorerst, vorläufig), *ohne Weiteres/weiteres* (= ohne dass es Schwierigkeiten macht).

weiterer, weitere, weiteres

Ein Eigenschaftswort oder Mittelwort (Partizip), das auf *weiterer* usw. folgt, erhält (auch wenn es als Hauptwort gebraucht wird) die gleichen Endungen wie *weiterer* usw. selbst: *weitere intensive Versuche, die Entlassung weiterer [leitender] Angestellter, weitere Reisende, weiteres wichtiges Material.*

weitgehend, weit gehend

Will man dieses Wort steigern, dann heißt es entweder *weitgehend, weitgehender, am weitgehendsten,* auch: *weitestgehend* oder *weit gehend, weiter gehend, am weitesten gehend.* Beides ist richtig.

welcher, welche, welches

1. welches oder welchen: Es heißt im Wesfall *welches,* wenn das folgende Hauptwort die Endung *-[e]n* hat: *Die Aussage welches Zeugen? Die Unterschrift welches Fürsten?* Hat das Hauptwort im Wesfall jedoch die Endung *-[e]s,* kann es sowohl *welches* als auch *welchen* heißen: *Die politischen Verhältnisse welches* oder *welchen Staates? Welches* oder *welchen Kindes Spielzeug?*

2. der oder welcher: Im Allgemeinen wirkt es schwerfällig zu sagen: *die Frau, welche ich getroffen habe ...; das Kind, mit welchem ich sprach ...* In gutem Deutsch verwendet man besser *der, die, das* usw.: *die Frau, die ich getroffen habe ...; das Kind, mit dem ich sprach.* Auf *welcher* usw. weicht man aber dann aus, wenn im Satz sofort das gleichlautende Geschlechtswort (der gleichlautende Artikel) folgt: *das Kind, welches das Spielzeug ...* (**nicht:** *das Kind, das das Spielzeug ...*).

weniger als

Wenn die Angabe nach *weniger als* in der Mehrzahl steht, dann kann das zugehörige Zeitwort in der Einzahl oder in der Mehrzahl stehen; die Mehrzahl wird im Allgemeinen bevorzugt: *In dem riesigen Werk wird,* häufiger: *werden weniger als 300 Autos produziert.*

wenn

Einen Nebensatz, der mit *wenn* eingeleitet ist, trennt man durch Komma ab: *Ich komme, wenn du mich brauchst. Wenn du mich brauchst, komme ich. Ich komme, wenn du mich brauchst, sofort zu dir.* Unvollständige Nebensätze aber, die mit *wenn* eingeleitet sind, wirken oft formelhaft und brauchen dann nicht durch Komma abgetrennt zu werden: *Ich werde wenn möglich kommen. Ich werde wenn nötig eingreifen.* Es ist aber nicht falsch, in diesen Fällen ein Komma zu setzen: *Ich werde, wenn nötig, eingreifen.*

werden oder **sein**

Es heißt richtig: *Die Mitglieder werden* (**nicht:** *sind*) *gebeten, pünktlich zu erscheinen.*

wert

Nach der Verbindung *wert sein* kann das abhängende Hauptwort oder Fürwort (Pronomen) im Wenfall oder im Wesfall stehen. Es ergeben sich dabei unterschiedliche Bedeutungen: Der Wenfall steht, wenn man ausdrücken will, dass etwas einen bestimmten Wert hat, dass sich etwas lohnt: *Das Auto ist diesen Preis wert. Die Veranstaltung ist diesen Aufwand nicht wert.* Der Wesfall steht dann, wenn man *wert* in der Bedeutung »würdig« gebraucht: *Das Thema wäre einer näheren Betrachtung wert. Das ist nicht der Erwähnung wert.*

wider oder **wieder**

Die Wörter *wider* und *wieder* sollte man nicht miteinander verwechseln. So ist *wider* ein Verhältniswort (eine Präposition) und bedeutet »gegen«. Nach diesem Verhältniswort folgt ein Hauptwort im Wenfall: *wider besseres Wissen, wider alle Vernunft, wider die Gesetze handeln, wider Erwarten.* Demgegenüber ist *wieder* ein Umstandswort (Adverb) und bedeutet »nochmals« oder »zurück zum früheren Zustand«. *Wir fahren wieder nach Italien. Er stand sofort wieder auf.*

widerspiegeln

Die Formen von Gegenwart und Vergangenheit dieses Zeitwortes sind: *spiegelt wider, spiegelte wider* und seltener ebenso: *widerspiegelt, widerspiegelte: Sein Gesicht spiegelt, spiegelte die Freude wider.* Oder: *Sein Gesicht widerspiegelt, widerspiegelte die Freude.*

wieder
Zusammen mit einem folgenden Zeitwort schreibt man *wieder*, wenn es die Bedeutung »zurück« hat: *jemandem geborgtes Geld wiedergeben; an einen Ort wiederkommen.* Man schreibt auch zusammen, wenn das Zeitwort allein im gegebenen Zusammenhang unüblich wäre: *etwas wiederkäuen, jährlich wiederkehren.* **Getrennt** schreibt man, wenn *wieder* die Bedeutung »erneut, nochmals« hat und das Zeitwort seine eigentliche Bedeutung behält: *Sie hat den Job wieder aufgegeben. Er hat seine Geschichte wieder erzählt.* Eine zusätzliche Hilfe bei Unsicherheiten, ob man nun zusammen- oder getrennt schreiben muss, kann die Betonung sein. Wird nur *wieder* oder nur das Zeitwort betont, ist Zusammenschreibung angezeigt, bei gleichmäßiger Betonung beider Teile aber Getrenntschreibung: *ein Fernsehspiel wiederholen; seine Bücher wiederholen* (=zurückholen). – **Aber:** *Man musste die Polizei wieder* (=nochmals) *holen. Seine Gesundheit ist wiederhergestellt. – Ich habe den Aschenbecher wieder hergestellt. – Es dauerte lange, bis er sein Geld wiederbekam* (=zurückbekam). – *Sie wusste, dass sie die Grippe jedes Jahr wieder bekam* (=erneut bekam).

wie viel / wie viele
1. **Rechtschreibung:** Man schreibt *wie viel* immer getrennt: *Wie viel kostet das? Ich weiß nicht, wie viel er hat.* Immer getrennt schreibt man auch die gebeugten (d. h. veränderten) Formen *wie viele, wie vieles* usw.: *Mit wie vielen Teilnehmern rechnest du?* Einzige Ausnahme ist die Form *wievielte*, die man zusammenschreibt: *Zum wievielten Mal habe ich das heute schon gesagt?* Das Hauptwort hierzu wird groß- und zusammengeschrieben: *Den Wievielten haben wir heute?*

2. **Gebrauch:** Man verwendet eher dann die Form *wie viele* (und nicht *wie viel*), wenn man als Antwort eine größere Anzahl erwartet: *Wie viele Autos verlassen täglich das Werk?*

willkommen oder **Willkommen**
Man schreibt **klein,** wenn es sich um das Eigenschaftswort *willkommen* (z. B. *jemandem willkommen sein; jemanden willkommen heißen*) handelt: *Er sagte: »Herzlich willkommen!«* **Groß** schreibt man dagegen, wenn das Wort als Hauptwort gebraucht wird: *Sie rief uns ein herzliches Willkommen zu.*

winken
Es heißt richtig: *Ich habe gewinkt.* Die häufige Form *gewunken* gilt noch als umgangssprachlich.

Wir hoffen, Ihnen damit gedient zu haben, und grüßen ...
Man kann beide Kommas in diesem Satz auch weglassen: *Wir hoffen Ihnen damit gedient zu haben und grüßen ...* Man darf allerdings nicht nur das Komma vor dem *und* weglassen; wenn man sich für ein Komma nach *hoffen* entscheidet, muss auch vor dem *und* eines stehen.

wir und sie (Mehrzahl)
Wir und sie (=wir) *haben uns* (**nicht:** *sich*) *gefreut.*

Wochentage
Siehe »Tageszeiten und Wochentage«

Z

Zahl
Siehe »Anzahl«

Zahl oder **Ziffer**
Im allgemeinen Sprachgebrauch verwenden viele Sprecher *Zahl* und *Ziffer* unterschiedslos, obwohl die Wörter verschiedene Bedeutungen haben. Die Ziffern sind die grafischen Zeichen zur schriftlichen Fixierung der

Zahleninhalte, d. h. der durch die Zahlen *1, 2, ... 9* und *0* ausgedrückten Werte. Dabei werden die Ziffern *1, 2, ... 9* im Textzusammenhang gleichzeitig zu den Zahlen *1, 2, ... 9.* Höhere Zahlen gibt man schriftlich durch Aneinanderreihung mehrerer Ziffern wieder. Die Jahreszahl *1965* etwa ist eine Zahl aus den Ziffern *1, 9, 6* und *5.* Bei einer Adresse bedeutet die Hausnummer *386* eine Zahl aus den Ziffern *3, 8* und *6.* Es gibt jedoch Bildungen, wie z. B. *Sterblichkeitsziffer, Kennziffer, Zifferblatt, sich beziffern auf,* denen *Ziffer* in der Bedeutung »Zahl« zugrunde liegt.

Zahlen und Ziffern

1. Schreibung von Zahlen in Ziffern oder in Buchstaben: Grundsätzlich kann man Zahlen sowohl in Ziffern als auch in Buchstaben schreiben: *Sie haben 4* (oder: *vier*) *Kinder. Er kommt um 4* (oder: *vier*) *Uhr.* In Statistiken, in technischen und wissenschaftlichen Texten z. B. ist es jedoch üblich, Zahlen in Ziffern zu schreiben, wenn die Zahlen ins Auge springen sollen.

2. Zusammen- oder Getrenntschreibung oder Bindestrich: In Wörtern angegebene Zahlen, die unter einer Million liegen, schreibt man zusammen; Angaben über einer Million schreibt man dagegen getrennt: *neunzehnhundertfünfundsechzig,* (aber:) *zwei Millionen dreitausendvierhundertneunzehn.* Zusammen schreibt man Ableitungen, die eine Zahl enthalten, unabhängig davon, ob die Zahl in Buchstaben oder in Ziffern geschrieben ist: *ein neunundfünfziger* oder *59er-Wein, 131er, ver307fachen.* Zusammensetzungen, die eine Zahl enthalten, schreibt man mit Bindestrich: *8-Tonner* oder *Achttonner, 4-Kanteisen, 14-karätig.* Der Wortbestandteil *-fach* kann mit oder ohne Bindestrich an die Zahl angehängt werden: *8fach* oder *8-fach* (bei der Schreibung der Zahl in Buchstaben aber nur ohne Bindestrich: *achtfach*). Aneinanderreihungen von Wörtern mit Zahlen (in Ziffern) werden durch Bindestriche verbunden: *56-Cent-Briefmarke, 3/4-Liter-Flasche, 2-kg-Dose, 70-PS-Motor, 5000-m-Lauf, 3-Meter-Brett, 4×100-m-Staffel.* Dagegen schreibt man zusammen, wenn die Zahlen in Buchstaben geschrieben werden: *Dreikaiserbündnis, Zehncentmarke.*

zahllos

Ein Eigenschaftswort oder Mittelwort (Partizip), das auf *zahllos* (oder auf *zahlreich*) folgt, beugt man (auch wenn es als Hauptwort gebraucht wird) in gleicher Weise wie *zahllos* selbst: *zahllose wertvolle Gegenstände, in zahllosen grafischen Darstellungen.* Nur im Wesfall ist gelegentlich noch eine zweite Form gebräuchlich: *die Herstellung zahlloser grafischer Darstellungen,* selten auch: *die Herstellung zahlloser grafischen Darstellungen.*

Zahlwörter

Zahlwörter wie *ein, zwei, drei ... hundert, tausend* werden **kleingeschrieben** (und nie gebeugt): *hundert Stifte; einige, achtzig von tausend Stiften, an die hundert Stifte, der dritte Teil von tausend; er zählt bis drei; sie wurde nur 57 Jahre alt.*

Groß oder **klein** schreibt man, wenn *hundert* oder *tausend* unbestimmte (nicht in Ziffern beschreibbare) Mengen bezeichnet: *Der Schaden geht in die Tausende/tausende; Hunderte/hunderte Freiwillige halfen.*

Groß schreibt man Zahlwörter, die als Hauptwort gebraucht (und dann auch gebeugt werden können): *die Hundert (= Alter) erreichen; mit der Hundert (= Straßenbahnlinie) fahren.*

Das Wort *Million* (Abk.: Mill. oder Mio.) ist kein Zahlwort, sondern ein Hauptwort und wird daher großgeschrieben.

zu

1. Schreibung von zusammengesetzten Zeitwörtern in der mit *zu* erweiterten Grundform: Wenn die Grundform (der Infinitiv) von zusammengesetzten Zeitwörtern wie *einkaufen, zurückkommen* oder auch *zumuten, zusehen* usw. durch *zu* erweitert wird, dann schreibt man diese erweiterte Form auch in einem Wort: *einzukaufen, zurückzukommen* und auch *zuzumuten, zuzuschauen* usw. Also: *Ich bitte Sie, für ihn einzukaufen. Das ist ihm nicht zuzumuten* usw. Zu beachten ist, dass eine Fügung, die nicht zusammengeschrieben wird (z. B. *jemandem etwas deutlich machen*), auch nicht bei der Erweiterung mit *zu* zusammengeschrieben werden darf: *Er bat mich, ihm das noch einmal deutlich zu machen. Er forderte mich auf, mit ihm spazieren zu gehen.*

2. Falsch gebildete Formen von *zu*: Das Wort *zu* in der Bedeutung »geschlossen, nicht geöffnet« kann man nicht wie ein Eigenschaftswort gebrauchen oder beugen, es ist unveränderbar. Gebeugte Formen wie *die zue* oder *zune Flasche, ein zues* oder *zunes Fenster* sind umgangssprachlich und standardsprachlich **falsch.**

zu Hause

Die Fügung kann getrennt oder zusammengeschrieben werden, in jedem Fall aber mit kleinem *zu: zu Hause* oder *zuhause. Ich bin zu Hause* oder *zuhause. Zu Hause* oder *zuhause ist es doch am schönsten. Sie hielt es zu Hause* oder *zuhause nicht mehr aus.*

Zusammen und **groß** schreibt man das Hauptwort *das Zuhause* (Frage: was?): *Das ist mein Zuhause. Sie hat ein schönes Zuhause.*

zugunsten, zu Gunsten

1. Rechtschreibung: Man kann *zugunsten* auch auseinanderschreiben: *zu Gunsten.*

2. Beugung: Das Verhältniswort (die Präposition) *zugunsten* kann vor oder nach dem Hauptwort oder Fürwort (Pronomen) stehen. Bei Voranstellung steht es mit dem Wesfall: *zugunsten bedürftiger Kinder.* Ist *zugunsten* nachgestellt, dann steht es mit dem Wemfall. Diese Nachstellung ist jedoch selten: *bedürftigen Kindern zugunsten.* Als Umstandswort (Adverb) steht *zugunsten* mit *von* und dem Wemfall: *zugunsten von bedürftigen Kindern.*

zum Beispiel (z. B.)

Die Fügung *zum Beispiel* kann ohne Komma in den Ablauf eines Satzes einbezogen sein oder auch an dessen Spitze stehen: *Ich sehe sie zum Beispiel oft auf der Straße beim Einkaufen.* Oder: *Zum Beispiel sehe ich sie oft auf der Straße beim Einkaufen.* Wenn aber *zum Beispiel* eine nachgestellte nähere Bestimmung einleitet, dann steht **vor** *zum Beispiel* **immer** ein Komma: *Ich sehe sie oft auf der Straße, z. B. beim Einkaufen. Ich sehe sie oft, z. B. beim Einkaufen, auf der Straße. Er hat die Rolle schon überall, z. B. in Paris und in New York, gespielt und gesungen. Manches stört mich an ihm, z. B. hat er schlechte Manieren.* Wenn in solchen Fällen *zum Beispiel* in Verbindung mit einem Bindewort (einer Konjunktion wie *als, dass, wenn* o. Ä.) einen Nebensatz einleitet, dann steht unmittelbar nach *zum Beispiel* gewöhnlich auch ein Komma, es muss aber nicht stehen: *Ich sehe sie oft auf der Straße, z. B., wenn sie einkaufen geht.* Oder als einheitliche Fügung ohne Komma: *Ich sehe sie oft auf der Straße, z. B. wenn sie einkaufen geht.*

zumindest / mindestens / zum Mindesten

Im Sinne von »wenigstens« kann man sowohl *zumindest* als auch *mindestens,* seltener auch *zum Mindesten* gebrauchen: *Du hättest mir die Sache zumindest* oder *mindestens* oder auch *zum Mindesten andeuten müssen.* **Falsch** hingegen ist die Mischform *zumindestens.*

zurecht oder zu Recht

Die Form *zurecht* tritt nur in Zusammensetzungen auf, z. B.: *Er hat sich nicht mehr zurechtgefunden. Ich werde schon zurecht-*

kommen. Sie hatte sich das so zurechtgelegt. Wir haben uns zurechtgemacht. Dieser Tisch sollte zurechtgestellt werden. Sonst schreibt man: *Die Forderung besteht zu Recht.*

zutreffend

Bei den Steigerungsformen von *zutreffend* darf man das *d* nicht weglassen. Richtig ist also: *zutreffender, am zutreffendsten.*

zuzüglich

Nach *zuzüglich* steht üblicherweise der Wesfall: *zuzüglich aller Versandkosten, zuzüglich des Portos, zuzüglich der erwähnten Gläser.* Steht aber das Hauptwort, das von *zuzüglich* abhängt, allein, also ohne ein Begleitwort, dann bleibt es in der Einzahl im Allgemeinen ungebeugt, d. h. unverändert: *zuzüglich Porto.* In der Mehrzahl aber weicht man bei allein stehenden Hauptwörtern auf den Wemfall aus: *zuzüglich Gläsern.*

zwecks

Das Verhältniswort (die Präposition) *zwecks* ist besonders in der Amtssprache gebräuchlich und stilistisch unschön. Es steht im Allgemeinen anstelle von *zu* oder *für* und wird in der Regel mit dem Wesfall verbunden: *zwecks eines Handels, zwecks Zahlungsaufschubs.* In der Mehrzahl weicht man jedoch auf den Wemfall aus, wenn der Wesfall nicht eindeutig erkennbar ist: *zwecks Geschäften* (**nicht:** *Geschäfte*).

zwischen

1. Kinder zwischen 10 und 12 Jahren, Gemeinden zwischen 50 000 und 100 000 Einwohnern: Nach dem Verhältniswort (der Präposition) *zwischen* steht in solchen Fällen **immer** der Wemfall: *Das Buch ist besonders für Kinder zwischen 10 und 12 Jahren geeignet. Es waren Kinder zwischen 10 und 12 Jahren. Es geht um den Gesundheitszustand der Kinder zwischen 10 und 12 Jahren. Es waren die Steuern von Gemeinden zwischen 50 000 und 100 000 Einwohnern.* Anders verhält es sich bei Sätzen wie: *Die Kinder waren zwischen 10 und 12 Jahre alt. Es waren die Steuern von Gemeinden, die zwischen 50 000 und 100 000 Einwohner haben.* Hier ist *zwischen* kein Verhältniswort, sondern Umstandswort (Adverb). Es hat daher keinen Einfluss auf die Beugung des folgenden Hauptworts *Jahre* bzw. *Einwohner.* Diese Hauptwörter sind hier nicht von *zwischen* abhängig, sondern von *alt sein* und *haben.*

2. Gegensätze zwischen den Arbeitgebern und zwischen den Arbeitnehmern: Die Wiederholung von *zwischen* (nach *und*) kann bei solchen Aussagen völlig den Sinn verändern und zu Missverständnissen führen. Richtig und sinnvoll ist ein solcher Ausdruck nur, wenn man hier Gegensätze sowohl innerhalb des Arbeitgeberlagers als auch innerhalb des Arbeitnehmerlagers ansprechen will und nicht Gegensätze zwischen diesen beiden Lagern. Sonst dürfte *zwischen* nicht wiederholt werden, und es müsste heißen: *Die Gegensätze zwischen den Arbeitgebern und den Arbeitnehmern sollen abgebaut werden.* Ganz und gar sinnlos ist die Wiederholung von *zwischen* in Fällen wie: *der Abstand zwischen diesem Haus und zwischen dem Nachbarhaus* oder: *das Spiel zwischen dem 1. FCK und zwischen dem HSV.* Richtig ist hier nur: *der Abstand zwischen diesem Haus und dem Nachbarhaus* und: *das Spiel zwischen dem 1. FCK und dem HSV.*

zwischenzeitlich

Das Wort *zwischenzeitlich* tritt hauptsächlich im geschäftlichen Briefverkehr sowie in der Verwaltungssprache auf und ist stilistisch unschön. Man ersetzt es besser durch *inzwischen* oder *in der Zwischenzeit.*

Register

Register